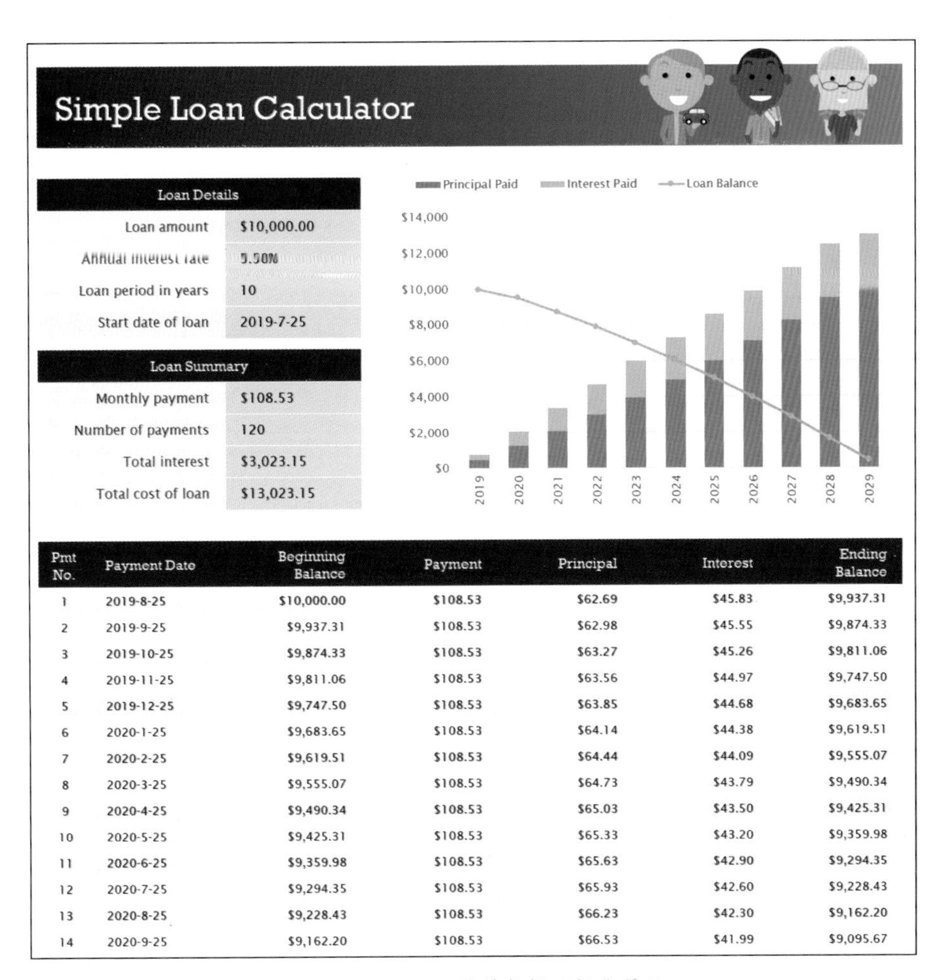

Pmt No.	Payment Date	Beginning Balance	Payment	Principal	Interest	Ending Balance
1	2019-8-25	$10,000.00	$108.53	$62.69	$45.83	$9,937.31
2	2019-9-25	$9,937.31	$108.53	$62.98	$45.55	$9,874.33
3	2019-10-25	$9,874.33	$108.53	$63.27	$45.26	$9,811.06
4	2019-11-25	$9,811.06	$108.53	$63.56	$44.97	$9,747.50
5	2019-12-25	$9,747.50	$108.53	$63.85	$44.68	$9,683.65
6	2020-1-25	$9,683.65	$108.53	$64.14	$44.38	$9,619.51
7	2020-2-25	$9,619.51	$108.53	$64.44	$44.09	$9,555.07
8	2020-3-25	$9,555.07	$108.53	$64.73	$43.79	$9,490.34
9	2020-4-25	$9,490.34	$108.53	$65.03	$43.50	$9,425.31
10	2020-5-25	$9,425.31	$108.53	$65.33	$43.20	$9,359.98
11	2020-6-25	$9,359.98	$108.53	$65.63	$42.90	$9,294.35
12	2020-7-25	$9,294.35	$108.53	$65.93	$42.60	$9,228.43
13	2020-8-25	$9,228.43	$108.53	$66.23	$42.30	$9,162.20
14	2020-9-25	$9,162.20	$108.53	$66.53	$41.99	$9,095.67

图 1-2　Excel 工具的数据可视化展示

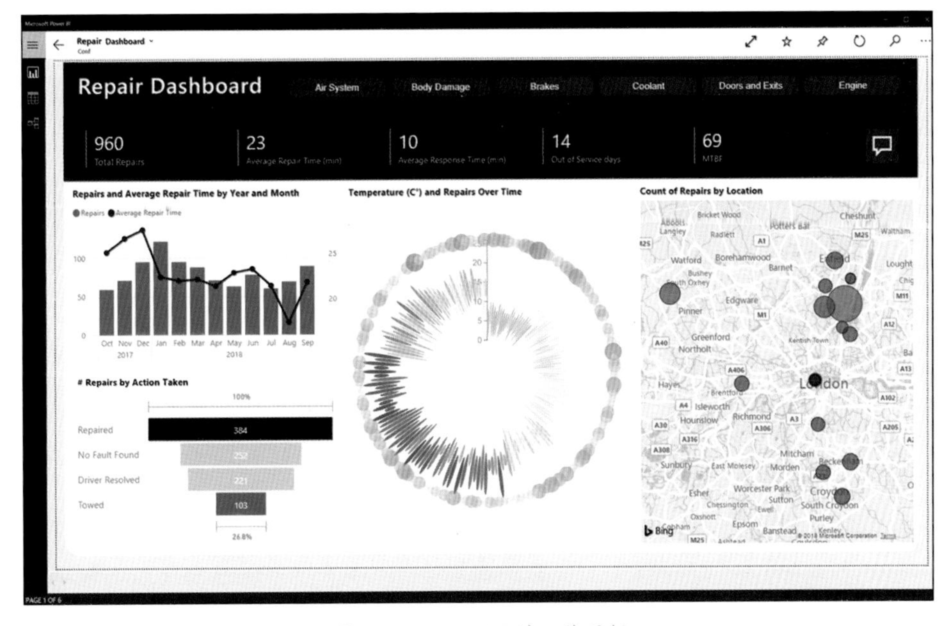

图 1-5　Power BI 的工作面板

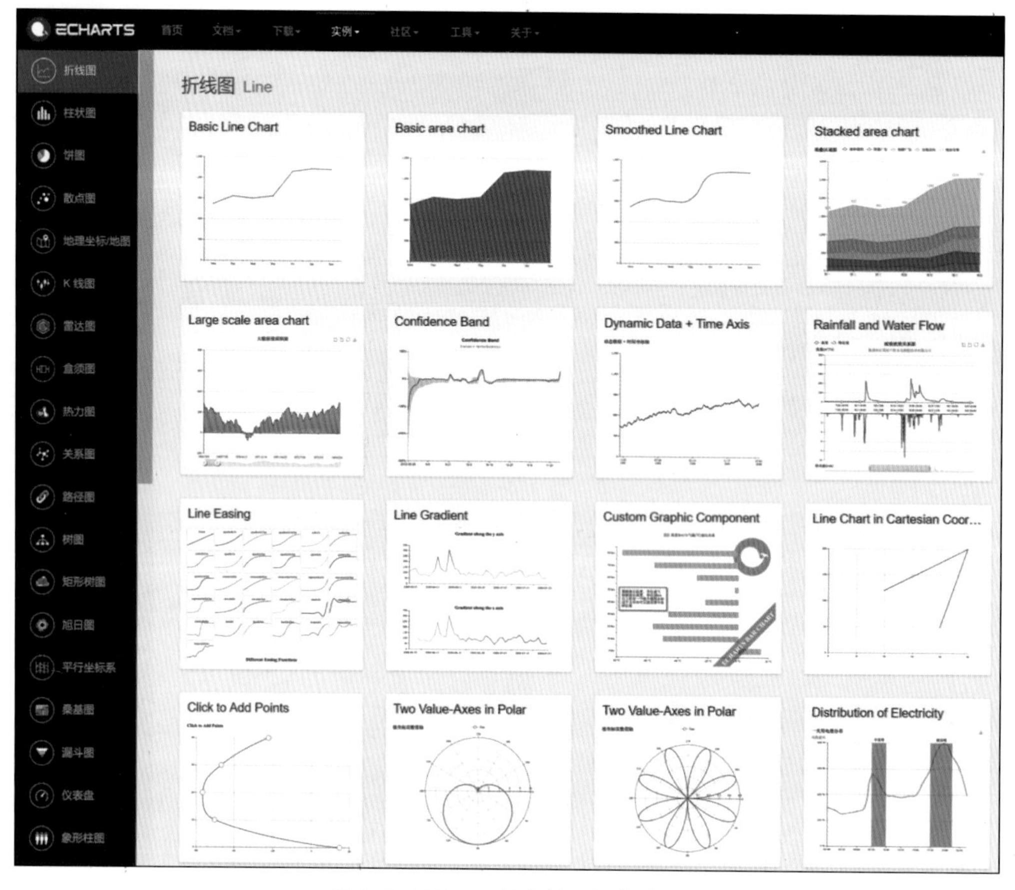

图 1-8　ECharts 的数据可视化展示

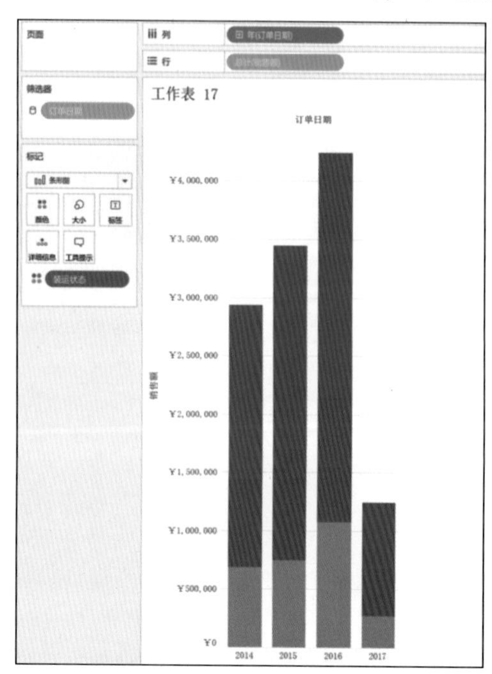

图 4-9　年总销售额条形图

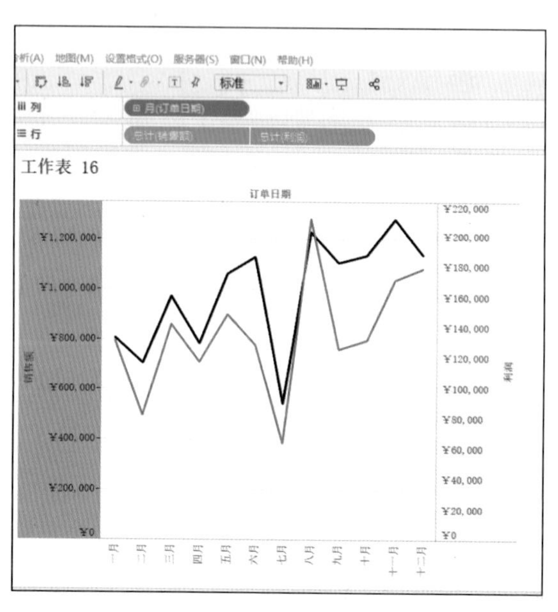

图 4-13　折线图的双轴视图

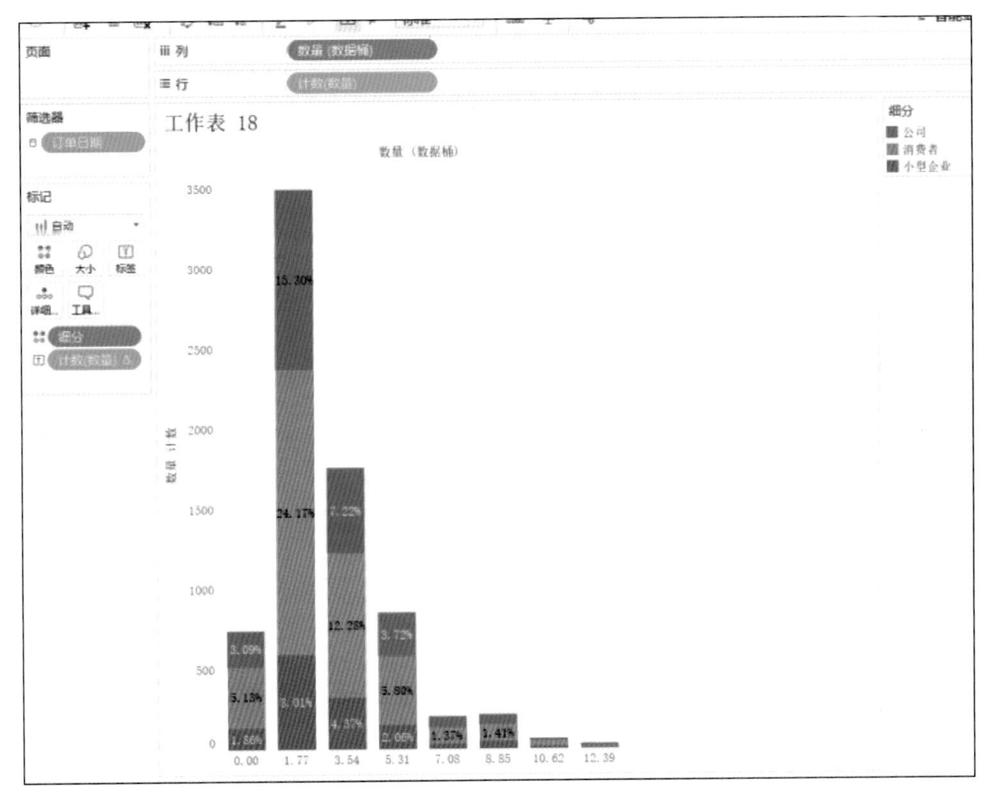

图 4-25　带百分比的订单数据量直方图

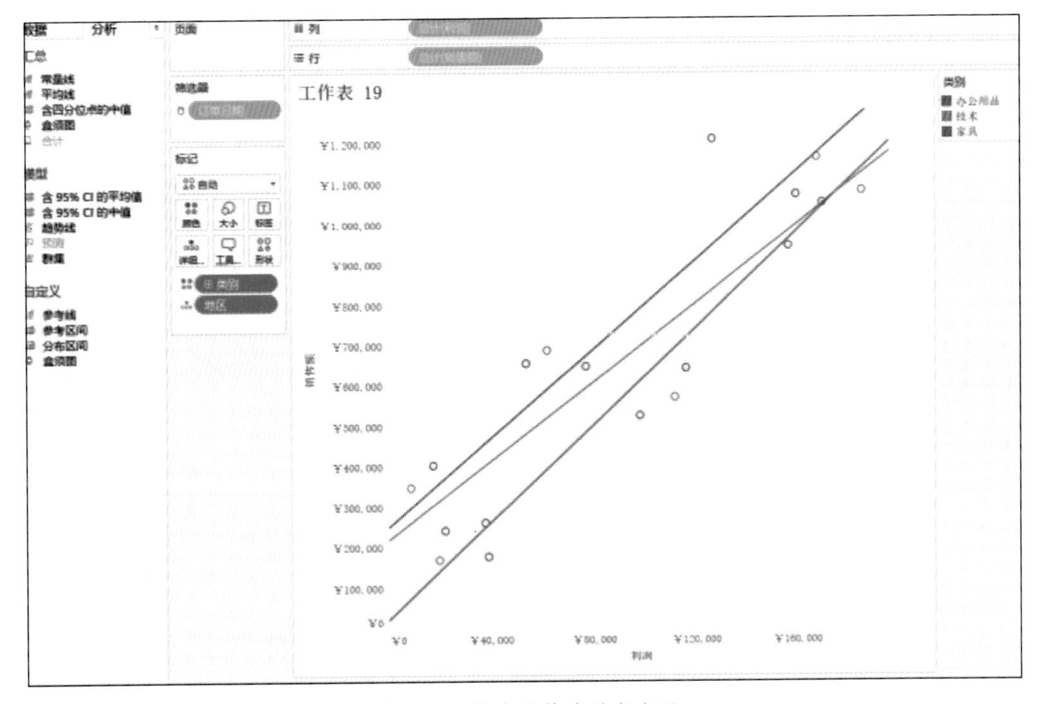

图 4-30　设定趋势线的散点图

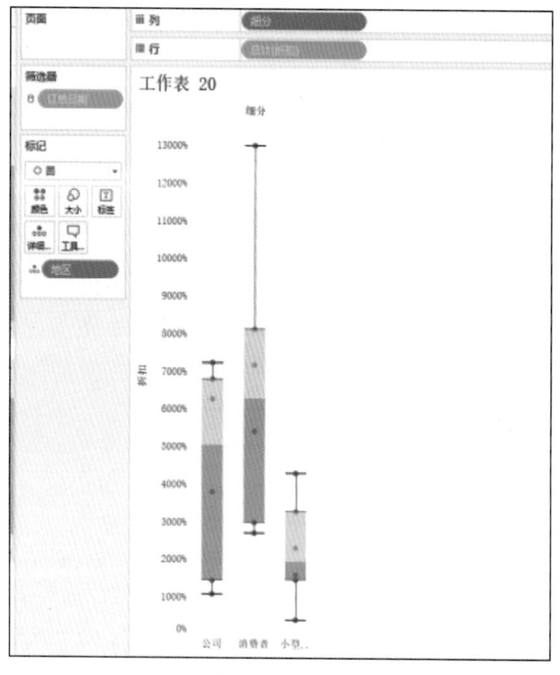

图 4-32　区域嵌入在细分市场内的盒形图

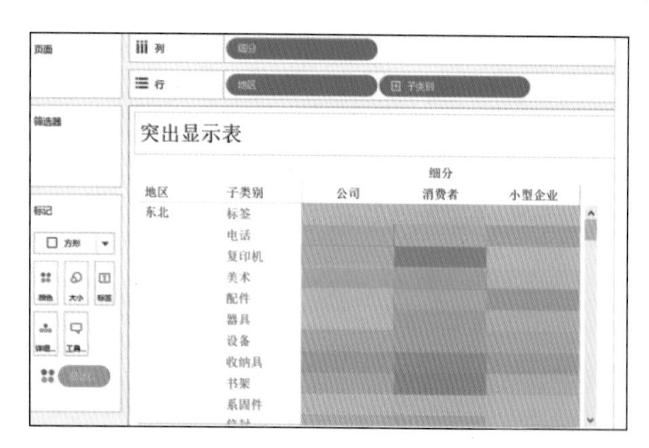

图 4-39　优化视图格式后的突出显示表

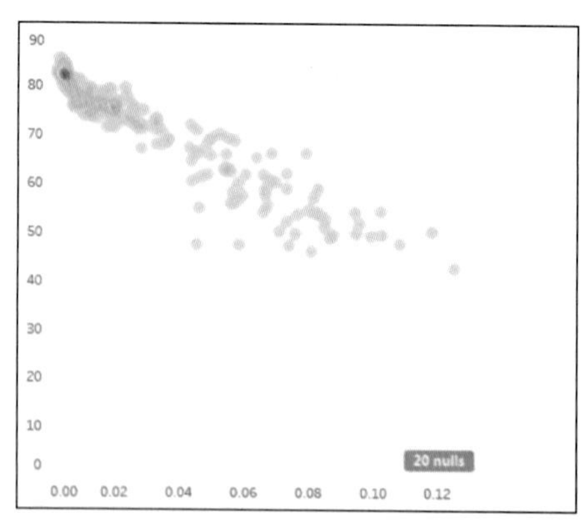

图 4-59　增加浓度后的密度图

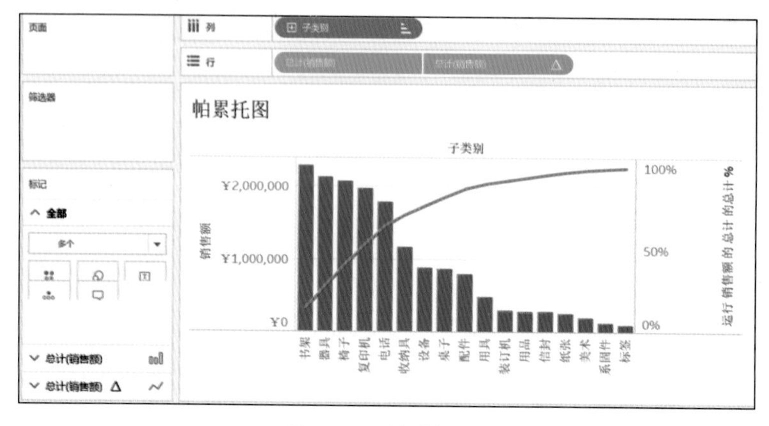

图 4-64　帕累托图

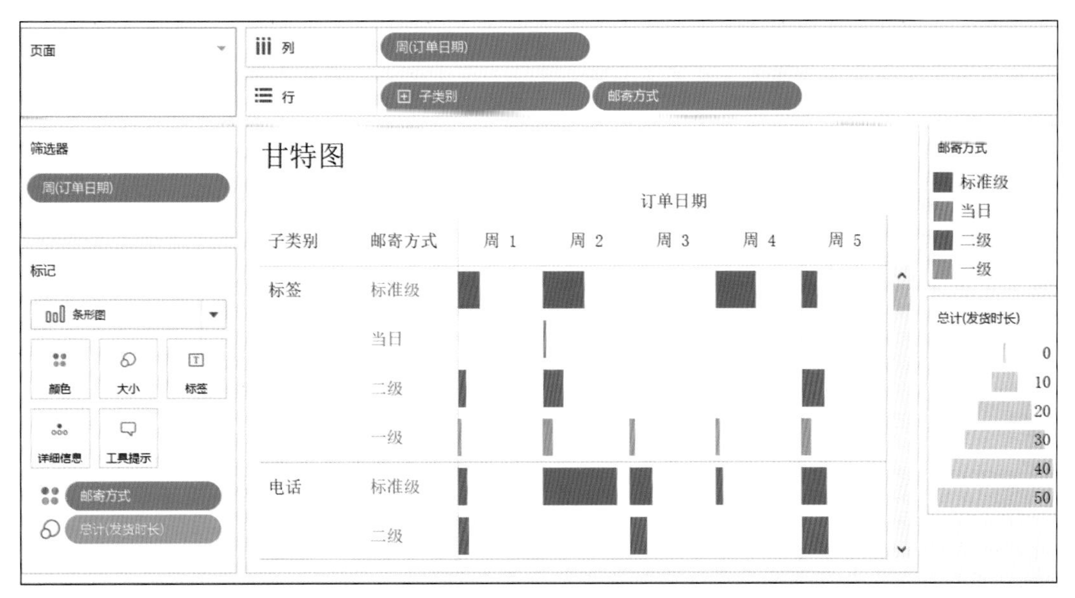

图 4-67　下单时间与发货时间之间的甘特图

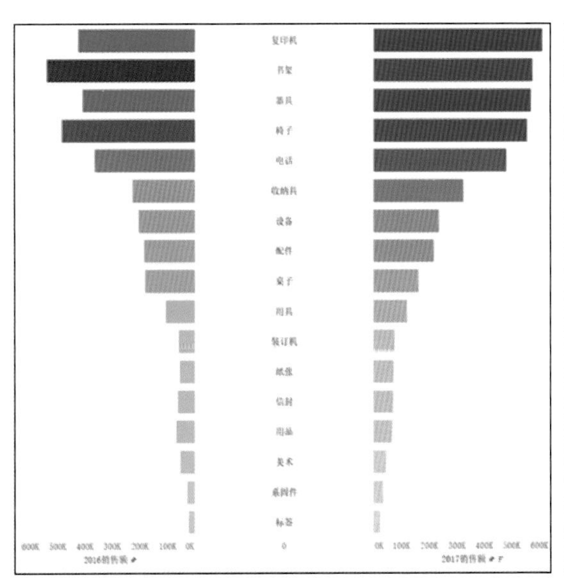

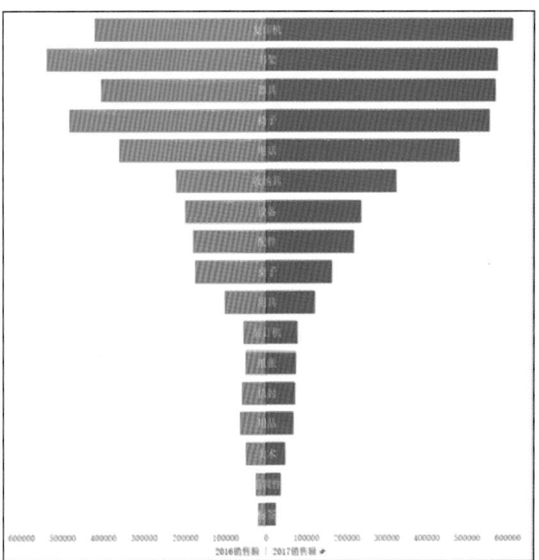

图 5-1　蝴蝶图

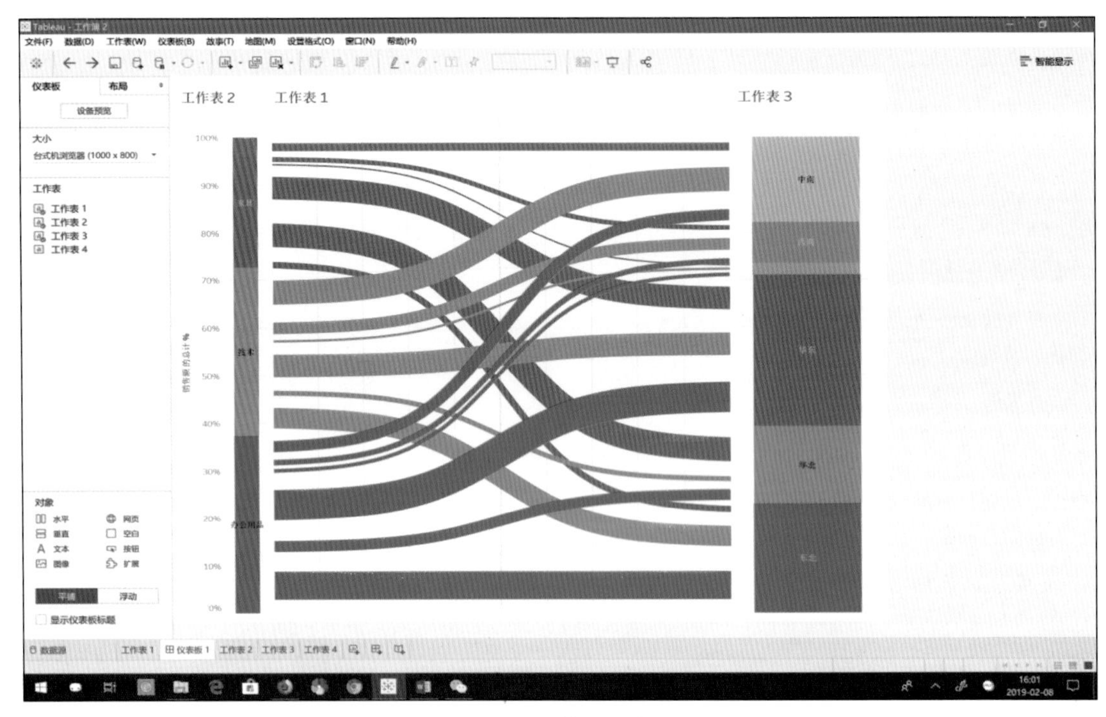

图 5-38　桑基图最终效果

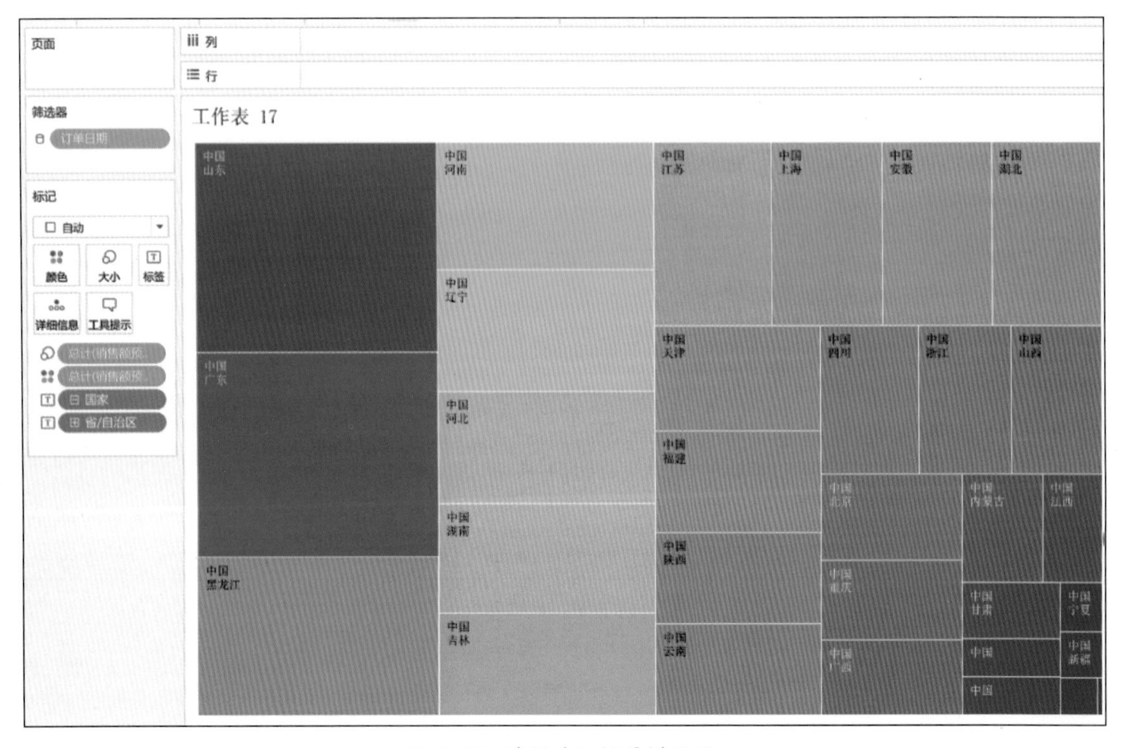

图 5-42　选择地区扩展树状图

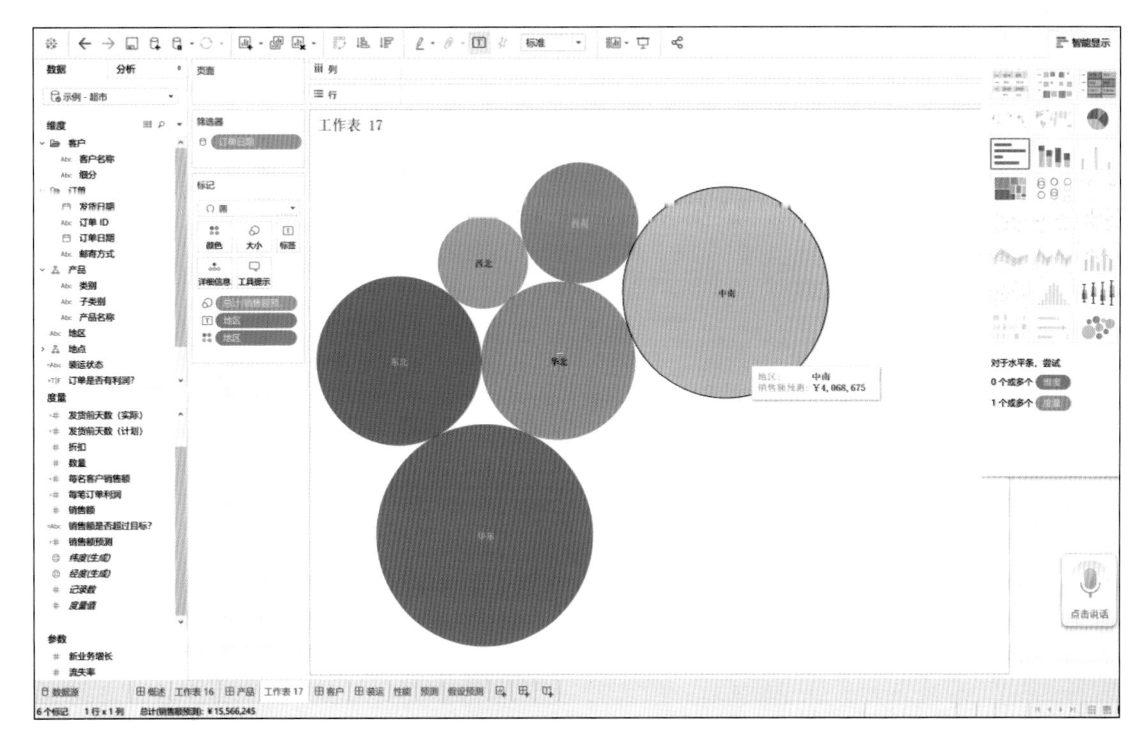

图 5-47　气泡图呈现的效果

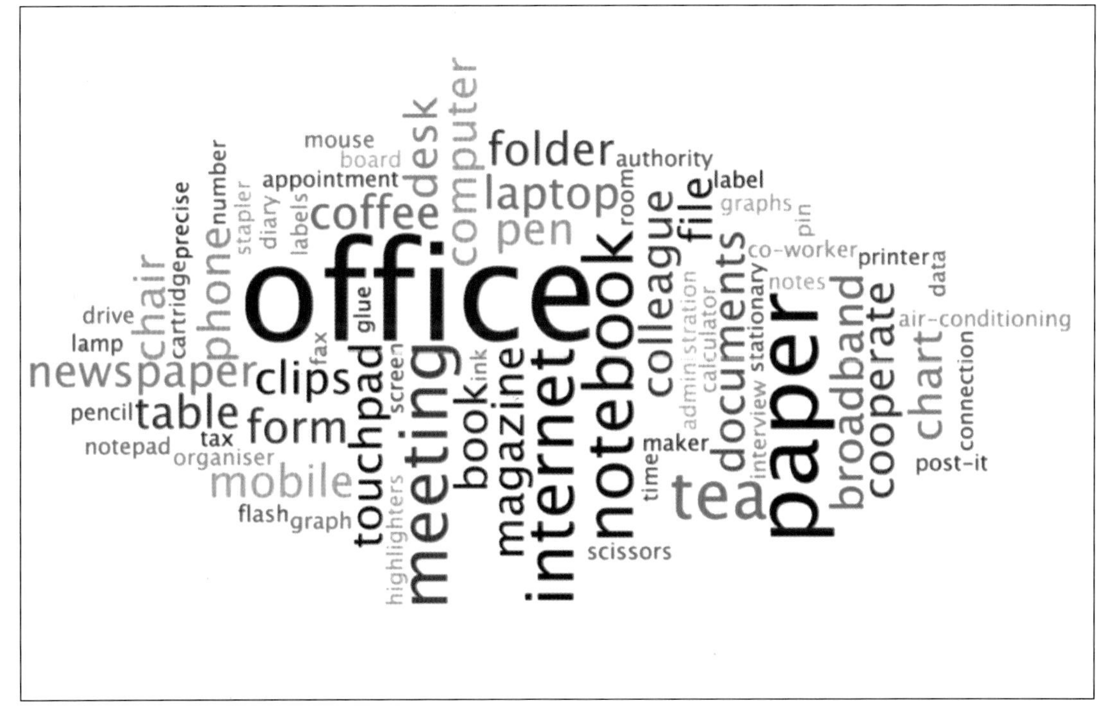

图 5-49　文字云

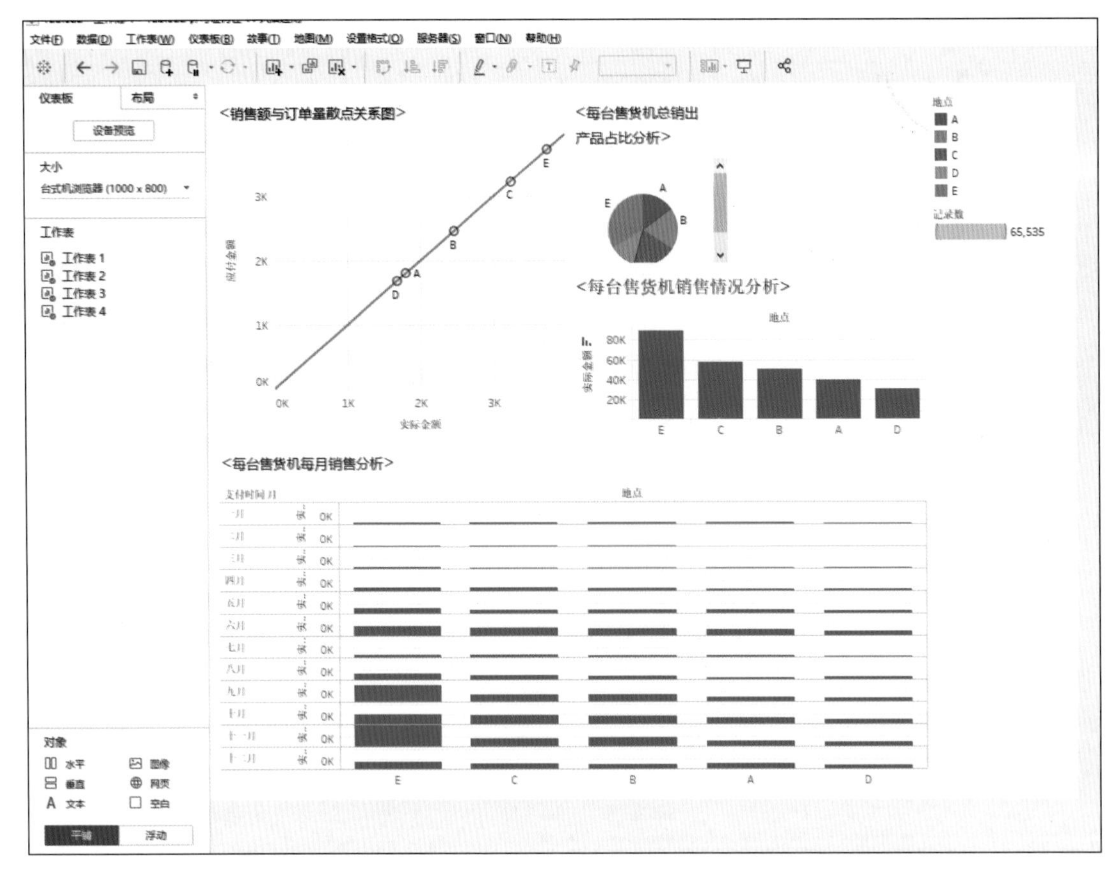

图 6-49 “自动售货机销售数据分析”仪表板

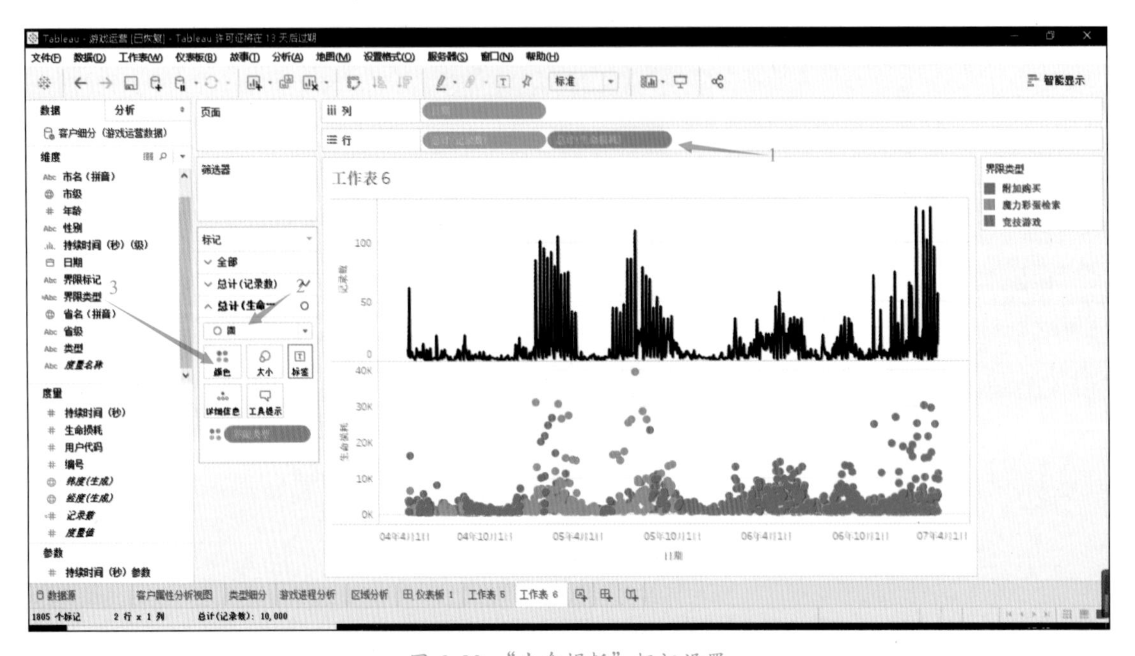

图 6-90 “生命损耗”标记设置

职业教育大数据技术与应用专业系列教材

数据可视化技术及应用

主　编　贺　宁　季　丹

副主编　邹晓华　黄　宁　贺　萌　吴阳明

参　编　喻　会　饶志凌　李　夏　王晶晶　李春朋

机　械　工　业　出　版　社

本书从几种不同类型的数据可视化工具出发，系统地讲述了如何利用可视化技术对数据进行基本操作。读者通过对数据可视化技术的深入理解，达到有效、严格监视数据的目的。本书详细地展示了数据可视化的常用方法，使读者学会使用软件工具来展示各类统计图表、地图和丰富的解释型图表，以数据的形式讲述故事，并从中获知更多信息。本书包含丰富的可视化示例插图以及详细的操作过程。读者可以对照操作步骤反复练习，提高自身对数据化的感知和思考能力。

本书可以作为各类职业院校大数据技术与应用专业、电子商务专业、数据统计专业等相关专业的教材，也可以作为数据可视化爱好者的自学参考用书，同时对于相关领域的工程技术人员也有一定的参考价值。

本书配有微课视频，可直接扫描书中二维码进行观看。

本书配有电子课件和相关素材，教师可以登录机械工业出版社教育服务网（www.cmpedu.com）免费注册后下载或者联系编辑（010-88379194）咨询。

图书在版编目（CIP）数据

数据可视化技术及应用 / 贺宁，季丹主编. —北京：机械工业出版社，2021.1（2024.1 重印）

职业教育大数据技术与应用专业系列教材

ISBN 978-7-111-67468-9

Ⅰ. ①数… Ⅱ. ①贺… ②季 Ⅲ. ①可视化软件—数据处理—职业教育—教材 Ⅳ. ① TP31

中国版本图书馆 CIP 数据核字（2021）第 020740 号

机械工业出版社（北京市百万庄大街 22 号　邮政编码 100037）

策划编辑：梁　伟　　责任编辑：梁　伟　张星瑶

责任校对：梁　静　　封面设计：鞠　杨

责任印制：常天培

北京机工印刷厂有限公司印刷

2024 年 1 月第 1 版第 2 次印刷

184mm×260mm • 12.5 印张 • 4 插页 • 259 千字

标准书号：ISBN 978-7-111-67468-9

定价：45.00 元

电话服务	网络服务
客服电话：010-88361066	机　工　官　网：www.cmpbook.com
010-88379833	机　工　官　博：weibo.com/cmp1952
010-68326294	金　　书　　网：www.golden-book.com
封底无防伪标均为盗版	机工教育服务网：www.cmpedu.com

前言 PREFACE

随着互联网时代的到来，数据呈爆炸式增长，数据可视化在科研、产品和教育等领域得到日益广泛的应用。数据可视化的技术、方向和软件也在不断改进、充实和优化。与此同时数据可视化和数据分析需求正在以惊人的速度发展壮大。无论是新手还是有经验的用户，笔者都希望能通过本书来帮助读者提升使用 Tableau 软件进行数据可视化的能力，自如地运用这个功能强大的工具。

本书共 6 章，前 5 章对知识点进行讲解，内容包括数据可视化概述，Tableau 的安装和使用，数据理解与基本操作，一般数据的可视化分析及其拓展和数据聚焦与深挖。第 6 章结合了多个实际案例对数据可视化进行分析。

本书的特点：一是通过剖析数据特征来讲解用于理解、分析、可视化和表现数据的相关方法和技术；二是结合实际案例来学习 Tableau 软件的使用，偏重于实践操作。

读者通过本书的学习，可以具备以下能力：

- 了解数据——了解数据的来源和基本处理方法，并能灵活运用和展示数据。
- 使用工具——通过合理地运用 Tableau 工具来实现有效的数据分析以及呈现数据可视化图表、制作数据可视化报告和商业仪表板。
- 辅助决策——能够运用图表辅助决策人员有效地表达数据分析的观点，使分析结果一目了然。

本书由贺宁和季丹任主编，邹晓华、黄宁、贺萌和吴阳明任副主编，参加编写的还有喻会、饶志凌、李夏、王晶晶和李春朋。其中，贺宁编写了第 1 章、第 2 章、第 3 章（前 3 节）和第 5 章，王晶晶、李夏和李春朋编写了第 3 章（后 2 节），喻会、贺萌编写了第 4 章（前 4 节），季丹和邹晓华编写了第 4 章（后 8 节），黄宁、吴阳明和饶志凌编写了第 6 章。北京西普阳光教育科技股份有限公司在教材编写过程中提供了大量的技术支持和案例。常州信息职业技术学院、南京交通职业技术学院、湖南汽车工程职业学院的许多老师为本书的撰写提供了很多参考意见与帮助。在此，编者团队对上述人员致以最诚挚的谢意。

由于编者水平有限，书中难免存在疏漏，恳请读者批评指正。

编　者

二维码索引

目录 CONTENTS

Chapter 1

第1章 数据可视化概述

本章导读

数据可视化是利用计算机图形学和图像处理技术，或利用软件工具将数据转换成直观的图像，准确而高效、精简而全面地传递信息和发掘知识的手段。

2004 年全球数据总量是 30EB，2005 年达到了 50EB，2006 年达到了 161EB。到 2015 年，已达到了惊人的 7 900EB。到 2020 年，已达到 35 000EB。

为什么数据增加得如此之快？随着人类步入信息社会，数据的产生越来越自动化了，人类的各项活动也越来越依靠数据。从海量的数据中获得所需的信息且产生新的信息是人类面临的巨大挑战。2004 ～ 2020 年的全球数据总量变化趋势如图 1-1 所示。

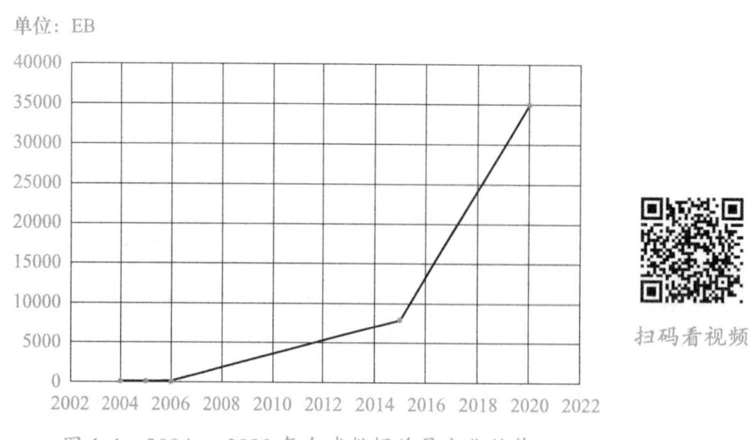

图 1-1　2004 ～ 2020 年全球数据总量变化趋势

数据总量的增长令人惊叹。但是数据可视化技术对于大多数人来说可能仍是一个陌生的领域，本章内容可使读者在较短的时间内了解数据可视化分析的基础知识和相关工具。

学习目标

1）知识目标：了解数据分析方法、数据可视化的概念和作用。

2）技能目标：初步了解数据可视化方法，会打开常见的数据可视化工具。

3）职业素养：符合学习者的理解力，初步建立学生对数据可视化概念、作用、方法和工具的理解。

1.1 数据分析方法

提起数据分析，大家往往会联想到一些密密麻麻的数字表格，或是高级的数据建模方法，又或是华丽的数据报表。其实，“分析”是每个人都具备的能力，比如，根据股票的走势决定是购买还是抛出；依照每日的时间和以往经验选择行车路线；购买机票、预订酒店时，对比多家的价格后做出最终选择等。

这些小型决策其实都是依照脑海中的数据点做出判断，这就是简单分析的过程。对于重大的决策，则需要掌握一套系统的、科学的、符合商业规律的数据分析知识。下面介绍一些传统的数据分析方法。

1.1.1 统计学方法

统计学是一门收集、处理、分析、解释数据并从数据中得出结论的科学，分为描述性统计和推断性统计。应用领域有企业发展战略、产品质量管理、市场研究、财务分析、经济预测、人力资源管理等。统计数据的类型有针对分类数据、顺序数据和数值型数据的按计量尺度，针对观测数据、实验数据的按收集方法以及按时间状况的截面数据、时间序列数据。

数据来源一般分为间接来源（即原始数据已经存在，只需对其进行重新加工整理即可）和直接来源（需要通过调查和实验的方法来获得）。其中调查方法又分为概率抽样和非概率抽样。

统计学的具体分析方法有很多，如计算平均值、最大值和最小值、标准差、方差，或者使用复杂些的模型来拟合数据等。数据通常是大量的，人脑难以直接把握所有的信息。研究数据的最终目的是减少数据的信息量，将数据中的信息客观地展示出来，并最终整理成简单的、人脑可以掌握的知识。

1.1.2 对比法

对比法是最基本的分析方法也是数据分析的“先锋军”。在分析时首先使用对比法可以快速发现问题。对比法分为横向和纵向两个方向。

横向对比是指跨维度的对比，比如，在分析企业销售业绩的时候，将不同行业的企业销售业绩一起进行对比，这样可以知道某家企业在整个市场的地位。比如，我国 500 强企业排行榜就是将不同行业的企业产值进行对比。

纵向对比是指在同一个维度的对比，比如，基于行业维度，生成钢铁行业的企业排行榜；基于时间维度，将今天的销售业绩和昨天、上个星期的同一天进行对比，可以分析今天的销售业绩的情况。

1.1.3 数据图表方法

在数据图表方法中，数字和趋势是最基础的展示数据信息的方式。在数据分析中，可以通过直观的数字或趋势来迅速了解信息，如市场的走势、订单的数量、业绩完成的情况等，

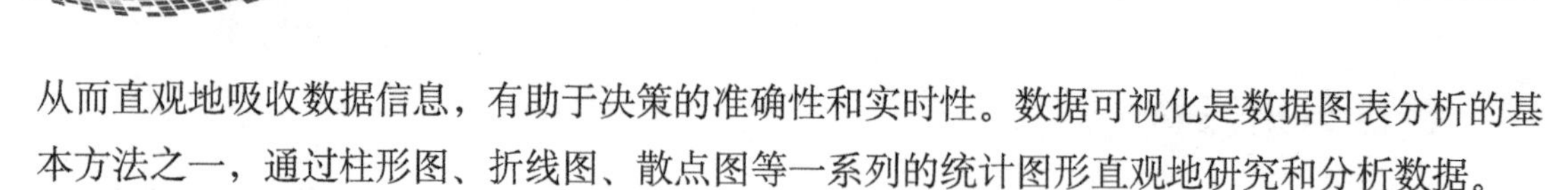

从而直观地吸收数据信息，有助于决策的准确性和实时性。数据可视化是数据图表分析的基本方法之一，通过柱形图、折线图、散点图等一系列的统计图形直观地研究和分析数据。

不能度量，就无法增长，数据分析对于企业商业价值的提升有着至关重要的作用。以下将通过数据可视化的讲解来深入理解数据分析。

1.2 数据可视化的概念和作用

扫码看视频

图形是比较直观的数据呈现方法，相比长篇大论的文字，图表能使使用者在短时间内获得需要的信息。然而，将大量数据按照一定的方式在同一个图表中展示出来并不是一件易事。研究利用图形展现数据中所隐含的信息并发掘其中的规律的学科就是数据可视化。它是一门综合性的学科，包含了计算机、统计学以及心理学、数据分析数据科学等，同时大数据的兴起也使其进一步繁荣。

最早在20世纪50年代的计算机早期图形学中就能看到数据可视化的身影，科学家们利用初代计算机创造了首批图形和图表。1987年，一篇标题为 *Visualization in Scientific Computing*（科学计算中的可视化，即科学可视化）的论文成为数据可视化领域发展的里程碑，它强调了新的基于计算机的可视化技术方法的必要性。

由于计算机的运算能力在不断提升，并且人们采集数据的种类和数量在不断增加，高级的计算机图形学技术与方法的使用越来越多，可视化的数据集规模也在不断增大。20世纪90年代初期产生了新的研究领域——信息可视化，其意义在于为应用领域中的抽象异质性数据集的分析工作提供帮助。

现在数据可视化作为一门新学科，既包含科学可视化，又包含信息可视化。它使人们不再局限于通过关系数据表来观察和分析数据信息，它是可视化技术在非空间数据上新的应用，能让使用者以更加直观的方式，迅速观察到数据及数据之间的关系。

数据可视化是关于数据的视觉表现形式的综合研究。首先，这种数据的视觉表现形式被定义为以某种概要形式抽取出来的信息，包括各种属性和变量。其次，数据可视化技术的基本思想是将数据库中的每个数据项作为单个元素来表示，大量的数据构成数据图像来进行量化、归纳、对比等。同时将各个属性值以多维数据的形式表示，从不同的维度观察数据，可以对数据进行更深入的观察和分析。

数据可视化工具在大数据时代具有的新特性如下。

1）数据量大：必须适应大数据时代数据量的爆炸式增长需求以及准确显示大量数据的集合体。

2）实时更新：必须能快速、有效地收集和分析数据，并对数据信息进行实时更新。

3）操作简单：必须满足快速开发、易于操作的特性，具有能满足互联网时代信息多变的特点。

4）多维度展现：需要具有更丰富的展现方式，能够充分满足数据展现的多维度要求。

5）多种数据源：数据的来源除了数据库外，还支持文本数据和数据仓库等多种数据源，并能够通过 Web 前端页面的方式进行展现。

数据可视化的思想是将数据库中的每个数据项作为单个图形元素，进而抽取数据构成数据图像，并且把数据的各个属性值加以组合，再以多维数据的形式通过图表、三维等方式来展现数据之间的关联信息，让用户可以在不同的维度和不同的组合下对数据库中的数据进行观察，从而对数据进行更深入的分析和挖掘。

1.3 常用的数据可视化方法和工具

扫码看视频

1.3.1 Excel

Excel 是微软公司的一款电子表格应用程序，具有强大的管理图表和数据分析的功能。大多数人会选择使用 Excel 默认样式的图表，但随着版本的更新，除了常见的柱状图、折线图、饼图等，在 2016 版本中还新增了 6 种数据图表，分别是树状图、旭日图、直方图、箱型图、瀑布图和漏斗图，让数据图表的呈现形式更加多样化，如图 1-2 所示。

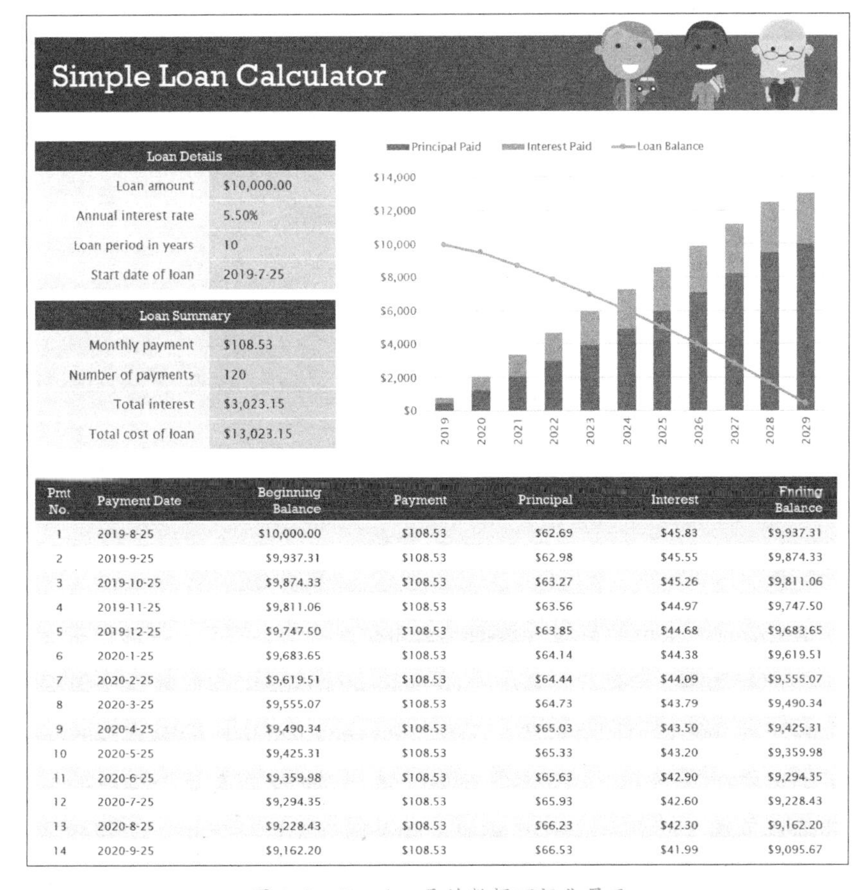

Pmt No.	Payment Date	Beginning Balance	Payment	Principal	Interest	Ending Balance
1	2019-8-25	$10,000.00	$108.53	$62.69	$45.83	$9,937.31
2	2019-9-25	$9,937.31	$108.53	$62.98	$45.55	$9,874.33
3	2019-10-25	$9,874.33	$108.53	$63.27	$45.26	$9,811.06
4	2019-11-25	$9,811.06	$108.53	$63.56	$44.97	$9,747.50
5	2019-12-25	$9,747.50	$108.53	$63.85	$44.68	$9,683.65
6	2020-1-25	$9,683.65	$108.53	$64.14	$44.38	$9,619.51
7	2020-2-25	$9,619.51	$108.53	$64.44	$44.09	$9,555.07
8	2020-3-25	$9,555.07	$108.53	$64.73	$43.79	$9,490.34
9	2020-4-25	$9,490.34	$108.53	$65.03	$43.50	$9,425.31
10	2020-5-25	$9,425.31	$108.53	$65.33	$43.20	$9,359.98
11	2020-6-25	$9,359.98	$108.53	$65.63	$42.90	$9,294.35
12	2020-7-25	$9,294.35	$108.53	$65.93	$42.60	$9,228.43
13	2020-8-25	$9,228.43	$108.53	$66.23	$42.30	$9,162.20
14	2020-9-25	$9,162.20	$108.53	$66.53	$41.99	$9,095.67

图 1-2 Excel 工具的数据可视化展示

Excel 推出的迷你图功能可适用于多系列的数据可视化。例如，通过对上半年业务数据的分析来了解业务趋势，用常规折线图做出的效果是比较繁杂的，并不适合多系列的情形，但是迷你图可以一目了然，如图 1-3 所示。

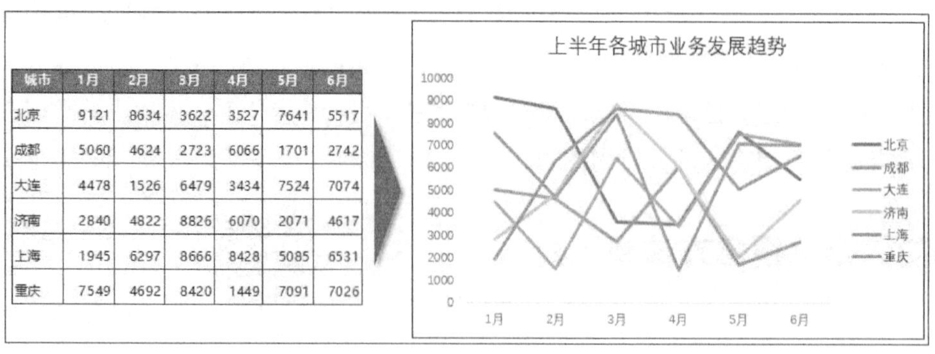

城市	1月	2月	3月	4月	5月	6月
北京	9121	8634	3622	3527	7641	5517
成都	5060	4624	2723	6066	1701	2742
大连	4478	1526	6479	3434	7524	7074
济南	2840	4822	8826	6070	2071	4617
上海	1945	6297	8666	8428	5085	6531
重庆	7549	4692	8420	1449	7091	7026

图 1-3　Excel 迷你图

Excel 也具备强大的表格功能，可以在数据透视表上进行筛选，一般是通过行列标签或筛选字段的下拉选项进行选取。Excel 2010 增加了切片器功能，Excel 2013 增加了日程表功能。切片器和日程表都可以快速、直观地实现对数据的筛选。这样在图 1-3 的可视化图表中，也可以通过日期、地区或者城市的筛选来进行快速观察，如图 1-4 所示。

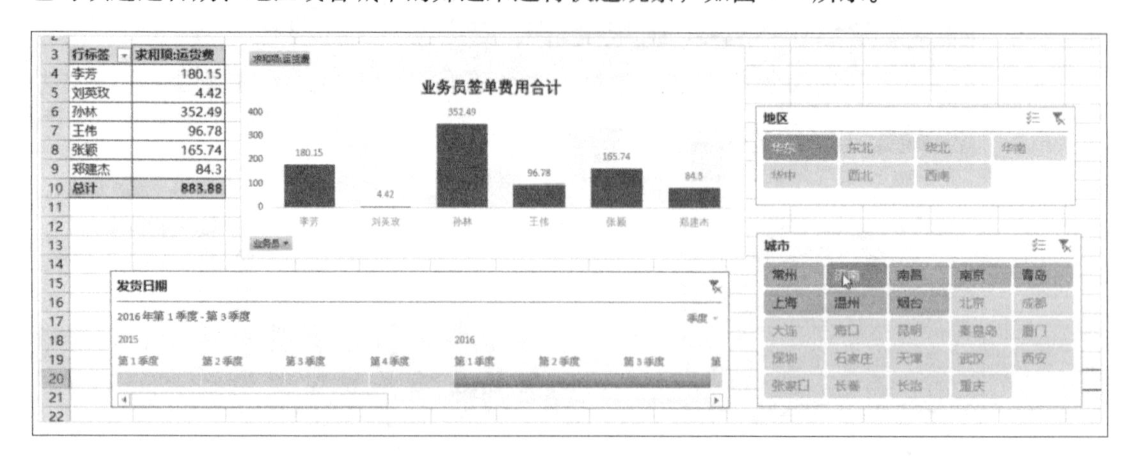

行标签	求和项:运货费
李芳	180.15
刘英玫	4.42
孙林	352.49
王伟	96.78
张颖	165.74
郑建杰	84.3
总计	883.88

图 1-4　Excel 筛选功能

1.3.2　Power BI

Power BI 是微软官方推出的可视化数据探索和交互式报告工具，一般用于大中型组织，Power BI 的工作面板如图 1-5 所示。Power BI 的最大优点是可连接数百个数据源，帮助用户简化数据准备工作并提供协同性的专门分析。Power BI 可生成简明直观的报表并进行及时发布，也可供用户在 Web 和移动设备上浏览。每个用户可以创建个性化的仪表板，发表自己对业务的独特见解。但是 Power BI 集成于整个微软架构体系中，收费较高，一般中小型企业不太能承担其费用。

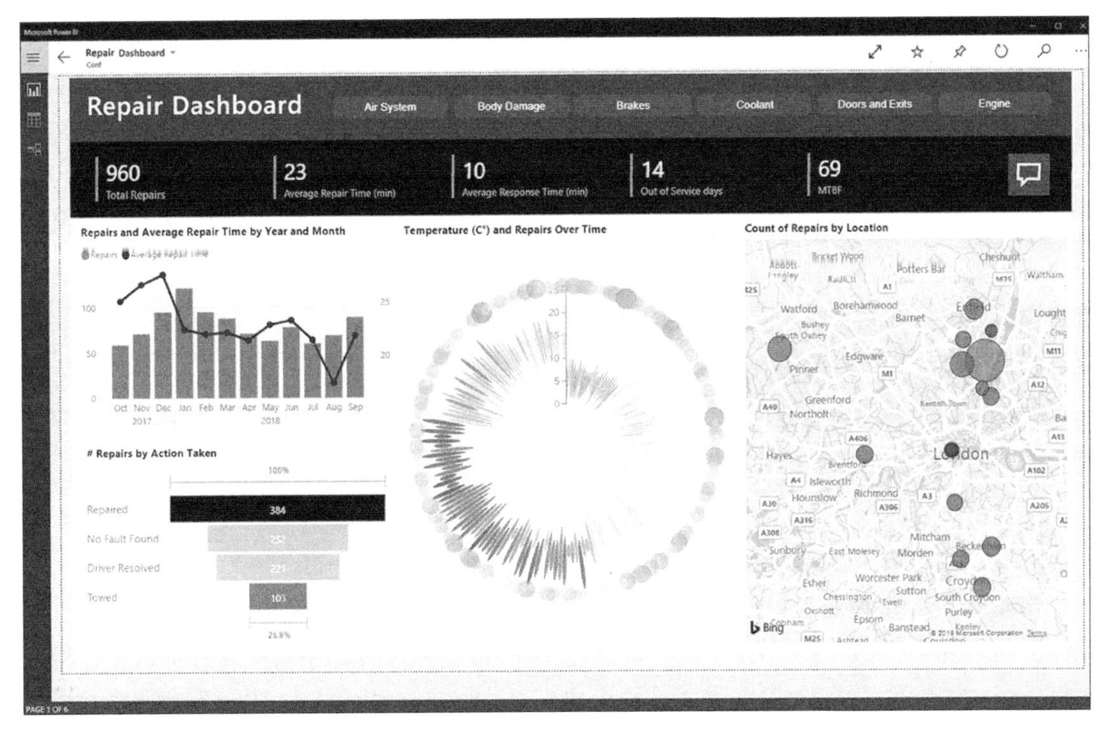

图 1-5　Power BI 的工作面板

由于 Power BI 也是微软公司的产品，它遵循与其他主要微软产品相似的理念、原则和体系结构，为 Windows 操作系统用户提供了一个熟悉的界面。Power BI 的创建和设计旨在构建 Excel 的功能，将其升级到下一个级别，进一步扩展其可操作性以解锁新的用例，覆盖更多的平台并接触到云。作为微软的产品，Power BI 与微软工具中的其他软件有联系，但远比利用一整套全新的业务分析工具更有效。因此，Power BI 不仅与其他产品有关，它与微软的主要工具（包括 Excel、Azure Cloud Service 和 SQL Server）更加紧密地集成。

Power BI 可以实现企业内部的扩展、内置管理和安全功能。它采用的是一种基于云的业务分析服务，既可以为用户提供关键业务数据的单一视图，也可以使用实时仪表板监视用户的业务运行状况。

Power BI 可以看作 PPT 和 Excel 的结合。Power BI 的特征如下。

（1）在一个窗格中查看所有内容

Power BI 将用户所有的本地信息和云信息集中在一个中心位置，用户可以使用预封装的内容包和内置连接器快速从解决方案（如 Google Analytics）中导入用户的数据，也可以随时随地访问。

（2）实时视图

Power BI 通过丰富的可视化效果和交互式仪表板来提供企业的合并实时视图，非常适合分析师使用。Power BI Desktop 能提供不限形式的画布来供用户拖放数据进行浏览，并提供大量交互式可视化效果、简易报表创建及快速发布到 Power BI 服务的库。

（3）将数据转换为决策

用户可以借助 Power BI 进行简单的拖放操作，轻松地与数据进行交互，从而发现趋势，同时可以用自然语言进行查询，快速获得答案。

（4）共享

Power BI 使用户可与任何人在任何地方共享仪表板和报表，适用于 Windows、iOS 和 Android 操作系统，能使用户始终掌握最新信息。Power BI 的警报将数据中的任何更改通知给用户，以便与开发团队一起采取相应措施。也可以使用 Power BI 发布数据到 Web 端，用户可以从任何位置、使用任何设备进行访问。

Power BI 中的图表配置栏会自动读取 Excel 表格的所有字段，只需要选择或者拖拽字段就能配置图表。各个图表中的数据互相关联、互相约束。当然，也可以发布动态报表。

1.3.3 Tableau

Tableau 与大多数商务智能工具一样，通过可视化方式进行数据分析。不同于传统的 BI 软件，Tableau 是一款“轻”BI 工具。可以在 Tableau 的拖放界面中可视化任何数据，探索不同的视图，甚至可以轻松地将多个数据库组合在一起。它不需要任何复杂的脚本，旨在轻松创建和分发交互式数据仪表板，通过简单而有效的视觉效果来提供对动态、变化趋势和数据密度分布的深入描述。Tableau 工具的数据可视化展示如图 1-6 所示。

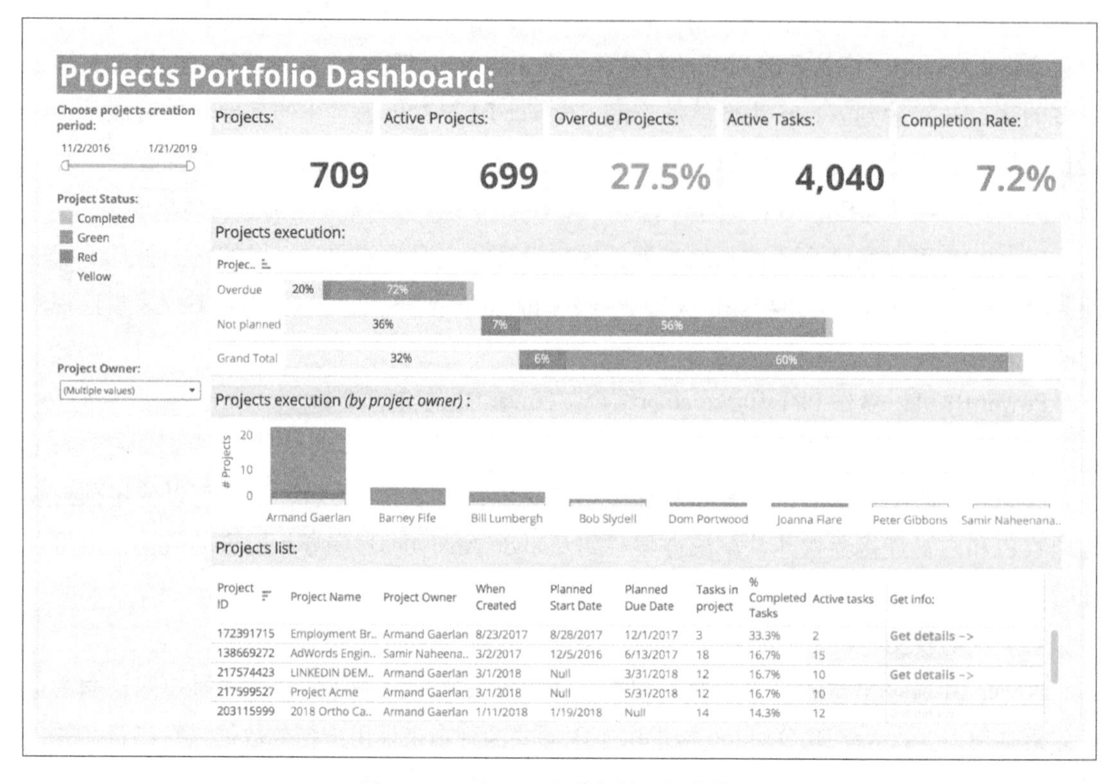

图 1-6　Tableau 工具的数据可视化展示

与其他软件一样，Tableau 提供了连接多种系统类型的数据源的工具，如以文件格式（CSV，JSON，XML 等）组织的数据系统，关系数据系统和非关系数据系统（PostgreSQL，MySQL，SQL Server，MongoDB 等），云系统（AWS，Oracle Cloud，Google BigQuery，Microsoft Azure）。

Tableau 与其竞争对手的核心区别在于具有数据混合的特点。此外，它还具有实时协作的能力，因此受到商业和非商业组织的青睐。有几种方法可以在 Tableau 中共享数据报告：将它们发布到 Tableau 服务器；通过电子邮件中的 Tableau Reader 功能；通过公开发布 Tableau 工作簿并授予访问权限。这种选择的大小可以带来很大的灵活性并消除许多限制。

Tableau 提供了多种具有鲜明特征的可视化功能，实现了数据发现和深入洞察的智能方式。丰富的可视化类型库包括“文字云”和“气泡图”，可为 Tableau 提供独特的高级别理解。树图和树形图为视觉效果提供上下文信息，后者通常用于描述分类数据，重点关注最相关的信息。

Tableau 仪表板非常灵活。它允许用户以自定义的方式来布置仪表板，这在屏幕空间人体工程学中非常方便。Tableau 是一种很容易上手的软件工具，有良好的界面提示，充足的帮助工具，对从未接触过可视化工作技术的用户很友好。对于有经验的开发人员而言，Tableau 提供了通过附加自定义参数的方法来控制可视化的展示，操作界面非常简洁，都能以清晰、有吸引力和互动的方式与阅读者进行交流，能有效地压缩复杂的决策过程。

Tableau 的特性（具备免费共享能力，但有一定的限制）如下。

1）支持连接到 30 多个数据源类型。

2）混合数据源。

3）支持多维数据集。

4）与 R 的集成，为许多数据库映射现成的驱动程序。

5）包括 Tableau 论坛、Twitter 或 Tableau 用户群会议等社区资源内容丰富。

Tableau 是“所有人都能学会的业务分析工具”。使用者不需要精通复杂的编程和统计原理，只需要把数据拖放到 Tableau 的工具表中，通过一些简单的设置就可以得到想要的可视化图形。

对日渐追求高效率和成本控制的企业来说，Tableau 的学习成本很低，使用者可以快速上手，这无疑有着巨大的吸引力。对于日常工作中需要绘制大量报表、经常进行数据分析或需要制作图表的人来说，Tableau 无疑是比较好的选择。

1.3.4 IBM SPSS Modeler

SPSS 是世界上最早的统计分析软件，由美国斯坦福大学的 3 位研究生 Norman H. Nie、

Hadlai（Tex）Hull 和 Dale H. Bent 于 1968 年开发成功，同时成立了 SPSS 公司，并于 1975 年成立法人组织，在芝加哥组建了 SPSS 总部。

2009 年 7 月 28 日，IBM 公司宣布用 12 亿美元收购 SPSS 公司，SPSS 更名为 IBM SPSS Statistics。

目前，IBM SPSS Modeler 是企业级的数据挖掘工作平台。SPSS 利用先进的统计学和数据挖掘技术来获取预测知识，同时把相应的决策方案部署到当前的业务系统和业务过程中，进而提高企业的效益。SPSS 工具的数据可视化展示如图 1-7 所示。

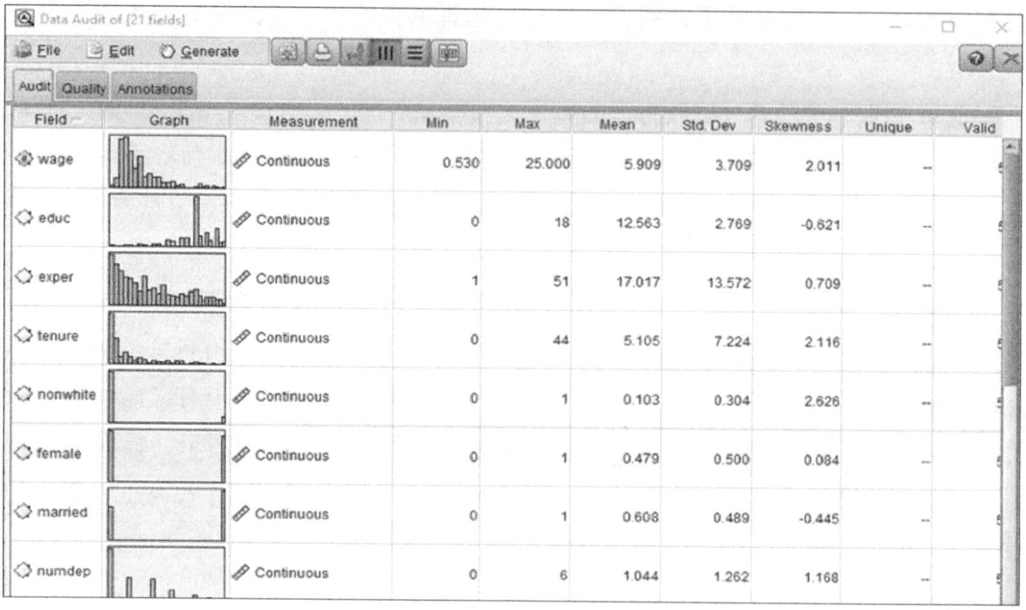

Data Audit of [21 fields]

File　Edit　Generate

Audit　Quality　Annotations

Field	Graph	Measurement	Min	Max	Mean	Std. Dev	Skewness	Unique	Valid
wage		Continuous	0.530	25.000	5.909	3.709	2.011	--	5
educ		Continuous	0	18	12.563	2.769	-0.621	--	5
exper		Continuous	1	51	17.017	13.572	0.709	--	5
tenure		Continuous	0	44	5.105	7.224	2.116	--	5
nonwhite		Continuous	0	1	0.103	0.304	2.626	--	5
female		Continuous	0	1	0.479	0.500	0.084	--	5
married		Continuous	0	1	0.608	0.489	-0.445	--	5
numdep		Continuous	0	6	1.044	1.262	1.168	--	5

图 1-7　SPSS 工具的数据可视化展示

SPSS 强大的数据挖掘功能帮助用户将复杂的统计方法和机器学习技术应用到数据中，从而揭示隐藏在企业资源计划（ERP）、结构数据库、普通文件中的模式和趋势，可以让用户始终处于行业发展的前沿。

SPSS 作为一个数据挖掘平台，通过结合商业技术来快速建立预测性模型，从而应用到商业活动中，帮助人们改进决策过程。对比那些只重视模型的外在表现，而忽略整个业务流程中数据挖掘的应用价值的数据挖掘工具而言，SPSS 具有功能强大的数据挖掘算法，贯穿业务流程的始终，在缩短投资回报周期的同时极大地提高了投资回报率。

企业需要用不同的方式来处理各种类型迥异的数据，从而用来解决各种业务问题。任务类型和数据类型的不同就要求有不同的分析技术。SPSS 的优势在于可以提供出色、广泛的数据挖掘技术，确保用户使用最有效的分析技术来处理相应的问题，从而在随时出现的业务问题中得到最好的结果。虽然改进业务的机会被庞杂的数据表格所掩盖，但是 SPSS 还是可以最大限度地执行标准的数据挖掘流程，为解决业务问题找到最佳答案。

SPSS 中术语类名词较多，但作为易操作的、拥有高级建模技术的数据挖掘软件，它能够帮助用户发现和预测数据中有用的关系。SPSS 提供了通向数据、统计量和复杂算法的可视化窗口。其中每个步骤都由一个图标（节点）表示，将各个步骤连接即可形成一个“流”，表示数据沿各个步骤流动。图形化的操作环境简单明了，提高了软件的易用性，降低了用户的入门要求，同时也大大缩短了学习时间。

SPSS 是一个开放式的数据挖掘工具，不但支持从数据获取、转换、建模、评估到最终部署的全部过程，还支持数据挖掘的行业标准——CRISP-DM。SPSS 的可视化数据挖掘把“思路”分析变成了可能，这样可以把大部分精力集中在要解决的问题本身，而不是局限于完成一些技术性工作（如编写代码）。它提供了多种图形化技术，对用户理解数据之间的关键性联系以及指导用户以最便捷的途径找到问题的最终解决办法起到了很大的作用。

SPSS 的特性

（1）编程方便

具有第四代语言的特点，只需告诉系统要做什么，无需告诉怎样做。只要了解统计分析的原理，无需通晓各种算法，即可得到需要的统计分析结果。对于常见的统计方法，SPSS 的命令语句、子命令及选择项的选择绝大部分由“对话框”的操作完成。因此，用户无需花大量时间去记忆大量的命令、过程、选项。

（2）功能强大

具有完整的数据输入、编辑、统计分析、报表、图形制作等功能。自带 11 种类型的 136 个函数。SPSS 提供了从简单的统计描述到复杂的多因素统计分析方法，如数据的探索性分析、统计描述、列联表分析、二维相关、秩相关、偏相关、方差分析、非参数检验、多元回归、生存分析、协方差分析、判别分析、因子分析、聚类分析、非线性回归、Logistic 回归等。

（3）数据接口丰富

能够读取及输出多种格式的文件。比如，由 dBASE、FoxBASE、FoxPRO 产生的 *.dbf 文件；文本编辑器软件生成的 ASCII 数据文件；Excel 的 *.xls 文件等均可转换成可供分析的 SPSS 数据文件。能够把 SPSS 的图形转换为 7 种图形文件，结果可保存为 *.txt 及 html 格式的文件。

（4）模块可组合

SPSS for Windows 软件分为若干功能模块。用户可以根据自己的分析需要和计算机的实际配置情况灵活选择。

（5）针对性强

SPSS 比较适用于熟练者及精通者，需要掌握一定的操作分析方法，熟练者或精通者可以通过编程来实现更强大的功能。

1.3.5 ECharts

ECharts 是一个使用 JavaScript 实现的开源可视化库，它能兼容市面上的大部分浏览器，如 IE、火狐、Google、Safari 浏览器等，它能流畅地运行在 PC 和移动端的设备上。ECharts 的底层依赖轻量级的矢量图形库，交互性强，数据可视化的图表非常直观。

ECharts 提供了很多常规的图形，如折线图、柱状图、散点图、饼图、K 线图等，其中盒形图用于统计，地图、热力图、线图用于地理数据的可视化，关系图、树形图、旭日图用于关系数据的可视化，平行坐标用于多维数据的可视化，还有漏斗图用于 BI、仪表盘，并且支持图与图之间的混搭。

ECharts 支持 HTML5 中的 Canvas 技术、SVG（4.0+）、VML 的形式渲染图表。VML 也可以兼容低版本 IE，SVG 使移动端不再为内存担忧，Canvas 可以轻松应对大数据量和特效的展现。不同的渲染方式提供了更多选择，使得 ECharts 在各种场景下都有很好的表现。ECharts 的数据可视化展示如图 1-8 所示。

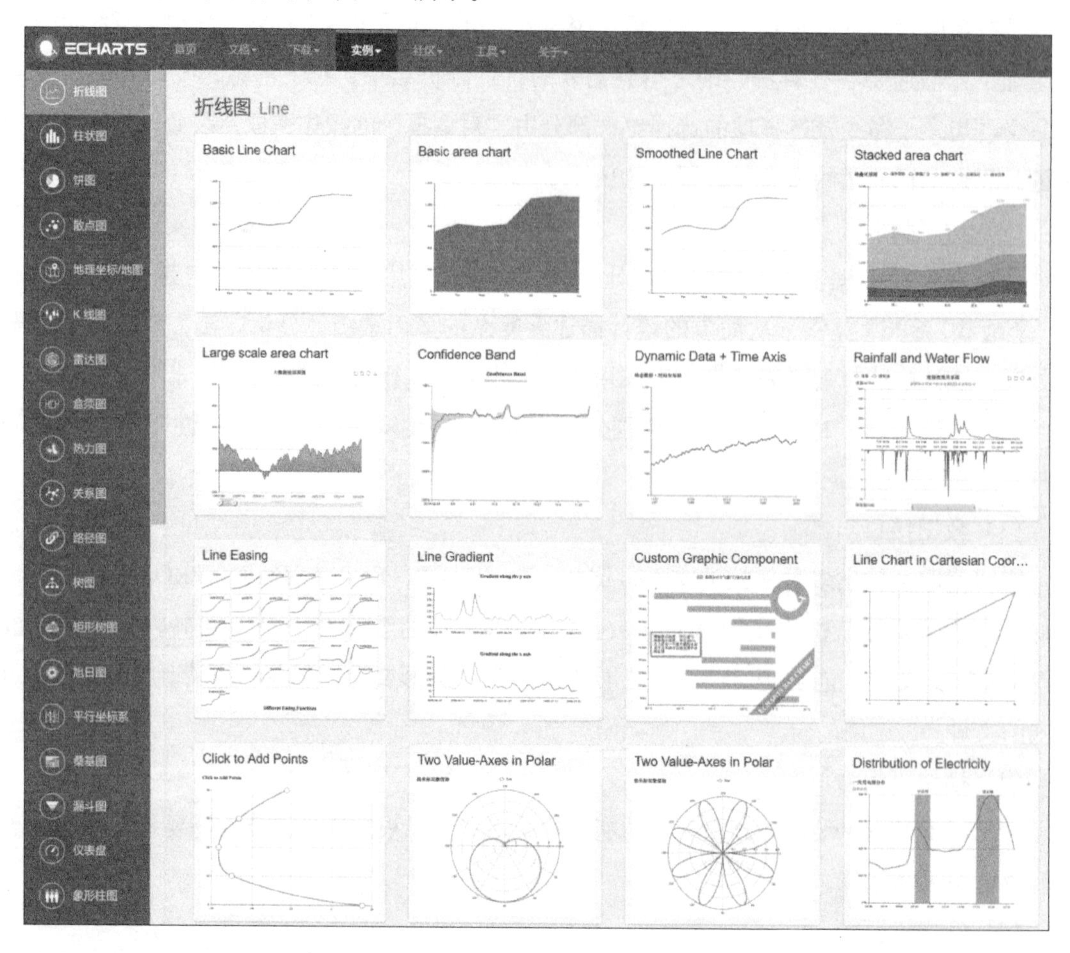

图 1-8 ECharts 的数据可视化展示

ECharts 能够展现十万级的数据，ECharts 也提供了对流加载（4.0+）的支持，可以使用

WebSocket 或者对数据分块后加载，加载多少渲染多少，能大大节省时间。也无需等待所有数据加载完才进行绘制。

此外，ECharts 针对客户端交互做了细致的优化，例如，在 PC 端可以用鼠标在图中缩放（用鼠标滚轮）、平移等。在移动端小屏上则可以用手指在屏幕的坐标系中缩放、平移。

ECharts 3 开始不再强制使用 AMD 的方式按需引入，代码里也不再内置 AMD 加载器。因此引入方式简单了很多，只需要像普通的 JavaScript 库一样使用 script 标签引入。ECharts 代码片段展示如图 1-9 所示。

```
1  <!DOCTYPE html>
2  <html>
3  <head>
4      <meta charset="utf-8">
5      <!-- 引入 ECharts 文件 -->
6      <script src="echarts.min.js"></script>
7  </head>
8  </html>
```

图 1-9　ECharts 代码片段展示

在绘图前需要为 ECharts 准备一个具备高和宽的 DOM 容器，然后通过 echarts.init 方法初始化一个 ECharts 实例并通过 setOption 方法生成一个简单的柱状图，完整代码展示如图 1-10 所示。

```
1  <!DOCTYPE html>
2  <html>
3  <head>
4      <meta charset="utf-8">
5      <title>ECharts</title>    <!-- 引入 echarts.js -->
6      <script src="echarts.min.js"></script>
7  </head>
8  <body>
9      <!-- 为ECharts准备一个具备大小（宽高）的Dom -->
10     <div id="main" style="width: 600px;height:400px;"></div>
11     <script type="text/javascript">
12         // 基于准备好的dom，初始化echarts实例
13         var myChart = echarts.init(document.getElementById('main'));
14         // 指定图表的配置项和数据
15         var option = {
16             title: {
17                 text: 'ECharts 入门示例'
18             },
19             tooltip: {},
20             legend: {
21                 data:['销量']
22             },
23             xAxis: {
24                 data: ["衬衫","羊毛衫","雪纺衫","裤子","高跟鞋","袜子"]
25             },
26             yAxis: {},
27             series: [{
28                 name: '销量',
29                 type: 'bar',
30                 data: [5, 20, 36, 10, 10, 20]
31             }]
32         };        // 使用刚指定的配置项和数据显示图表。
33         myChart.setOption(option);
34     </script>
35 </body>
36 </html>
```

图 1-10　完整代码展示

通过 ECharts 编辑的代码生成的图表展示如图 1-11 所示。

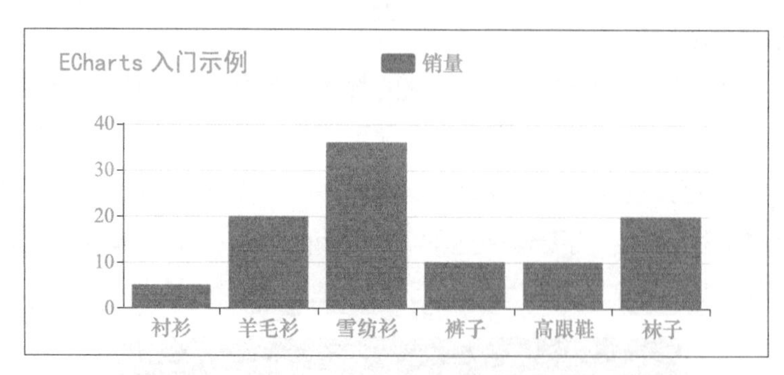

图 1-11 Echarts 柱状图展示

本章小结

通过使用数据可视化工具可以有更多的方式来呈现数据。有些可视化工具的创建方法比较简单，仪表板和报告也很容易浏览。但是，有的可视化工具在构建报表阶段就可能具有挑战性，需要高水平的开发人员，还有的需要掌握专有查询语言来进行模型训练以及构建数据库交互。因此下一章将通过 Tableau 软件来学习数据可视化的实现。

课后练习

1．请自行下载 Excel 2013、Excel 2016 以及 Office 365 版本，观察不同版本的 Excel 中的数据可视化的处理方式。

2．比较不同可视化工具对同一数据产生的数据图表的异同。

3．Tableau 软件的特性有哪些?

4．在 ECharts 软件中，图表的引入方式是怎样的?

5．简述 ECharts 工具与其他可视化工具的不同之处。

Chapter 2

第2章

Tableau的安装和使用

本章导读

Tableau 的操作不需要很强的编程能力，任何有权访问数据的计算机用户都可以完成。它能够生动地分析实际存在的任何结构化数据，并在几分钟内生成美观的图表、坐标图、仪表盘与报告。Tableau 的简便的拖放式界面可以使用户自定义视图、布局、形状、颜色等，展现用户独有的数据视角，有效推动了数据可视化的发展。

学习目标

1）知识目标：掌握 Tableau 的安装方法、界面及基本操作。

2）技能目标：掌握 Tableau 数据分析的 3 个步骤：连接数据源、选择尺寸和度量、应用可视化技术。

3）职业素养：培养学习者的理解力，初步建立学生使用 Tableau 操作数据的能力。

2.1 Tableau 的安装

Tableau 可以将数据运算图像化。它的入门操作简单，用户可以直接将大量数据拖放到“数字画布”上，Tableau 可以很快创建好各种图表。Tableau 的核心观念是：对数据操作越简单，操作者就越能通过 Tableau 软件清晰地判断自己所做的是否正确。

下面将介绍 Windows 操作系统环境下的 Tableau 的安装。

【例 2-1】 Tableau 的安装

步骤 1：打开 Tableau 的安装软件，选择“我已阅读并接受本许可协议中的条款”，再单击“安装”按钮，如图 2-1 所示。

图 2-1　Tableau 的安装

步骤 2：进入到自定义安装界面，默认安装位置是 C 盘，如果想安装到不同的路径，则选择“自定义”来修改安装路径。接着取消选择“创建开始菜单”和“检查 Tableau 产品更新”，保留另外两个选项的默认选择并继续安装。

步骤 3：安装过程中可以看到软件的安装进度，当绿色的进度条走完时，软件就安装完成了。

完成安装后打开 Tableau Desktop，首先看到的是起始页。在此处可以选择要使用的连接器，如图 2-2 所示。

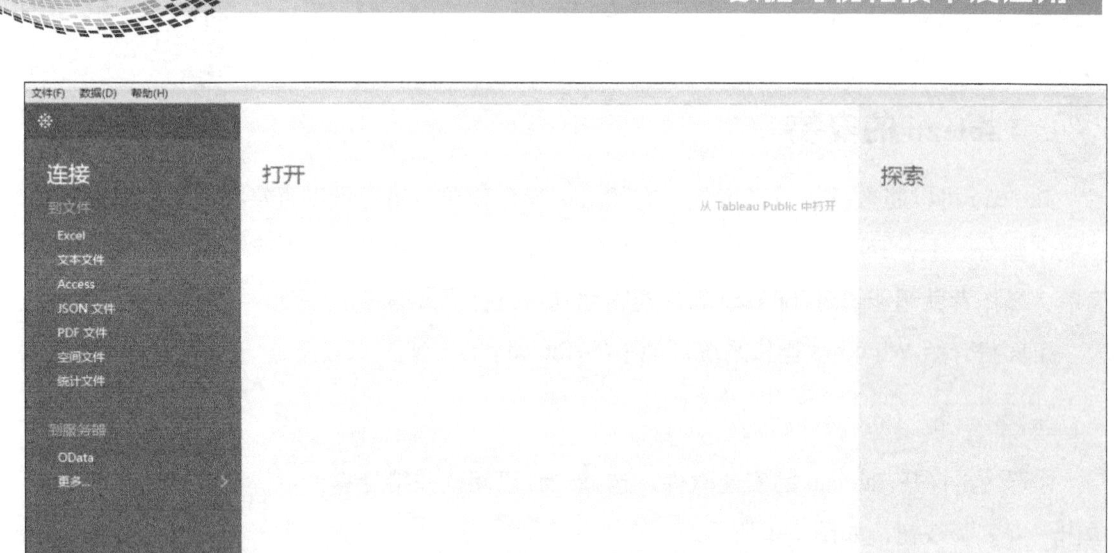

图 2-2 Tableau 起始页

2.2 Tableau 的使用

在左侧的“连接”面板下可以连接到相关数据、打开数据源或者文件等。

【例 2-2】 连接、打开和切换数据源

在“到文件”目录中显示的可以连接的文件类型有 Excel、文本、Access、JSON、PDF、空间文件（Tableau 数据提取文件）、统计文件（如 SAS、SPSS 和 R）。在“到服务器”目录中则可以连接到数据库中存储的数据，此处列出的服务器名称是根据连接的服务器以及连接频率。

通过“我的 Tableau 存储库”目录可以快速打开之前保存的数据源，还可以通过 Tableau 的“桌面”功能来查看一些已保存数据源的示例。也可以直接打开 Tableau 桌面文档中自带的超市样例（Sample-Superstore）来进行学习和操作。

步骤 1：单击页面左上角的 Tableau 图标可以在开始页面和创作工作区之间切换。

步骤 2：打开最近的工作簿并将工作簿锁定到开始页面，再浏览示例工作簿。下面以 Excel 数据文件为例，选择“Excel”命令，如图 2-3 所示。

步骤 3：在打开的窗口中选择“示例 - 超市 .xls”文件，然后单击“打开”按钮，如图 2-4 所示。

步骤 4：工作表：又称为视图（visualization），是可视化分析的基本单元。选择左侧的“工作表”→“订单”命令，如图 2-5 所示。

图 2-3　选择“Excel”命令

图 2-4　打开 Excel 文件

图 2-5　工作表【订单】打开图

在“打开”窗口中可以执行以下操作：

1）打开最近打开的工作簿：首次打开 Tableau 桌面时，此窗口为空。随着后期创建和保存新工作簿，最近打开的工作簿将出现在此处。打开工作薄的方法有两种，第一种是单击工作簿缩略图，第二种是单击“打开工作簿”命令，开始搜索保存在计算机本地的其他工作簿。

2）锁定工作簿：可通过单击出现在工作簿缩略图左上角的锁定图标将工作簿锁定到开始页面。已锁定的工作簿将始终出现在开始页面上，即使最近未曾打开。如果要移除最近打开的工作簿或锁定的工作簿，需要将光标悬停在工作簿的缩略图上，然后单击“×”按钮可立即移除。但是在下一次打开 Tableau 桌面时，该工作簿会随最近使用过的工作簿一起再次显示。

3）浏览示例工作簿：打开和浏览示例工作簿。

【例 2-3】“数据源”页面概览

虽然页面外观和可用选项会因连接的数据类型不同而有所差异，但是数据页面通常由 4 个主要区域组成：

左侧窗口

有关数据（即 Tableau 桌面连接到的数据）的详细信息会在数据源页面的左侧窗口中显示。如果是关系数据，左侧窗口可能会显示数据库、服务器或架构以及数据库中的表；如果是基于文件的数据，左侧窗口可能会显示文件中的工作表以及文件名。可以在左侧窗口中添加数据源的更多连接，从而创建跨数据库连接。但是多维数据集的（多维）数据不会展示在左侧窗口中。

画布

连接到多数关系数据和基于文件的数据时，可以将一个或多个表拖到画布区域来设置 Tableau 数据源。当连接到多维数据集的数据之后，数据源页面的顶部会显示可用的目录或要从中进行选择和查询的多维数据集，以及设置的 Tableau 数据源。

数据网格

使用数据网格查看字段以及 Tableau 数据源中所包含的前 1 000 行数据时，可以使用数据网格来进行一般操作，例如，修改排序或隐藏字段、重命名字段或重置字段名称、更改列或行排序、添加别名、创建计算等。对于数据提取模式下的 Web 数据连接器、基于文件的数据源和基于关系的数据源，可以在网格中看到提取的数据，还包括纯数据计算等功能。

若要在网格中选择多个字段，可以单击列并拖动鼠标来选择其他列。

步骤 1：单击网格左上角的区域来选择所有字段，如图 2-6 所示。此网格为（多维）数据显示。

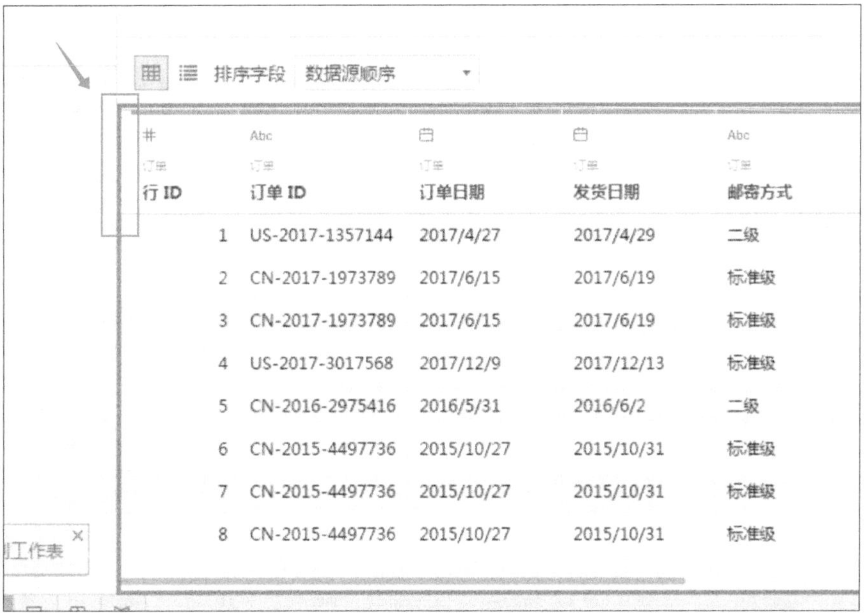

排序字段 数据源顺序

行 ID	订单 ID	订单日期	发货日期	邮寄方式
1	US-2017-1357144	2017/4/27	2017/4/29	二级
2	CN-2017-1973789	2017/6/15	2017/6/19	标准级
3	CN-2017-1973789	2017/6/15	2017/6/19	标准级
4	US-2017-3017568	2017/12/9	2017/12/13	标准级
5	CN-2016-2975416	2016/5/31	2016/6/2	二级
6	CN-2015-4497736	2015/10/27	2015/10/31	标准级
7	CN-2015-4497736	2015/10/27	2015/10/31	标准级
8	CN-2015-4497736	2015/10/27	2015/10/31	标准级

图 2-6 选择所有字段

步骤 2：右下方会显示数据信息，可以查看具体内容，如图 2-7 所示。

步骤 3：把“工作表”中的“退货”拖到右上角，可以从中筛选出共同的信息内容，如图 2-8 所示。

步骤 4：在左下角选择“工作表 1”即可进入工作页面，如图 2-9 所示。

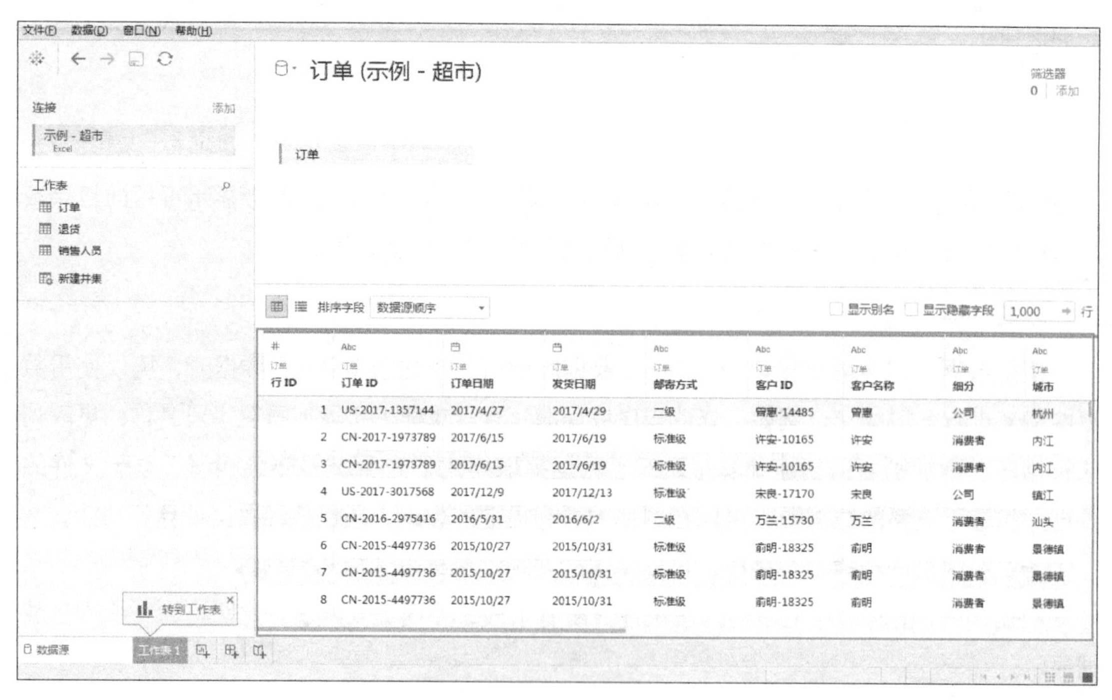

图 2-7 数据信息

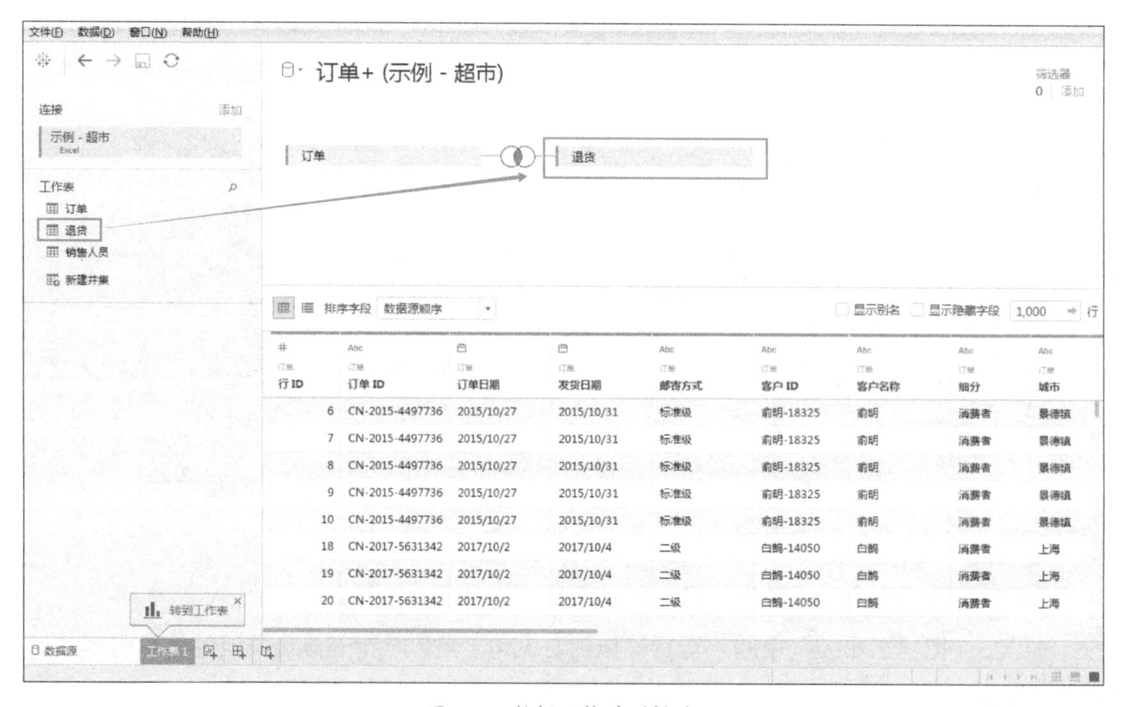

图 2-8 数据网格关联操作

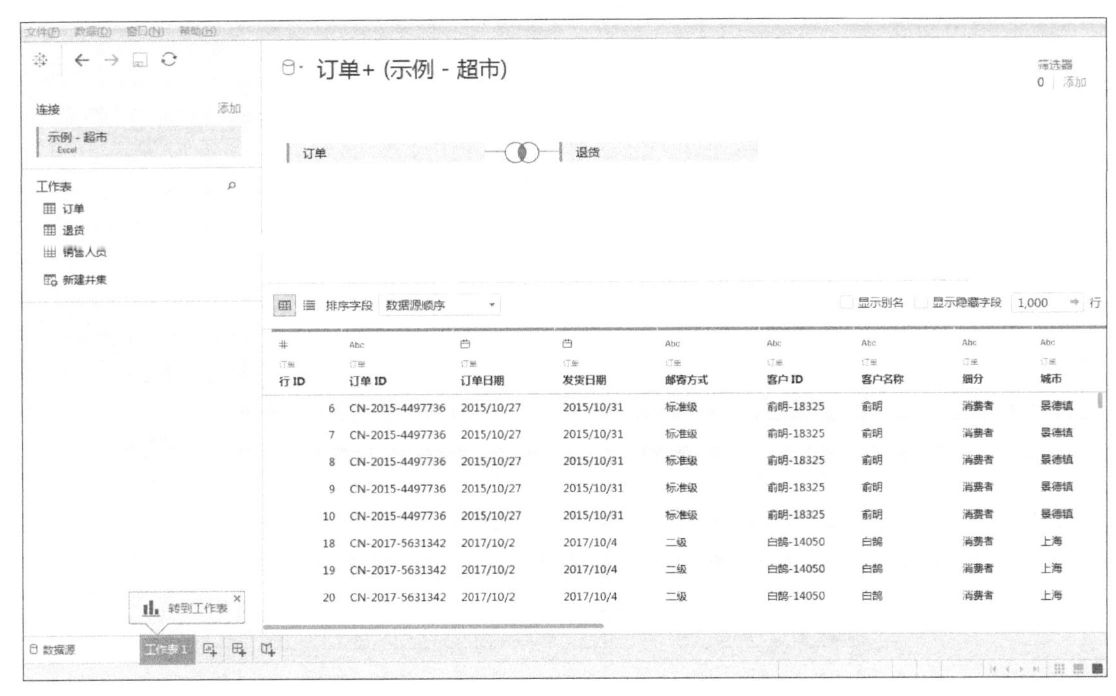

图 2-9　转到工作表

元数据网格

根据连接到的数据类型，单击“元数据网格”按钮可以导航到元数据网格。元数据网格会将数据源中的字段显示为行，以便快速检查 Tableau 数据源的结构并执行日常管理任务，例如，重命名字段或一次性隐藏多个字段。注意：连接到多维数据集数据或某些纯提取数据时，默认显示元数据网格。

【例 2-4】 Tableau 工作区

Tableau 工作区中含有功能区、菜单、“数据”窗口、一个或多个工作表、卡以及工具栏。

工作表包含功能区和卡，可以通过拖拽字段来建立视图。在 Tableau 中，功能区和卡的工作表如图 2-10 所示。

A. 工作簿名称：工作簿可以是工作表、仪表板或故事。

B. 卡和功能区：为了把数据添加到视图中，可以把字段拖到工作区中的卡和功能区。

C. 工具栏：使用工具栏访问命令以及分析和导航工具。

D. 视图的部件：创建数据可视化项的工作区。

E. 转到开始页面。

F. 侧栏：侧栏含有两个窗口，“数据”窗口和“分析”窗口。

G. 转到数据源页面。

H. 状态栏：主要展示有关当前视图的信息。

I. 工作表标签：用标签表示工作簿中的每个工作表、仪表板或故事。

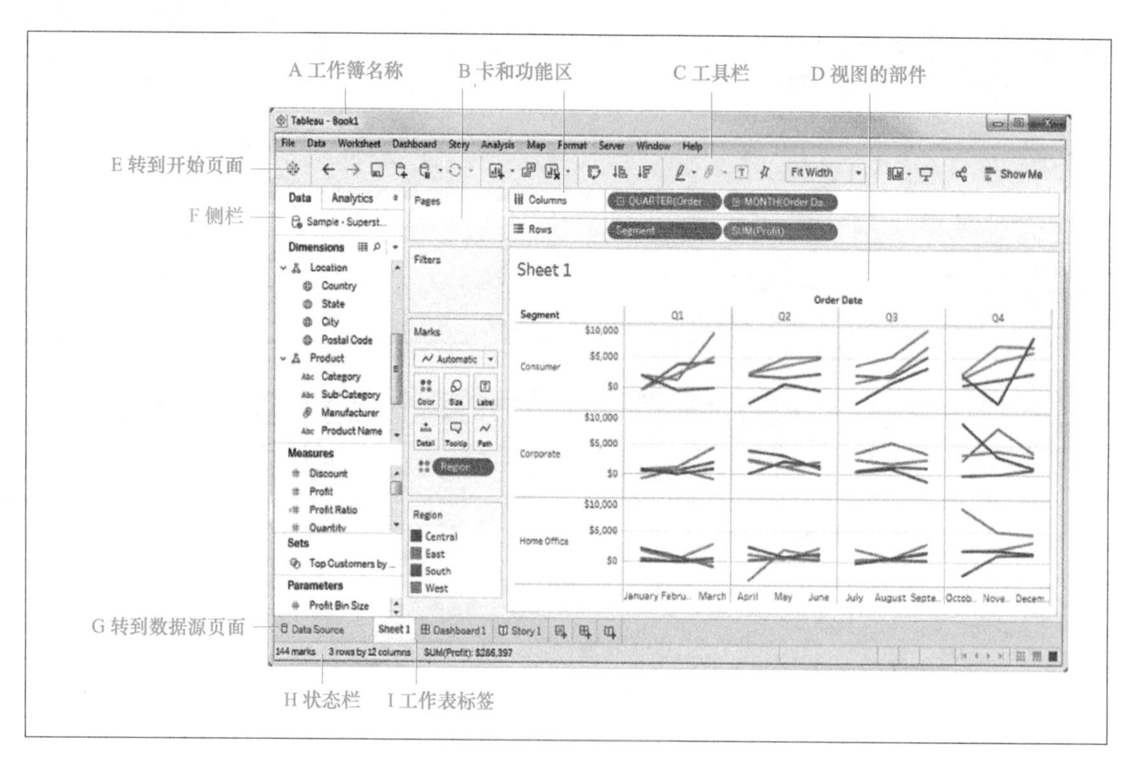

图 2-10 功能区和卡的工作表

【例 2-5】 Tableau 工作表

“数据”和“分析”窗口在工作区的左侧。

“数据”窗口包括工作簿中所含数据源的名称以及当前数据源中包含的字段、参数和集。可以单击数据窗口右上角的“小化”按钮 来隐藏和显示数据窗口，如图 2-11 所示。这样数据窗口会折叠到工作区底部，再次单击“小化”按钮可显示数据窗口。

单击窗口右上角的“查找字段”按钮 ，然后在文本框中输入内容，可在数据窗口中搜索字段，如图 2-12 所示。

图 2-11 窗口右上角的“小化”按钮

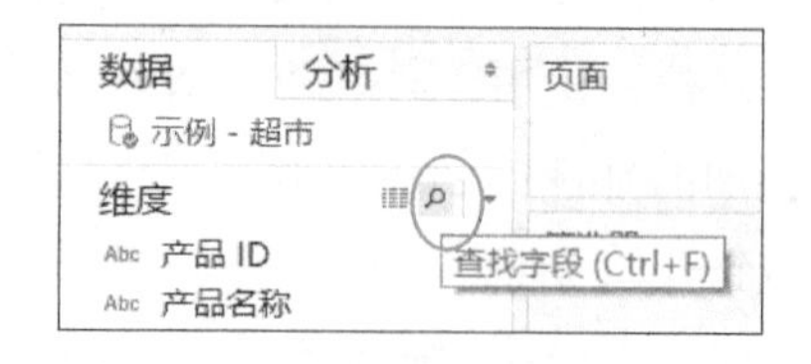

图 2-12 窗口右上角的“查找字段”按钮

单击 按钮可以查看数据，如图 2-13 所示。“数据”窗口由数据源窗口、维度窗口、度量窗口、集窗口和参数窗口等组成。

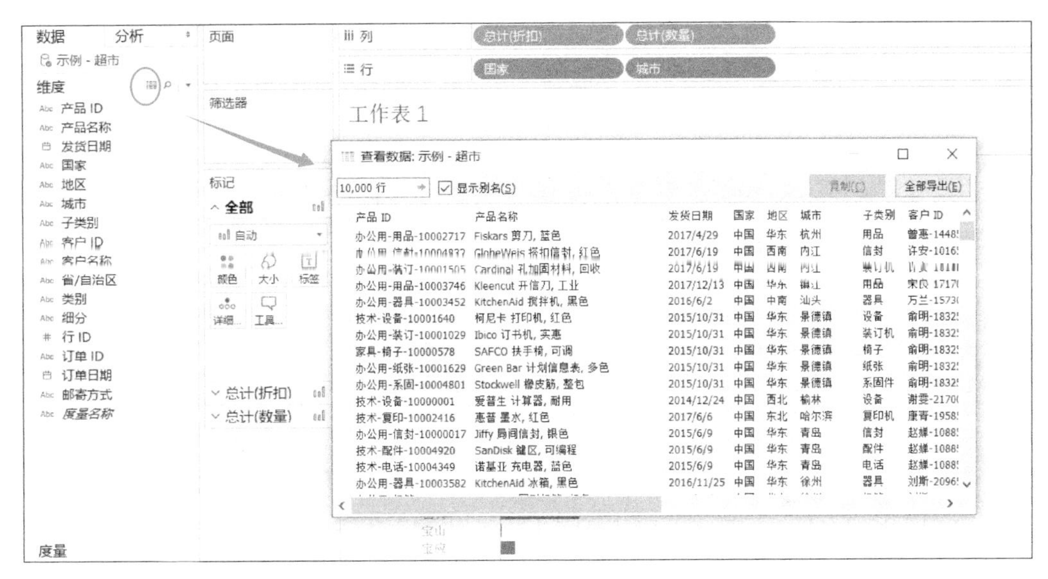

图 2-13 通过“数据”窗口查看数据

1）数据源窗口：包括当前使用的数据源及其他可用的数据源。

2）维度窗口：包含文本和日期等类别数据的字段。

3）度量窗口：包含可以聚合的数字的字段。

4）集窗口：定义的对象数据的子集，只有创建了集，此窗口才可见。

5）参数窗口：可替换计算字段和筛选器中的常量值的动态占位符，只有创建了参数，此窗口才可见。

“分析”窗口提供了 Tableau 中的分析功能，主要包括汇总、模型和自定义 3 个窗口，如图 2-14 所示。

1）汇总窗口：提供常用的参考线、参考区间及其他分析功能，包括常量线、平均线、含四分位点的中值、盒须图和合计等，可直接拖放到视图中使用。

2）模型窗口：提供常用的分析模型，包括含 95%CI 的平均值、趋势线和预测等。

3）自定义窗口：提供参考线、参考区间、分布区间和盒须图的快捷使用。

“维度”和“度量”是主要的数据窗口，提供可视化的主体，如图 2-15 所示。

“行”和“列”提供可视化的主体，“工作表 1”是工作内容，如图 2-16 所示。

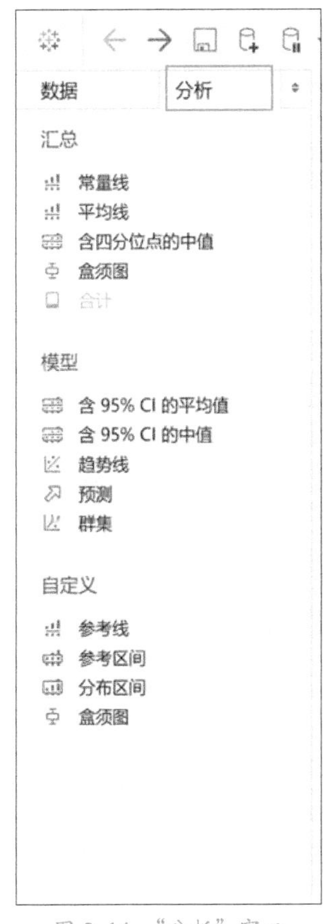

图 2-14 “分析”窗口

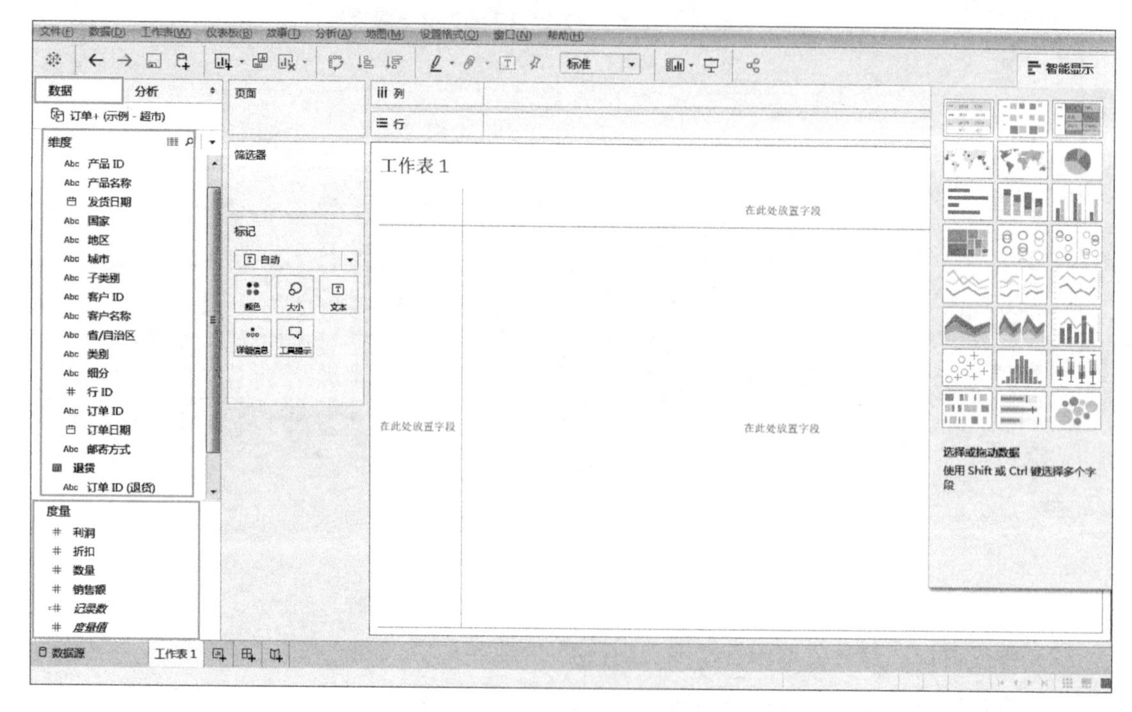

图 2-15 “维度”和“度量”

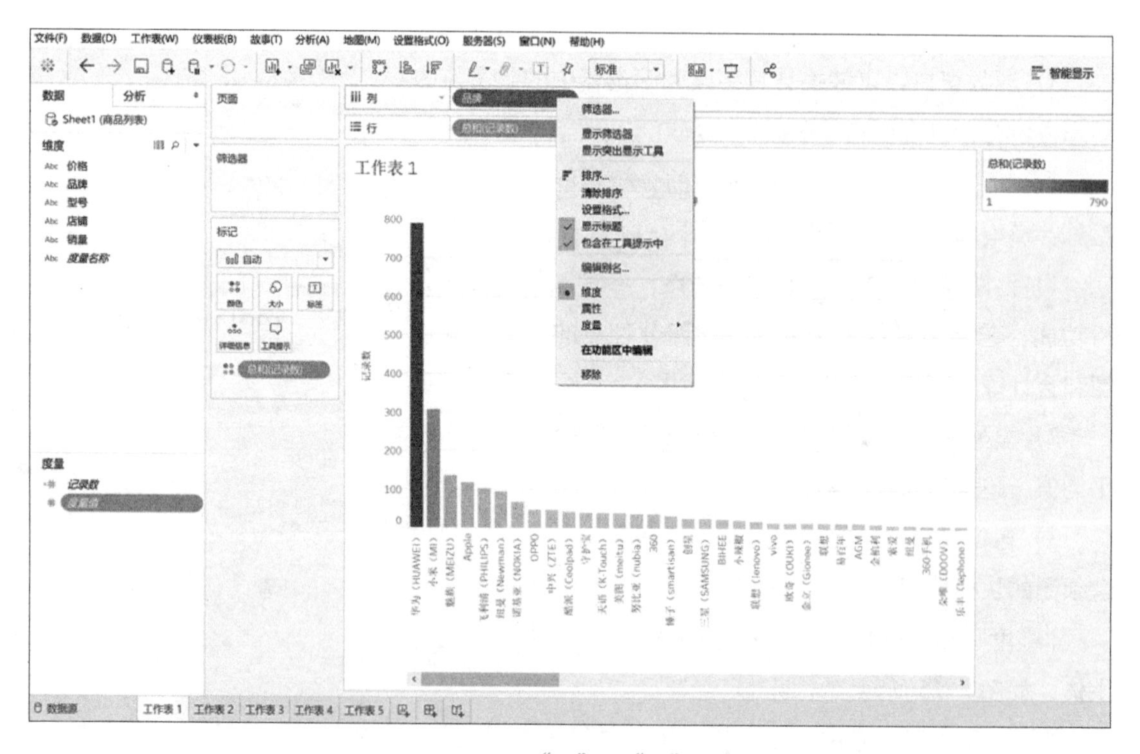

图 2-16 “行”和“列”

在“行”和“列”功能区上右击，在弹出的菜单中可选择具体的功能命令。

1）显示筛选器。选择此命令是为了把字段的筛选器拖到视图里，方便用户为指定的维度或度量添加或删除数据。

2）包含在工具提示中。在默认情况下，视图中的一个或多个标记上出现的工具提示里会包含“列”和“行”功能区上的所有字段。可以通过选择或清除此选项来在工具的提示中添加或删除字段。

3）维度 / 属性 / 度量，当用户选择这个选项时，可以自由转换维度与度量，还能把当前字段定义为属性。但是如果发现组中所有行都只有单个值，则返回给定的表达式的值，否则显示星号（*）字符并自动忽略空值。

4）在功能区中编辑。使用此选项后可以直接在功能区上编辑计算字段。

5）移除。从“列”或“行”功能区中移除值。

【例 2-6】 标记及其属性

“标记”选项卡的下拉菜单中提供了标记类型。用户可以使用下拉菜单中的属性来改变视图中标记的颜色、大小、形状等。用户如果把字段放置在其中一个属性窗格上，那么当前使用的数据会对标记进行编码。“标记”选项卡如图 2-17 所示。

标记类型中可用的属性数和显示的属性数可能不同。比如，只有“饼图”标记类型才可以选择“角度”属性；只有“形状”标记类型才可以选择“形状”属性。“形状”属性如图 2-18 所示。

图 2-17 “标记”选项卡

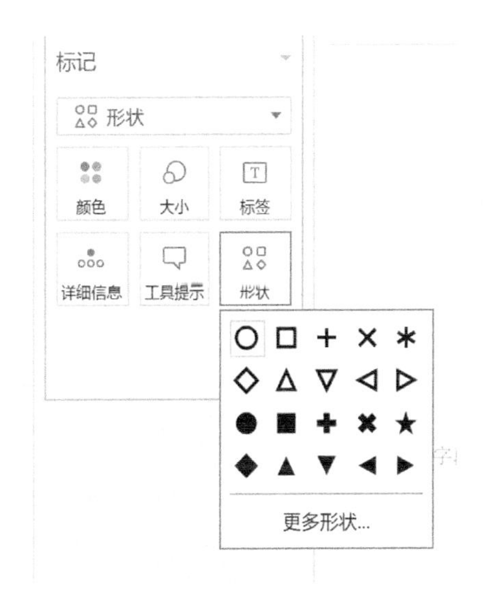

图 2-18 “形状”属性

“标记”选项卡中的各类属性及其说明见表 2-1。

表 2-1　各类属性及其说明

属　性	说　明
颜色	根据字段的值给数据视图中的标记分配不同的颜色，同时对数据进行编码
大小	最适合年份还有季度等有序数据。这是因为维度中的成员分开标记，每一个成员都会分配到唯一的值，并且具有固定的顺序（从小到大）
标签 / 文本	通过为标记分配文本标签来对数据进行编码。当使用文本表时，此属性为“文本”，并显示与数据视图关联的数字
详细信息	分类成员会在维度被放在“行”或“列”功能区上时创建标题，这些标题会把数据划分到特定的类别中，还能够按成员名称标识每个类别 通过“详细信息”属性中维度的成员（详细级别）可以分离数据视图中的标记，并且不会改变表结构
工具提示	将维度添加到每个标记的工具提示上
路径	数据的编码可按绘制的顺序来连接标记，还可以用度量或维度对数据进行路径编码。Tableau 会根据该维度被放在“路径”功能区上的不同位置来对其中的成员进行连接标记。在维度是日期的情况下，会由日期顺序指定绘制顺序；在维度中含有客户名称或产品类型等文本的情况下，会由数据源中的成员顺序来指定绘制顺序；在度量放在“路径”功能区上的情况下，会由该度量的值连接标记。只有在选择线或多边形标记类型的情况下，“路径”属性才可用
形状	对维度中的每一个成员进行分开标记，同时给每个成员分配唯一形状

【例 2-7】智能显示

智能显示是对可视化图形的选择，如图 2-19 所示。通过智能显示，可以基于视图中已经使用的字段以及在数据窗口中选择的任何字段来创建视图。Tableau 会自动评估选定的字段，然后在智能显示中突出显示与数据相符的可视化图表类型。

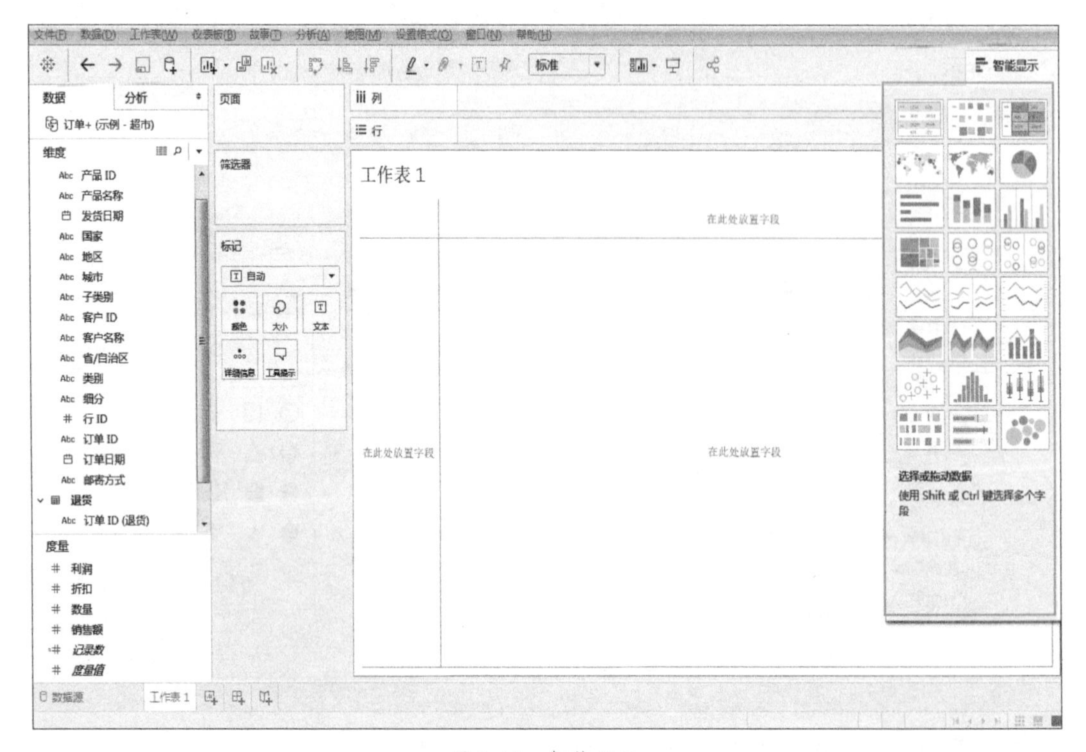

图 2-19　智能显示

本章小结

本章介绍了 Tableau 的一些基本操作，可以帮助读者熟悉界面。创建任意 Tableau 数据分析包括 3 个基本步骤。

1）连接到数据源：涉及定位数据并使用适当类型的连接来读取数据。

2）选择尺寸和度量：包括从源数据中选择所需的列进行分析。

3）应用可视化技术：涉及将所需的可视化方法（如特定图表或图形类型）应用于正在分析的数据。

课后练习

1．根据自己的理解谈谈 Tableau 中数据的提取。

2．阐述 Tableau 中工作表和工作簿的定义。

3．简述在 Tableau 中如何使用的数据对标记进行编码展示。

Chapter 3

第3章 数据理解与基本操作

本章导读

Tableau具备强大的统计分析扩展功能，可以连接到一个或多个数据源，支持单数据源的多表连接和多数据源的数据融合，能够轻松地对多源数据进行整合分析。无需任何编程基础，连接数据源后只需要用拖放或单击的方式就可以快速创建交互、精美、智能的视图和仪表板。零基础的用户也能很快、很轻松地使用 Tableau Desktop 直接对数据进行分析，从而摆脱对开发人员的依赖。

学习目标

1）知识目标：理解数据的特点，理解Tableau如何编辑数据，清晰连接数据及可分析维度，掌握多种场景的数据关联及分析方式。

2）技能目标：能够连接 Tableau Desktop 中的数据；能构建、呈现和共享某些有用的视图；能在操作过程中应用关键功能。

3）职业素养：培养学生对数据、数据连接、数据关联、数据分析、数据导出、可视化以及在不同场景的操作分析能力。

3.1 数据理解

基于数据的特点决定可视化的设计原则，首先需要对数据做一个全面而细致的解读。每项数据都有特定的属性（或特征、维度）和对应的值，一组属性构成特征列表，如图 3-1 所示。按照属性的类型，数据可以分为数值型、有序型、类别型，数值型又可以进一步分为固定零点和非固定零点。其中，固定零点数据囊括了大多数的数据对象，它们都可以对应到数轴上的某个点；非固定零点主要包括以数值表示的特定含义，如表示地理信息的经纬度、表示日期的年、月、日等，在分析非固定零点数据时，应更在意它们的区间。

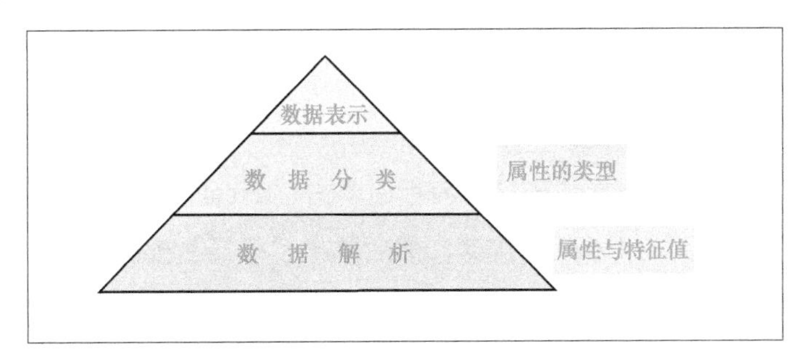

扫码看视频

图 3-1　数据可视化设计原则

在对数据做过预处理和分析之后，可以观察待处理数据的分布和维度，再结合业务逻辑和可视化目标，有可能还要对数据做某些变换，这些变换包括：

（1）标准化

常用的手段包括 (0, 1) 标准化或 (-1, 1) 标准化，分别对应的是 sigmoid 函数和 tanh 函数，这么做的目的在于使数据合法和美观，但在这一过程中可能丢失影响数据分布、维度、趋势的信息，应该特别注意。

（2）拟合 / 平滑

拟合 / 平滑是数据变化趋势的表现，使受众对数据发展有所预测，可以通过引入回归来对数据进行拟合，达到减少噪音、凸显数据趋势的目的。

（3）采样

当数据点过多时，操作结果不易可视化，且影响视觉体验。可以使用随机采样的方法来抽取部分数据点，抽样结果与全集近似分布，同时不影响可视化元素的对比或趋势。

（4）降维

一般而言，同一可视化图表中能够承载的维度有限（很难超过 3 个维度），必须对整个数据集进行降维处理。

在制作可视化图表时，首先要从业务出发，优先挑选合理的、符合惯例的图表。当用户层次比较多时，需要兼顾各个年龄段或者不同认知能力的用户的需求；其次是根据数据的各种属性和统计图表的特点来选择，例如，饼图不适用于绝对数值的展示，只适用于反映各部分的比例。在选择常用图表时应带着目的出发，遵循各种约束，以找到合适的图表。

3.2 数据导入

若要构建视图并分析数据，必须先将 Tableau 连接到数据。Tableau Desktop 支持连接到存储在各个地方的各种数据。例如，数据可以存储在计算机上的电子表格或文本文件中；或存储在企业内服务器上的大数据、关系或多维数据集、多维度数据库中；或连接到 Web 上提供的公共域数据；或连接到云数据库源，如 Google Analytics、Amazon Red shift 或 Salesforce 等。

下面介绍如何将 Tableau 连接到 Microsoft Excel 文件数据和设置数据源。Tableau 可直接连接到 .xls 和 .xlsx 文件，如果要连接到 .csv 文件，则需要使用文本文件连接器。

【例 3-1】 进行连接并设置 Excel 数据源

步骤 1：打开 Tableau 后，在“连接”面板中单击“Excel”命令。

步骤 2：选择要连接到的 Excel 工作簿，然后单击“打开”按钮。

或者在 Windows 操作系统的 Tableau Desktop 中，使用“基于 Microsoft Jet 的连接”来连接到 Excel 文件，在“打开”对话框中，执行“打开”→“使用旧版来连接打开”命令。这时会显示“数据源”页面。

步骤 3：在“数据源”页面上，执行以下操作：

1）（可选）在页面顶部选择默认数据源名称，然后输入要在 Tableau 中使用的唯一数据源名称。例如，使用“可帮助其他数据源用户推断出要连接的数据源”的命名约定。

2）如果 Excel 文件具有一个表，则单击工作表标签开始分析。

也可以按连接到工作表的方式连接到命名范围或 Excel 表（也称为 Excel 列表），并都作为 Tableau 中的表。

选择一个单元格范围，在“公式”选项卡中选择“定义名称”，可在 Excel 中创建命名范围。与创建命名范围相类似，先选择一个单元格范围，然后选择“插入”→“表”命令，可在 Excel 中创建 Excel 表。连接到 Tableau 中的命名范围或 Excel 表后，“数据源”页面中的工作表旁边将出现一个图标，如图 3-2 所示。

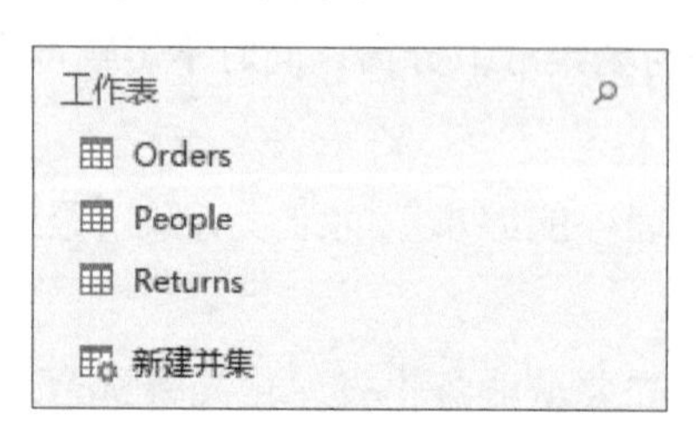

图 3-2 Excel 连接数据源页面

可以同时连接到多个 Excel 工作簿，只有数据源中的每个链接具有唯一名称。Microsoft Excel 数据源示例如图 3-3 所示。

【注意】：Tableau 不支持 Excel 中的数据透视表。

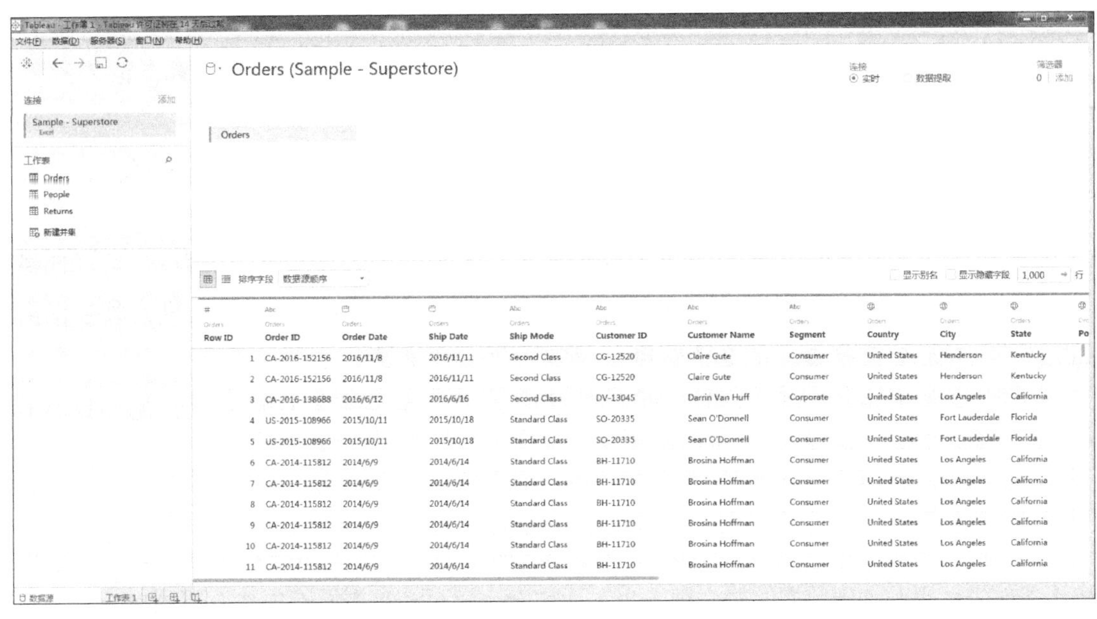

图 3-3　Microsoft Excel 数据源示例

【例 3-2】进行连接并设置文本数据源

下面介绍如何将 Tableau 连接到文本文件数据并设置数据源。Tableau 可连接到带分隔符的文本文件（*.txt、*.csv、*.tab、*.tsv）。

连接并设置数据源：

步骤 1：打开 Tableau 后，执行“连接”→“文本文件”命令。

步骤 2：选择要连接到的文件，然后单击“打开”按钮。

或者在 Windows 操作系统的 Tableau Desktop 中，使用“基于 Microsoft Jet 的连接”来连接文本文件，在“打开”对话框中，执行“打开”→“使用旧版连接打开”命令。这时会显示“数据源”页面。

步骤 3：在数据源页面上，执行下列操作。

1）在页面顶部选择默认数据源名称，然后输入要在 Tableau 中使用的唯一数据源名称。例如，使用“可帮助其他数据源用户推断出要连接的数据源”的命名约定。默认名称是基于文件名自动生成的。

2）单击工作表标签开始分析。

使用自定义 SQL 连接到特定查询，并不是整个数据源。

【注意】：对于文本文件，自定义 SQL 仅在使用旧连接时或在 Tableau Desktop 8.2 之前创建的工作簿中可用。

【例 3-3】设置文本文件选项

在画布上，单击表的下三角按钮后选择第一行中是否包含列名称，默认情况下为包含列名称。或者在连接时让 Tableau 生成名称，以便后期更改这些名称。还可以选择“文本文件属性”来指定以下各项。

步骤 1：选择用于分隔各列的字符。从字符列表中选择或在“其他”中选择自定义字符。

步骤 2：选择在文本文件中将值引起来的文本限定符。

步骤 3：选择用于描述文本文件编码的字符集。可用编码基于所用的操作系统，例如，在 Windows 操作系统中，ANSI 列为 windows-1252，OEM 列为 437。

【注意】：在 Tableau Desktop 8.2 之前创建的或使用旧版连接的工作簿中，可以选择“ANSI”“OEM”“UTF-8”“UTF-16”或“其他”。如果选择“其他”，则必须在提供的文本字段中指定字符集。在尝试连接时，将对此值进行验证。

步骤 4：选择分析文件时应遵循的区域设置。此选项用于确定 Tableau 使用的小数和千位分隔符。

【例 3-4】 查看数据、数据透视表、拆分并创建计算

数据源中的前 1 000 行数据自动显示在数据网格的画布下面。如果添加表、移除表或对连接条件进行更改，则数据网格会随着更改而更新。还可在数据网格中执行下列操作。

步骤 1：通过单击数据类型图标来更改列的数据类型或地理角色。

步骤 2：通过单击列的下三角按钮并选择“隐藏”命令来隐藏字段。

步骤 3：双击字段名来重命名字段。

步骤 4：通过单击列的下三角按钮并选择重置名称来重置字段名称。

步骤 5：在“排序字段”下拉列表中选择排序选项，对数据网格和元数据网格的字段排序。

步骤 6：单击列名称旁边的“排序”按钮，在数据网格中对行进行排序。

步骤 7：对字段进行透视，把交叉表格式的数据转换为分列格式，或将字符串字段拆分为多个字段，此操作只可用于非旧版连接类型。

步骤 8：基于 Tableau 数据源中的现有字段创建新计算。单击列的下三角按钮并选择“创建计算字段”命令。

步骤 9：通过选择值并按 <Ctrl+C> 组合键（在 Mac 操作系统中按 <Command+C> 组合键）来复制网格中的值。

如果要复制元数据网格中的值，则先选择值，再右击（在 Mac 操作系统中按住 <Control> 键单击）选择“复制”命令。

【例 3-5】 将文件集合在单一目录中

将多表连接的所有相关文本文件都集合在单一目录中（该目录中没有任何其他内容），排除用户无意选择的不适用于连接的文件。

Tableau 不能使用在 Tableau Desktop 8.2 之前创建或使用旧版连接的工作簿使用的宽度超过 254 个字符的列的字段。在 Tableau 中建立连接之前，先移除这些列，修改这些列以使其宽度在 254 个字符以内，或升级文本文件数据源。通常查询可能会花费很长时间，所以在较大的文本文件用作数据源时性能通常较差。

【例 3-6】 连接并设置 Microsoft SQL Server 数据源

下面介绍如何将 Tableau 连接到 Microsoft SQL Server 数据库并设置数据源。

【注意】：当尝试从 Microsoft SQL Server 服务器访问数据时，安全角色、服务器连接、身份认证、端口、防火墙以及其他因素均有可能产生问题，解决这些问题的方法此处不再详细介绍，但需要确定是否可以从已安装 Tableau 的计算机上访问 Microsoft SQL Server 服务器数据库。

在开始之前，收集以下连接信息。

- 要连接到的服务器的名称。
- （可选）端口号（如果要连接到非默认端口）。
- （可选）数据库名称（如果想要连接到包含的数据库）。
- 身份验证方法：Windows 身份验证或用户名和密码。
- 是否要连接到 SSL 服务器。
- 是否想要设置数据库隔离级别以读取未提交的数据。
- （可选）要在每次 Tableau 连接时运行的初始 SQL 语句。

步骤 1：安装驱动程序。连接器需要驱动程序才能与数据库通信。计算机上可能已经安装了所需的驱动程序。如果计算机上未安装该驱动程序，则在尝试连接时，Tableau 将显示一条错误消息，其中包含指向驱动程序下载页面的链接，可在该页面中找到驱动程序的链接和安装说明。

步骤 2：连接并设置数据源。启动 Tableau，执行“连接”→“Microsoft SQL Server”命令。有关数据连接的完整列表可通过执行“至服务器”→“更多”命令来查看。

步骤 3：输入要连接的服务器的名称。如果要连接到非默认端口，则需在输入服务器名称时使用 <server name>，<port number> 格式。例如，Example Server，8055。

步骤 4：（可选）如果要连接到包含的数据库，则需输入数据库名称。

步骤 5：选择登录到服务器的方式。指定是使用 Windows 身份验证还是特定用户名和密码。如果服务器有密码保护，用户不在 Kerberos 环境中，则必须输入用户名和密码。

在连接到 SSL 服务器时，选择“需要 SSL”复选框。

步骤 6：指定是否读取未提交的数据。此选项将数据库隔离级别设置为“读取未提交的内容”。从 Tableau 执行的长时间查询（包括数据提取刷新）可能会锁定数据库并延迟交易。选择此选项以允许查询读取已被其他交易修改的行，即使这些行尚未提交。若清除此项目，Tableau 会使用数据库指定的默认隔离级别。

步骤 7：（可选）选择“初始 SQL”命令以指定要在每次连接开始时（如打开工作簿、刷新数据提取、登录到 Tableau Server 或发布到 Tableau Server 时）运行的 SQL 命令。

步骤 8：单击“登录”按钮完成登录。

如果 Tableau 无法建立连接，则检查验证的凭据是否正确。若仍然无法连接，说明计算机在定位服务器时遇到问题。请联系网络管理员或数据库管理员。

【例 3-7】 查看和管理数据源

下面以在 Windows 操作系统中使用 Tableau Desktop 的 Microsoft SQL Server 数据源为例来查看和管理数据源。

步骤 1：单击“连接”旁边的“添加”按钮。

步骤 2：如果未列出需要的连接，则选择“数据”→“新数据源”命令以添加新数据源。

步骤 3：查看 Tableau 数据源中的数据。在数据网格中，单击“立即更新”按钮可查看数据的前 1 000 行。

步骤 4：如果要添加表、移除表或对连接条件进行更改，则需再次单击“立即更新”按钮以查看更改。

步骤 5：若要使更改自动反映在数据网格中，则需单击“自动更新”按钮。

【例 3-8】 查看和管理数据源 2

可以单击“元数据网格”按钮以执行日常管理任务，例如，隐藏或重命名字段，或者对字段和行进行排序。

步骤 1：从“排序字段”下拉列表中选择对网格或元数据网格中的列进行排序的方式，可以按数据源或表顺序对字段进行排序。

步骤 2：在数据网格中，通过单击列名称旁边的“排序”按钮来对行值进行排序。

步骤 3：单击列的下三角按钮，然后选择“隐藏”命令。

步骤 4：双击字段名称。若要恢复为字段的原始名称，则选择一个或多个列，单击列的下三角按钮，然后选择“重置名称”命令。

步骤 5：单击列的下三角按钮，然后选择“拆分”命令可以拆分数据。在某些情况下，需要在工作表中的“数据”窗口中选择“拆分”命令。

【例 3-9】 连接并设置 MySQL 数据源

下面介绍如何将 Tableau 连接到 MySQL 数据库并设置数据源。

在开始之前，需要收集以下连接信息。

- 承载要连接到的数据库的服务器的名称。
- 用户名和密码。
- 是否要连接到 SSL 服务器。
- （可选）要在每次 Tableau 连接时运行的初始 SQL 语句。

步骤 1：启动 Tableau，并执行“连接”→“MySQL”命令。有关数据连接的完整列表可通过执行“至服务器”下选择“更多”，然后执行以下操作。

1）输入承载数据库的服务器的名称。

2）输入用户名和密码。连接到 SSL 服务器时选择“需要 SSL”命令。

3）（可选）选择“初始 SQL”以指定要在每次连接开始时（如打开工作簿、刷新数据提取、登录到 Tableau Server 或发布到 Tableau Server 时）运行的 SQL 命令。

4）单击“登录”按钮完成登录。

如果 Tableau 无法建立连接，则检查验证的凭据是否正确。如果仍然无法连接，说明的计算机在定位服务器时遇到问题。请联系的网络管理员或数据库管理员。

步骤 2：在数据源页面上，执行下列操作。

1）（可选）在页面顶部选择默认数据源名称，然后输入要在 Tableau 中使用的唯一数据源名称。例如，使用“可帮助其他数据源用户推断出要连接的数据源”的命名约定。

2）在“数据库”下拉列表中，选择数据库或使用文本框按名称搜索数据库。

3）选择表或按名称搜索表。

4）将表拖到画布，然后选择工作表标签以开始分析。

使用自定义 SQL 连接到特定查询，而非整个数据源。以下是在 Windows 操作系统中使用 Tableau Desktop 的 MySQL 数据源的连接示例，如图 3-4 所示。

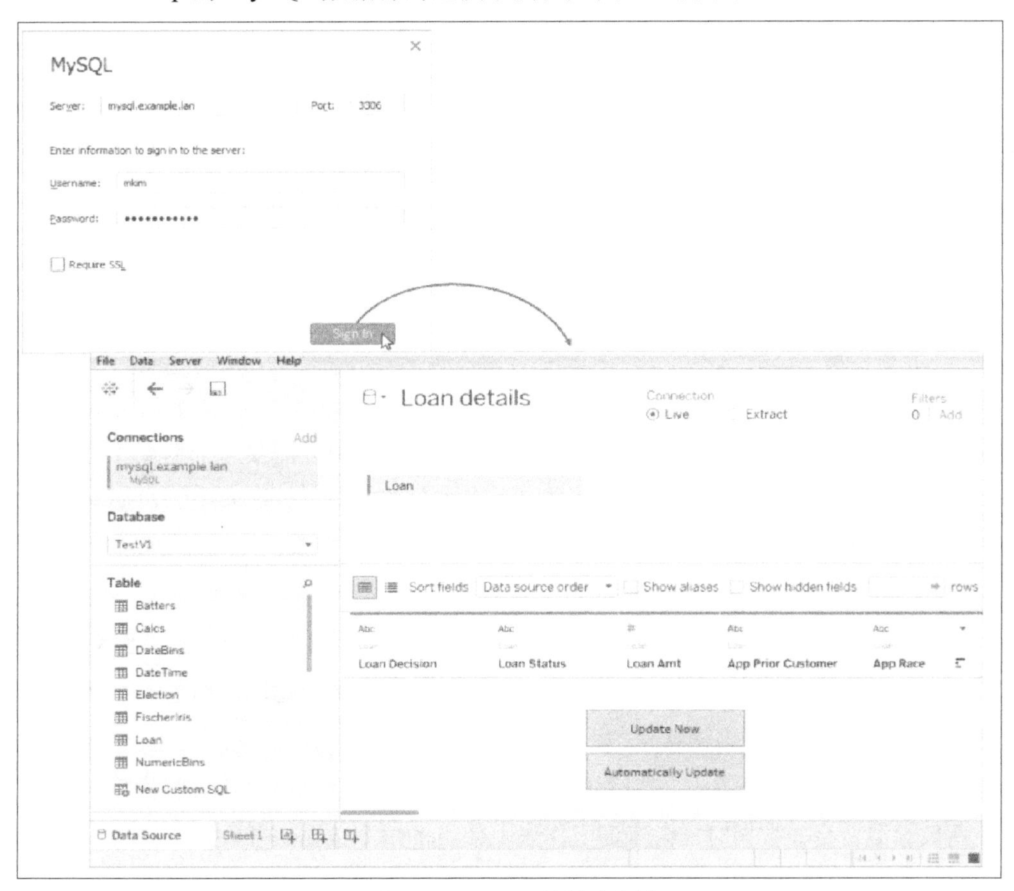

图 3-4 MySQL 数据源示例

3.3 数据联接

扫码看视频

在 Tableau 中分析的数据通常由特定字段（即列）相关的表的集合组成。联接是一种在这些公共字段上合并相关数据的方法。使用联接合并数据会产生一个添加了数据列的横向扩展的表。

【注意】：在联接表时，联接的字段必须具有相同的数据类型。如果在联接表之后更改数据类型，联接将中断。

3.3.1 联接类型概述

通常可以使用 4 种类型的联接：内联接、左联接、右联接和完全外部联接。可以联接的表以及可以使用的不同联接类型取决于所连接到的数据库或文件。在连接到数据并至少在画布上有两个表之后检查联接对话框，联接类型见表 3-1。

表 3-1 联接类型概述表

联接类型	结果	图例说明
内连接	使用内联接合并数据表时，生成的新表仅保留两张数据表中具有相同关键字段的行	
左联接	使用左联接时，生成的新表包含左侧表中所有的值以及右侧表中相对应的匹配值	
右联接	使用右联接时，生成的新表包含右侧表中所有的值以及左侧表中相对应的匹配值	
完全外部联接	使用完全外部联接时，生成的新表将包含两个表中的所有的值。采取这种方式时，如果一张表的值在另一张表中没有匹配项，则在对应数据网格中显示为 null	
并集	尽管并集不是一种联接，但并集是通过将一个表中的几行数据附加到另一个表来合并两个或更多表的另一种方法。理想情况下，合并的表必须具有相同的字段数，并且这些字段必须具有匹配的名称和数据类型	

如果需要分析的表来自同一个数据库、工作簿（Excel）或目录（文本），则使用以下过程来合并表。如果要合并来自同一数据库的表，则数据源中只需要一个连接。通常联接来自同一数据库的表会产生更好的性能。这是因为查询存储在同一数据库中的数据需要的时间较短，并且会利用数据库自身的功能来执行联接。

从 Tableau10.0 版本开始，如果需要分析的表存储在不同的数据库、工作簿（针对 Excel）或目录（针对文本）中，则使用跨数据库联接按以下过程来合并表。跨数据库联接要求首先设置一个多连接数据源，即在联接表之前创建到每个数据库的新连接。当连接到多个数据库时，数据源会变为多连接数据源。如果需要为使用不同内部系统的组织分析数据时，或者当需要处理分别由内部和外部组管理的数据时，多连接数据源可能具有优势。

使用数据混合合并数据时，会查询工作表上使用的每个数据源并发送到数据库。查询的结果（包括聚合的数据）将发送回 Tableau 并由其进行合并。视图将根据联接字段的维度来使用主数据源（左表）中的所有行以及辅助数据源（右表）中的聚合行。维度值使用 ATTR 聚合函数进行聚合，这意味着聚合会为辅助数据源中的所有行返回单个值。如果行有多个值，则显示星号（*）。度量值根据视图中字段的聚合方式进行聚合。

可更改联接字段或添加更多联接字段，在混合中应包含来自辅助数据源的数据的不同行或附加行，从而更改聚合值。

【例 3-10】混合的数据

当拥有要在单个工作表中一起分析的两个单独数据源中的数据时，可以使用数据混合。下面讲解如何混合两个数据源中的数据（以 Excel 数据源和 SQL Server 数据源为例）。

步骤 1：连接到数据并设置数据源。

1）连接到数据集并在数据源页面上设置数据源。

2）选择“数据”→“新数据源”命令连接到第二个数据集，然后设置数据源。

3）单击工作表标签以开始构建视图。

步骤 2：指定主数据源。

步骤 3：指定辅助数据源。

步骤 4：（可选）定义或编辑关系。

3.3.2 联接表

【例 3-11】创建联接表

步骤 1：在开始页面上的“连接”面板下单击一个连接器连接到的数据，Tableau 数据源中便创建出第一个连接。

步骤 2：选择文件、数据库或架构，然后双击表或将表拖到画布上，如图 3-5 所示。

图 3-5 创建第一个连接图

步骤 3：双击另一个表或将其拖到画布上，然后单击联接关系，如图 3-6 所示。

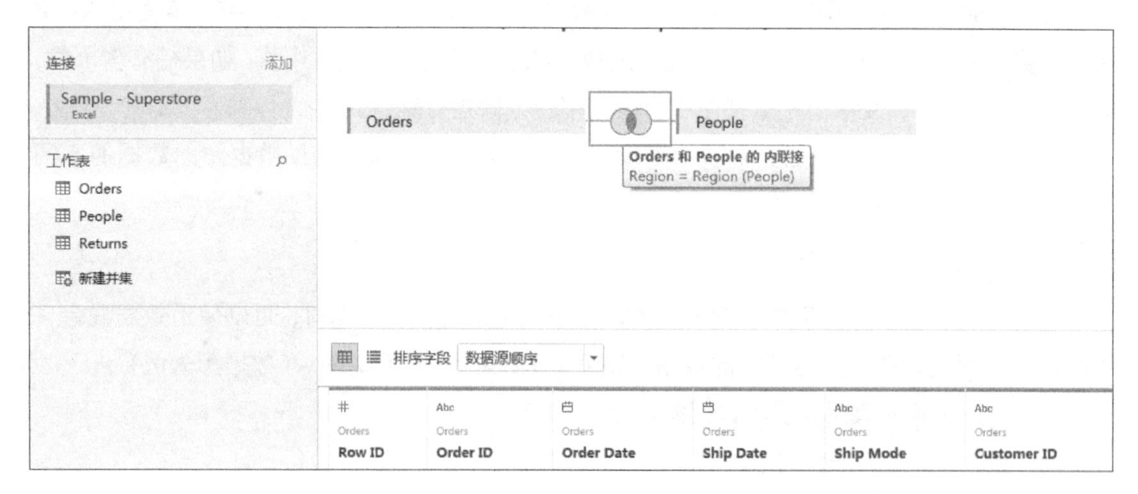

图 3-6 联接关系后的图

步骤 4：从数据源使用的可用表之一中选择字段、联接运算符并从添加的表中选择字段来添加一个或多个联接条件。检查联接方式是否满足不同的表，即是否是内联接、左联接、右联接或是完全外部联接。

例如，在具有一个订单信息表和另一个退货信息表的数据源中，可以使用内联接并基于两个表中都存在的“Order ID”（订单 ID）字段来合并这两个表。

【注意】：将鼠标指针悬停在联接条件右侧，当显示“×”时单击，可以删除不需要的联接子句。

步骤 5：完成后，关闭“联接”对话框。

创建联接后查看数据网格，确保生成了预期结果。

3.3.3 不同联接方式

1. 内联接

使用内联接合并数据表时，生成的新表仅保留两张数据表中具有相同关键字段的行，如图 3-7 所示。

2. 左联接

使用左联接时，生成的新表包含左侧表中所有值以及右侧表中相对应的匹配值，如图 3-8 所示。

生成的新表包含了“书籍”数据表中的所有行，并与“作者”数据表中具有相同作者 ID 的行合并在了一起。需要注意的是，如果右侧表（“作者”数据表）中，没有与左侧表（“书籍”数据表）相匹配的项，合并后的新表中的对应数据网格则会显示 null。

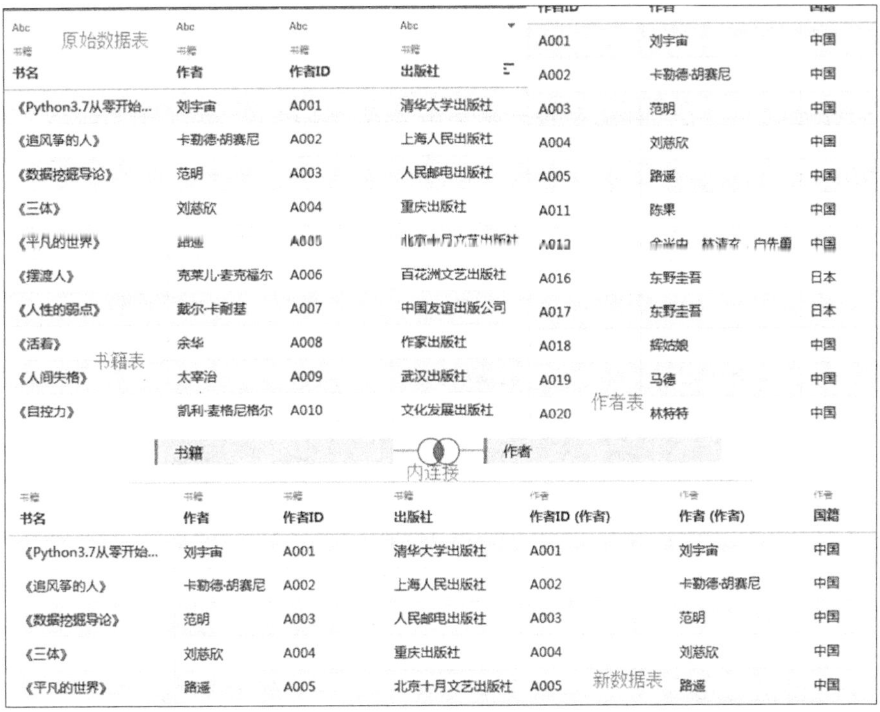

原始数据表

书籍表

书名	作者	作者ID	出版社
《Python3.7从零开始...	刘宇宙	A001	清华大学出版社
《追风筝的人》	卡勒德·胡赛尼	A002	上海人民出版社
《数据挖掘导论》	范明	A003	人民邮电出版社
《三体》	刘慈欣	A004	重庆出版社
《平凡的世界》	路遥	A005	北京十月文艺出版社
《摆渡人》	克莱儿·麦克福尔	A006	百花洲文艺出版社
《人性的弱点》	戴尔·卡耐基	A007	中国友谊出版公司
《活着》	余华	A008	作家出版社
《人间失格》	太宰治	A009	武汉出版社
《自控力》	凯利·麦格尼格尔	A010	文化发展出版社

作者表

作者ID	作者	国籍
A001	刘宇宙	中国
A002	卡勒德·胡赛尼	中国
A003	范明	中国
A004	刘慈欣	中国
A005	路遥	中国
A011	陈果	中国
A012	余光中，林清玄，白先勇	中国
A016	东野圭吾	日本
A017	东野圭吾	日本
A018	辉姑娘	中国
A019	马德	中国
A020	林特特	中国

书籍 —— 内连接 —— 作者

新数据表

书名	作者	作者ID	出版社	作者ID (作者)	作者 (作者)	国籍
《Python3.7从零开始...	刘宇宙	A001	清华大学出版社	A001	刘宇宙	中国
《追风筝的人》	卡勒德·胡赛尼	A002	上海人民出版社	A002	卡勒德·胡赛尼	中国
《数据挖掘导论》	范明	A003	人民邮电出版社	A003	范明	中国
《三体》	刘慈欣	A004	重庆出版社	A004	刘慈欣	中国
《平凡的世界》	路遥	A005	北京十月文艺出版社	A005	路遥	中国

图 3-7　内连接示例

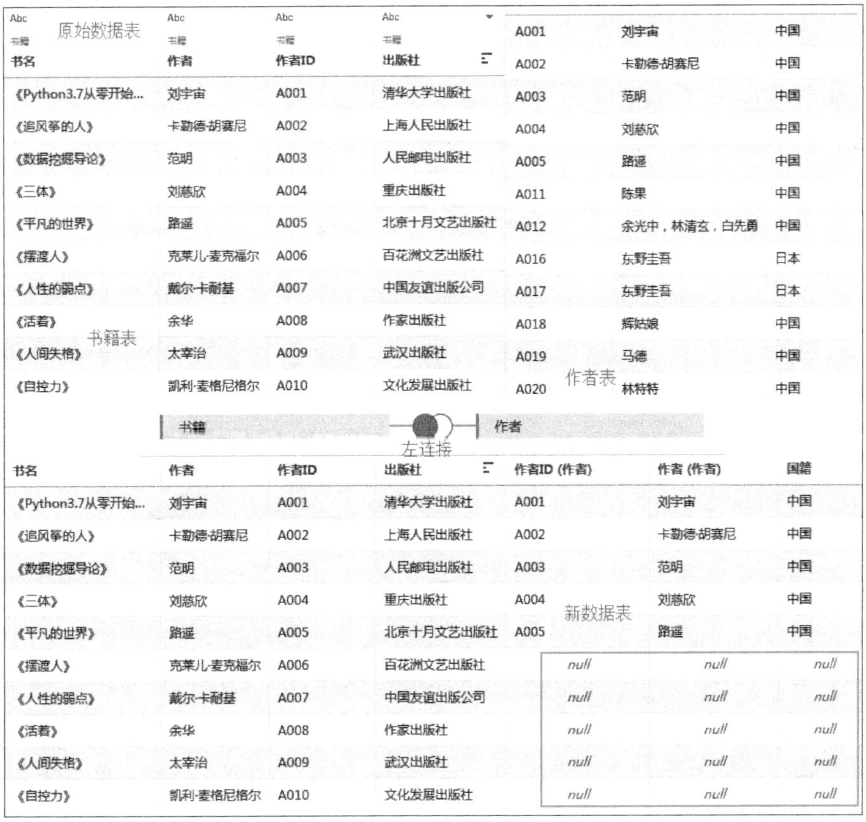

原始数据表

书籍表

书名	作者	作者ID	出版社
《Python3.7从零开始...	刘宇宙	A001	清华大学出版社
《追风筝的人》	卡勒德·胡赛尼	A002	上海人民出版社
《数据挖掘导论》	范明	A003	人民邮电出版社
《三体》	刘慈欣	A004	重庆出版社
《平凡的世界》	路遥	A005	北京十月文艺出版社
《摆渡人》	克莱儿·麦克福尔	A006	百花洲文艺出版社
《人性的弱点》	戴尔·卡耐基	A007	中国友谊出版公司
《活着》	余华	A008	作家出版社
《人间失格》	太宰治	A009	武汉出版社
《自控力》	凯利·麦格尼格尔	A010	文化发展出版社

作者表

作者ID	作者	国籍
A001	刘宇宙	中国
A002	卡勒德·胡赛尼	中国
A003	范明	中国
A004	刘慈欣	中国
A005	路遥	中国
A011	陈果	中国
A012	余光中，林清玄，白先勇	中国
A016	东野圭吾	日本
A017	东野圭吾	日本
A018	辉姑娘	中国
A019	马德	中国
A020	林特特	中国

书籍 —— 左连接 —— 作者

新数据表

书名	作者	作者ID	出版社	作者ID (作者)	作者 (作者)	国籍
《Python3.7从零开始...	刘宇宙	A001	清华大学出版社	A001	刘宇宙	中国
《追风筝的人》	卡勒德·胡赛尼	A002	上海人民出版社	A002	卡勒德·胡赛尼	中国
《数据挖掘导论》	范明	A003	人民邮电出版社	A003	范明	中国
《三体》	刘慈欣	A004	重庆出版社	A004	刘慈欣	中国
《平凡的世界》	路遥	A005	北京十月文艺出版社	A005	路遥	中国
《摆渡人》	克莱儿·麦克福尔	A006	百花洲文艺出版社	null	null	null
《人性的弱点》	戴尔·卡耐基	A007	中国友谊出版公司	null	null	null
《活着》	余华	A008	作家出版社	null	null	null
《人间失格》	太宰治	A009	武汉出版社	null	null	null
《自控力》	凯利·麦格尼格尔	A010	文化发展出版社	null	null	null

图 3-8　左联接示例

3. 右联接

使用右联接时，生成的新表包含右侧表中所有的值以及左侧表中相对应的匹配值，如图 3-9 所示。

原始数据表

书籍表

书名	作者	作者ID	出版社
《Python3.7从零开始...	刘宇宙	A001	清华大学出版社
《追风筝的人》	卡勒德·胡赛尼	A002	上海人民出版社
《数据挖掘导论》	范明	A003	人民邮电出版社
《三体》	刘慈欣	A004	重庆出版社
《平凡的世界》	路遥	A005	北京十月文艺出版社
《摆渡人》	克莱儿·麦克福尔	A006	百花洲文艺出版社
《人性的弱点》	戴尔·卡耐基	A007	中国友谊出版公司
《活着》	余华	A008	作家出版社
《人间失格》	太宰治	A009	武汉出版社
《自控力》	凯利·麦格尼格尔	A010	文化发展出版社

作者表

A001	刘宇宙	中国
A002	卡勒德·胡赛尼	中国
A003	范明	中国
A004	刘慈欣	中国
A005	路遥	中国
A011	陈果	中国
A012	余光中，林清玄，白先勇	中国
A016	东野圭吾	日本
A017	东野圭吾	日本
A018	辉姑娘	中国
A019	马德	中国
A020	林特特	中国

书籍 —右连接— 作者

新数据表

书名	作者	作者ID	出版社	作者ID (作者)	作者 (作者)	国籍
《Python3.7从零开始...	刘宇宙	A001	清华大学出版社	A001	刘宇宙	中国
《追风筝的人》	卡勒德·胡赛尼	A002	上海人民出版社	A002	卡勒德·胡赛尼	中国
《数据挖掘导论》	范明	A003	人民邮电出版社	A003	范明	中国
《三体》	刘慈欣	A004	重庆出版社	A004	刘慈欣	中国
《平凡的世界》	路遥	A005	北京十月文艺出版社	A005	路遥	中国
null	null	null	null	A011	陈果	中国
null	null	null	null	A012	余光中，林清玄，白先勇	中国
null	null	null	null	A016	东野圭吾	日本
null	null	null	null	A017	东野圭吾	日本
null	null	null	null	A018	辉姑娘	中国
null	null	null	null	A019	马德	中国
null	null	null	null	A020	林特特	中国

图 3-9　右联接示例

与左联接正好相反，使用右联接后，生成的新表包含了“作者”数据表中的所有行，并与“书籍”数据表中具有相同作者 ID 的行合并在了一起。需要注意的是，如果左侧表（“书籍”数据表）中，没有与右侧表（“作者”数据表）相匹配的项，合并后的新表中对应的数据网格则会显示 null。

4．完全外部联接（见图 3-10）

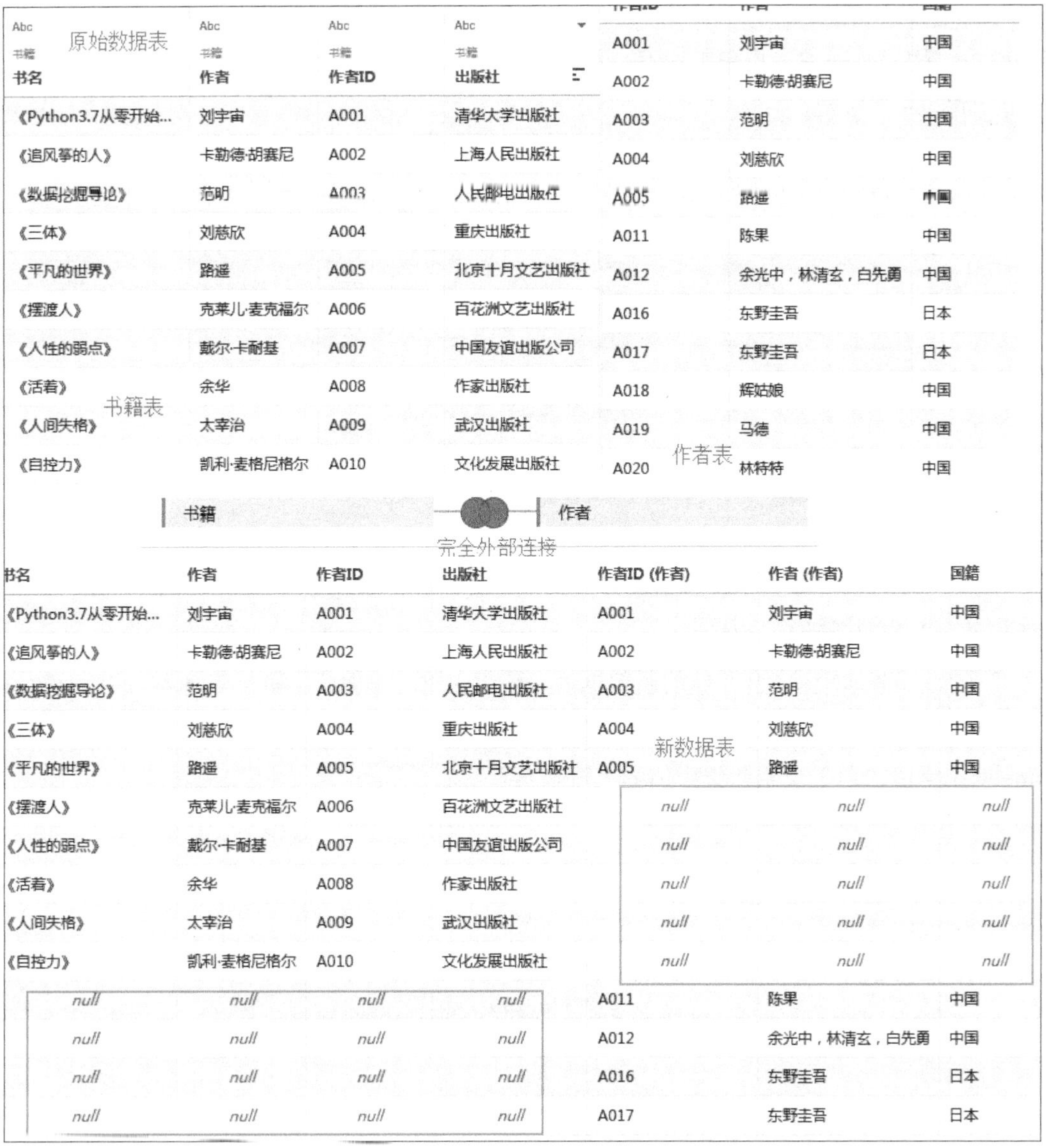

原始数据表

书籍表

书名	作者	作者ID	出版社
《Python3.7从零开始...	刘宇宙	A001	清华大学出版社
《追风筝的人》	卡勒德·胡赛尼	A002	上海人民出版社
《数据挖掘导论》	范明	A003	人民邮电出版社
《三体》	刘慈欣	A004	重庆出版社
《平凡的世界》	路遥	A005	北京十月文艺出版社
《摆渡人》	克莱儿·麦克福尔	A006	百花洲文艺出版社
《人性的弱点》	戴尔·卡耐基	A007	中国友谊出版公司
《活着》	余华	A008	作家出版社
《人间失格》	太宰治	A009	武汉出版社
《自控力》	凯利·麦格尼格尔	A010	文化发展出版社

作者表

作者ID	作者	国籍
A001	刘宇宙	中国
A002	卡勒德·胡赛尼	中国
A003	范明	中国
A004	刘慈欣	中国
A005	路遥	中国
A011	陈果	中国
A012	余光中，林清玄，白先勇	中国
A016	东野圭吾	日本
A017	东野圭吾	日本
A018	辉姑娘	中国
A019	马德	中国
A020	林特特	中国

书籍 — 作者

完全外部连接

新数据表

书名	作者	作者ID	出版社	作者ID (作者)	作者 (作者)	国籍
《Python3.7从零开始...	刘宇宙	A001	清华大学出版社	A001	刘宇宙	中国
《追风筝的人》	卡勒德·胡赛尼	A002	上海人民出版社	A002	卡勒德·胡赛尼	中国
《数据挖掘导论》	范明	A003	人民邮电出版社	A003	范明	中国
《三体》	刘慈欣	A004	重庆出版社	A004	刘慈欣	中国
《平凡的世界》	路遥	A005	北京十月文艺出版社	A005	路遥	中国
《摆渡人》	克莱儿·麦克福尔	A006	百花洲文艺出版社	null	null	null
《人性的弱点》	戴尔·卡耐基	A007	中国友谊出版公司	null	null	null
《活着》	余华	A008	作家出版社	null	null	null
《人间失格》	太宰治	A009	武汉出版社	null	null	null
《自控力》	凯利·麦格尼格尔	A010	文化发展出版社	null	null	null
null	null	null	null	A011	陈果	中国
null	null	null	null	A012	余光中，林清玄，白先勇	中国
null	null	null	null	A016	东野圭吾	日本
null	null	null	null	A017	东野圭吾	日本

图 3-10　完全外部联接示例

3.4 数据合并

如果想把多张数据结构一致的表格整合汇总在一起，可以使用数据合并。数据联接和数据合并可以简单理解为：数据联接是横向扩展数据表的字段，纵向的数据行数不会变得更多；而数据合并正好相反，它是纵向增加数据行数，横向的数据表字段不会变得更多。

进行数据合并操作的每个表必须具有相同的字段数，而且相关字段必须具有相匹配的字段名称和数据类型。

【例 3-12】 手动数据合并

为简单、直观体验数据合并操作，先建立“书籍 1”和“书籍 2”两张数据表，这两张表的数据结构完全一致，均包括书名、作者、作者 ID 和出版社 4 个字段，同时数据类型也一致，如图 3-11 所示。

Sheet1 书名	Sheet1 作者	Sheet1 作者ID	Sheet1 出版社
《Python3.7从零开始...	刘宇宙	A001	清华大学出版社
《追风筝的人》	卡勒德·胡赛尼	A002	上海人民出版社
《数据挖掘导论》	范明	A003	人民邮电出版社
《三体》	刘慈欣	A004	重庆出版社
《平凡的世界》	路遥	A005	北京十月文艺出版社
《摆渡人》	克莱儿·麦克福尔	A006	百花洲文艺出版社

书籍1

书名	作者	作者ID	出版社
《人性的弱点》	戴尔·卡耐基	A007	中国友谊出版公司
《活着》	余华	A008	作家出版社
《人间失格》	太宰治	A009	武汉出版社
《自控力》	凯利·麦格尼格尔	A010	文化发展出版社

书籍2

图 3-11 手动数据合并数据表示例

操作步骤如下。

步骤 1：在 Tableau 工作表区新建并集，把需要合并的数据表“书籍 1”和“书籍 2”拖入弹出的“并集（手动）”对话框。

步骤 2：Tableau 生成合并后的新数据表，该表包含“书籍 1”和“书籍 2”的所有数据，并且各字段一一对应，如图 3-12 所示。需要注意的是，生成的新表中新增了 Sheet 和 Table Name 两个字段，用于说明并集中值的来源信息。

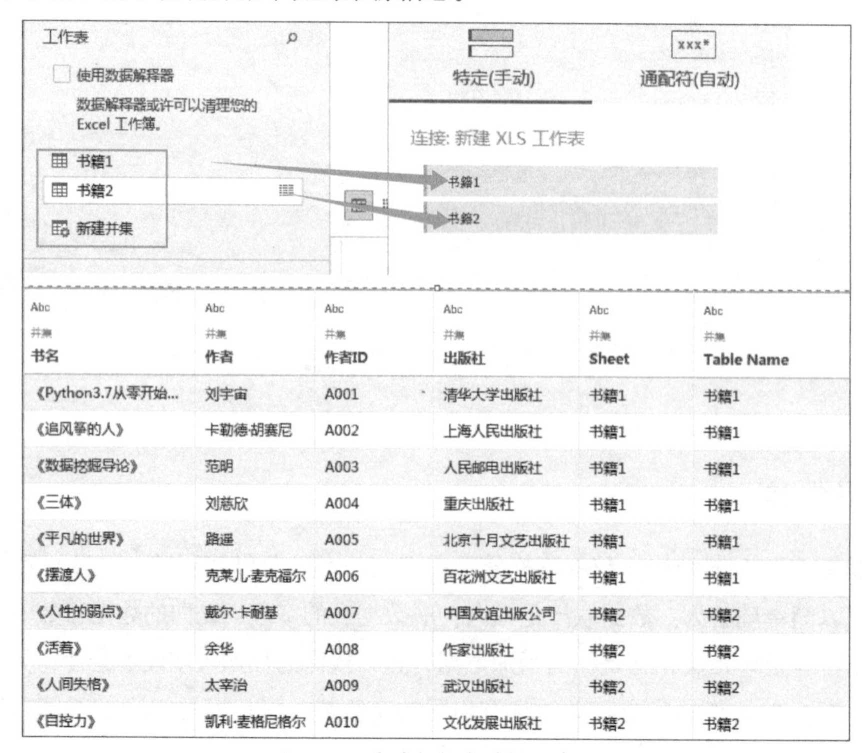

Abc 并集 书名	Abc 并集 作者	Abc 并集 作者ID	Abc 并集 出版社	Abc 并集 Sheet	Abc 并集 Table Name
《Python3.7从零开始...	刘宇宙	A001	清华大学出版社	书籍1	书籍1
《追风筝的人》	卡勒德·胡赛尼	A002	上海人民出版社	书籍1	书籍1
《数据挖掘导论》	范明	A003	人民邮电出版社	书籍1	书籍1
《三体》	刘慈欣	A004	重庆出版社	书籍1	书籍1
《平凡的世界》	路遥	A005	北京十月文艺出版社	书籍1	书籍1
《摆渡人》	克莱儿·麦克福尔	A006	百花洲文艺出版社	书籍1	书籍1
《人性的弱点》	戴尔·卡耐基	A007	中国友谊出版公司	书籍2	书籍2
《活着》	余华	A008	作家出版社	书籍2	书籍2
《人间失格》	太宰治	A009	武汉出版社	书籍2	书籍2
《自控力》	凯利·麦格尼格尔	A010	文化发展出版社	书籍2	书籍2

图 3-12 手动数据合并操作步骤

【例 3-13】 自动数据合并

如果需要合并的数据不是来自同一数据源，比如来自多个 Excel 表，则可以使用数据合并中的“通配符搜索”命令来完成合并工作。新建 3 张 Excel 数据表，分别是“数据测试 1”“数据测试 2”和“数据测试 3”，如图 3-13 所示，3 张数据表均包含书名、作者、作者 ID 和出版社 4 个字段。

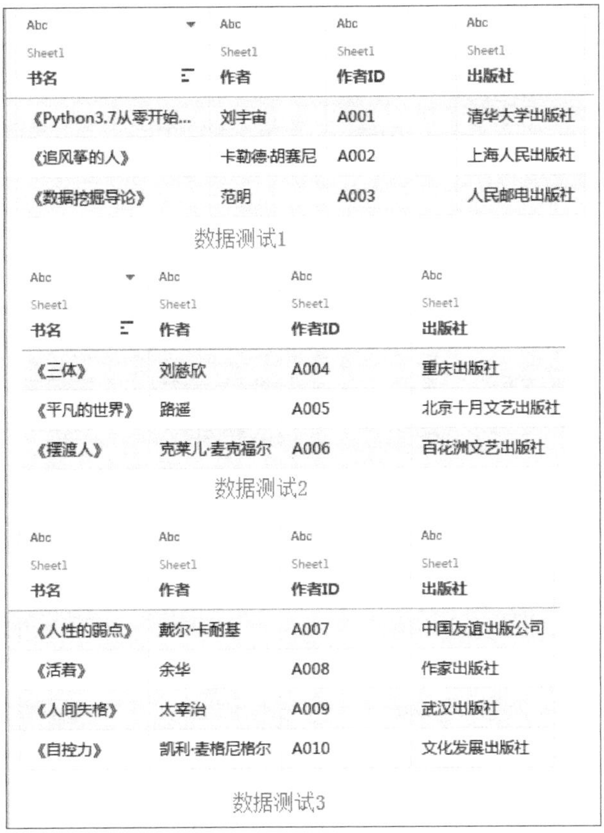

Abc Sheet1 书名	Abc Sheet1 作者	Abc Sheet1 作者ID	Abc Sheet1 出版社
《Python3.7从零开始...	刘宇宙	A001	清华大学出版社
《追风筝的人》	卡勒德·胡赛尼	A002	上海人民出版社
《数据挖掘导论》	范明	A003	人民邮电出版社

数据测试1

Abc Sheet1 书名	Abc Sheet1 作者	Abc Sheet1 作者ID	Abc Sheet1 出版社
《三体》	刘慈欣	A004	重庆出版社
《平凡的世界》	路遥	A005	北京十月文艺出版社
《摆渡人》	克莱儿·麦克福尔	A006	百花洲文艺出版社

数据测试2

Abc Sheet1 书名	Abc Sheet1 作者	Abc Sheet1 作者ID	Abc Sheet1 出版社
《人性的弱点》	戴尔·卡耐基	A007	中国友谊出版公司
《活着》	余华	A008	作家出版社
《人间失格》	太宰治	A009	武汉出版社
《自控力》	凯利·麦格尼格尔	A010	文化发展出版社

数据测试3

图 3-13 自动数据合并数据表演示

自动数据合并的操作步骤如下。

步骤 1：把用来合并的 Excel 数据表放置到同一个文件夹，在工作表区执行“新建并集”命令。在弹出的“并集”对话框中单击“通配符（自动）”按钮。

在“工作簿”位置，将匹配内容改写为“合并数据 *”，这里的“合并数据”是共有的名称，星号是通配符，用于匹配 3、4、5 这 3 个数字。

步骤 2：Tableau 生成合并后的新数据表中包含“数据测试 1”“数据测试 2”“数据测试 3”的所有数据。生成的新表新增 Path 和 Sheet 两个字段来说明并集中值的来源路径及表名称，如图 3-14 所示。

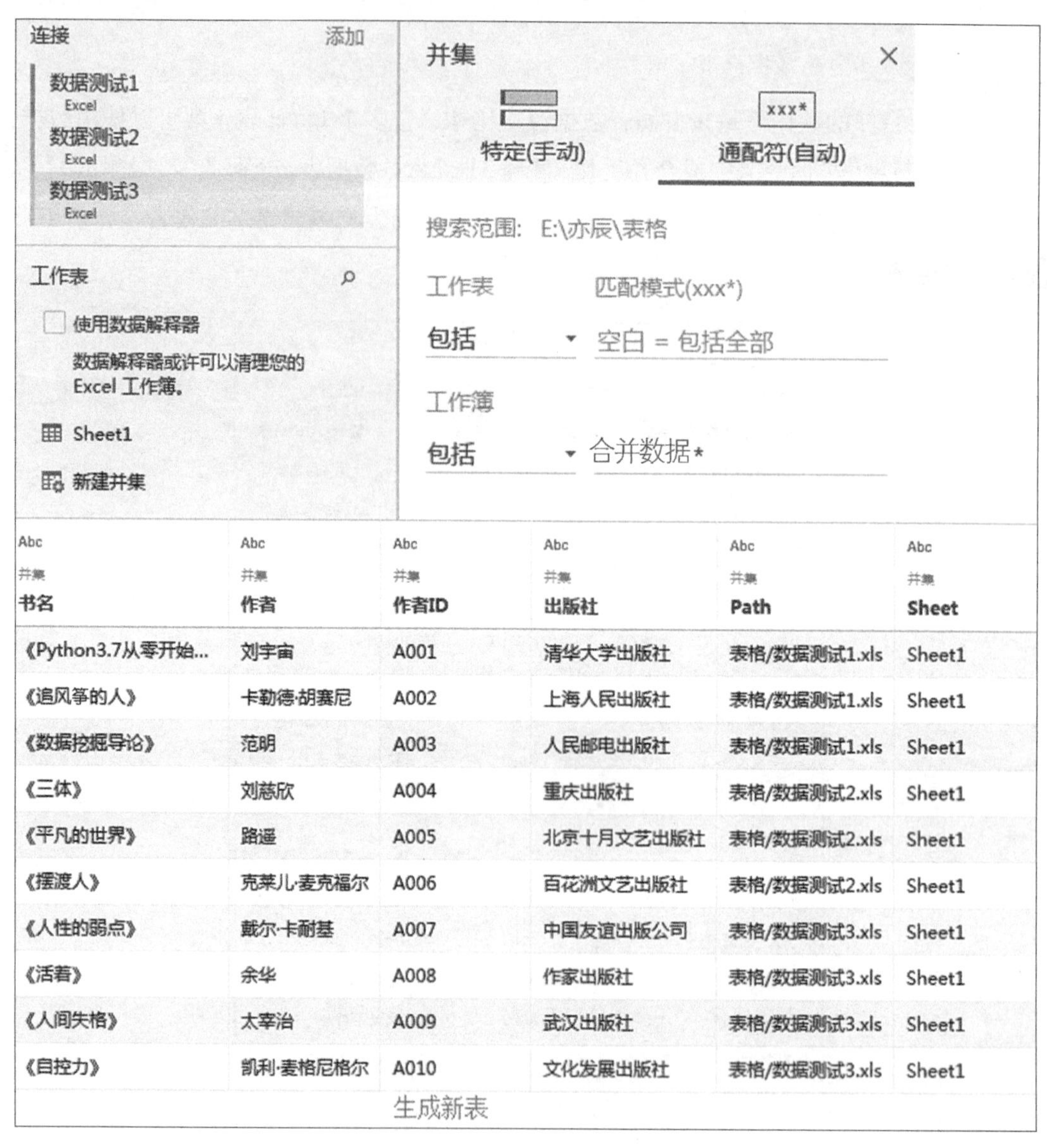

书名	作者	作者ID	出版社	Path	Sheet
《Python3.7从零开始...	刘宇宙	A001	清华大学出版社	表格/数据测试1.xls	Sheet1
《追风筝的人》	卡勒德·胡赛尼	A002	上海人民出版社	表格/数据测试1.xls	Sheet1
《数据挖掘导论》	范明	A003	人民邮电出版社	表格/数据测试1.xls	Sheet1
《三体》	刘慈欣	A004	重庆出版社	表格/数据测试2.xls	Sheet1
《平凡的世界》	路遥	A005	北京十月文艺出版社	表格/数据测试2.xls	Sheet1
《摆渡人》	克莱儿·麦克福尔	A006	百花洲文艺出版社	表格/数据测试2.xls	Sheet1
《人性的弱点》	戴尔·卡耐基	A007	中国友谊出版公司	表格/数据测试3.xls	Sheet1
《活着》	余华	A008	作家出版社	表格/数据测试3.xls	Sheet1
《人间失格》	太宰治	A009	武汉出版社	表格/数据测试3.xls	Sheet1
《自控力》	凯利·麦格尼格尔	A010	文化发展出版社	表格/数据测试3.xls	Sheet1

图 3-14　自动数据合并操作

扫码看视频

3.5 数据导出

Tableau Desktop 可以导出多种类型的数据文件，如图形、数据源、交叉表等，下面将逐一介绍。

【例 3-14】导出图形中的数据

如果需要导出图形中的数据，就可以在 Tableau Desktop 图形界面上右击，在弹出的菜单中选择“复制”→“数据”命令，如图 3-15 所示。

也可以单击菜单栏中的“工作表”→“复制”→“数据”命令。

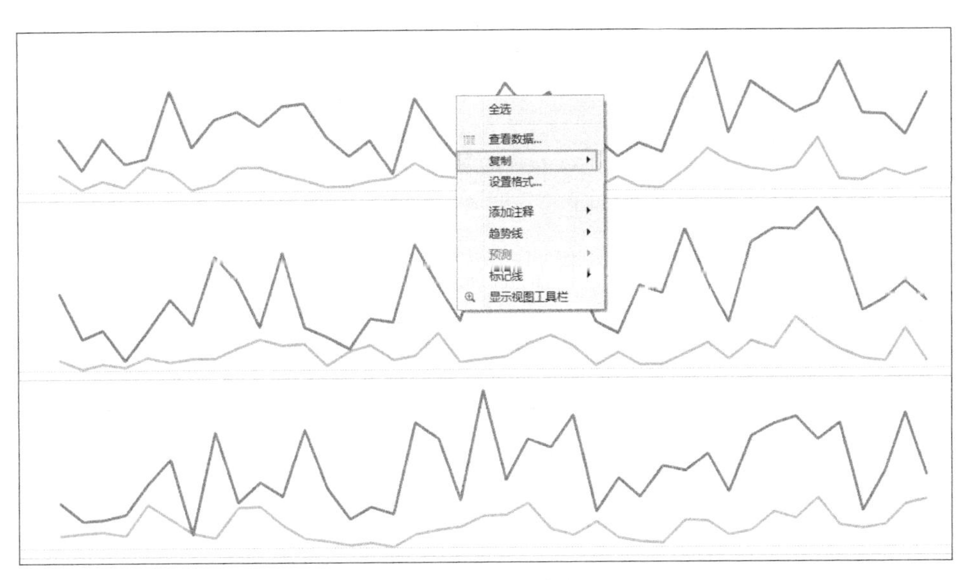

图 3-15　导出图形中数据图

【例 3-15】 导出数据源数据

可以通过“查看数据”命令来导出数据源中的数据。在 Tableau Desktop 图形界面上右击，在弹出的菜单中选择“查看数据”命令，如图 3-16 所示。

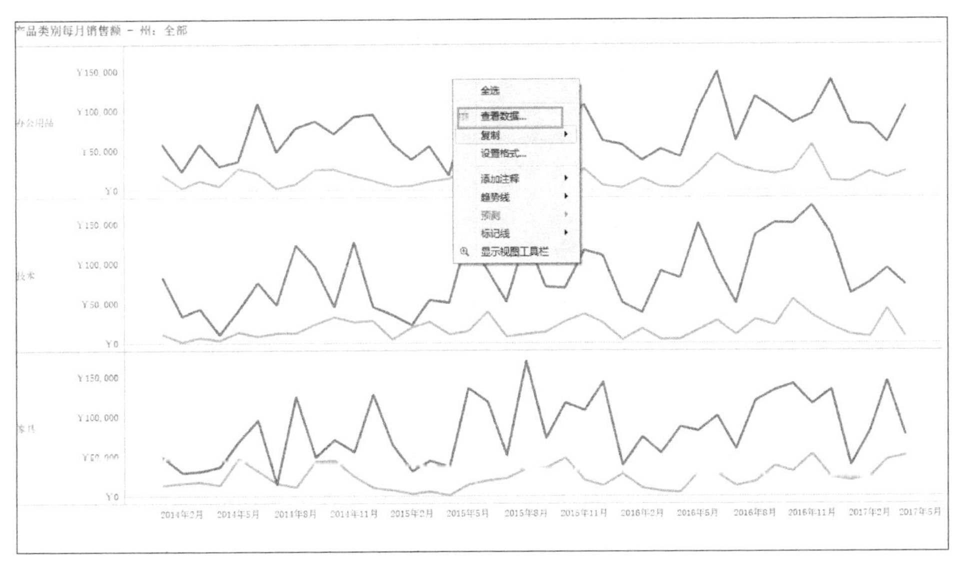

图 3-16　导出数据源后的图

“查看数据”命令中包括“摘要”和“基础”子命令。其中，“摘要”是数据源数据的概况，是图形上主要点的数据，如果要导出相应数据，则单击右上方的“全部导出”按钮即可，格式是文本文件（逗号分隔）。

“基础”是 Tableau 连接数据源的全部数据，同时添加了“记录数”字段。如果要导出相应数据，单击右上方的“全部导出”按钮即可，格式是文本文件（逗号分隔）。

导出数据时的界面如图 3-17 所示。

查看数据: 工作表 1

9,935 行　☑ 显示别名(S)　☑ 显示所有字段(F)　复制(C)　全部导出(E)

产品名称	利润 (级)	制造商	发货日期	国家	地区	城市	子类别	客户名称	省/自治区	类
Fiskars 剪刀, 蓝色	-¥200	Fiskars	2018-04-29	中国	华东	杭州	用品	曾惠	浙江	办
GlobeWeis 搭扣信封, 红色	¥0	GlobeWeis	2018-06-19	中国	西南	内江	信封	许安	四川	办
Cardinal 孔加固材料, 回收	¥0	Cardinal	2018-06-19	中国	西南	内江	装订机	许安	四川	办
Kleencut 开信刀, 工业	-¥200	Kleencut	2018-12-13	中国	华东	镇江	用品	宋良	江苏	办
KitchenAid 搅拌机, 黑色	¥400	KitchenAid	2017-06-02	中国	中南	汕头	器具	万兰	广东	办
柯尼卡 打印机, 红色	¥3,600	柯尼卡	2016-10-31	中国	华东	景德镇	设备	俞明	江西	技
Ibico 订书机, 实惠	¥0	Ibico	2016-10-31	中国	华东	景德镇	装订机	俞明	江西	办
SAFCO 扶手椅, 可调	¥2,600	Safco	2016-10-31	中国	华东	景德镇	椅子	俞明	江西	家
Green Bar 计划信息表, 多色	¥0	Green Bar	2016-10-31	中国	华东	景德镇	纸张	俞明	江西	办
Stockwell 橡皮筋, 整包	¥0	Stockwell	2016-10-31	中国	华东	景德镇	系固件	俞明	江西	办
爱普生 计算器, 耐用	¥0	爱普生	2015-12-24	中国	西北	榆林	设备	谢雯	陕西	技
惠普 墨水, 红色	¥600	惠普	2018-06-06	中国	东北	哈尔滨	复印机	康青	黑龙江	技
Jiffy 局间信封, 银色	¥0	Jiffy	2016-06-09	中国	华东	青岛	信封	赵婵	山东	办
SanDisk 键区, 可编程	¥200	SanDisk	2016-06-09	中国	华东	青岛	配件	赵婵	山东	技
诺基亚 充电器, 蓝色	¥2,800	诺基亚	2016-06-09	中国	华东	青岛	电话	赵婵	山东	技
KitchenAid 冰箱, 黑色	-¥4,000	KitchenAid	2017-11-25	中国	华东	徐州	器具	刘斯云	江苏	办

摘要　完整数据　9,935 行

图 3-17　导出数据时的界面

选择导出数据的路径和名称，格式是文本文件（逗号分隔），默认路径是计算机的“文档”文件夹，如图 3-18 所示。

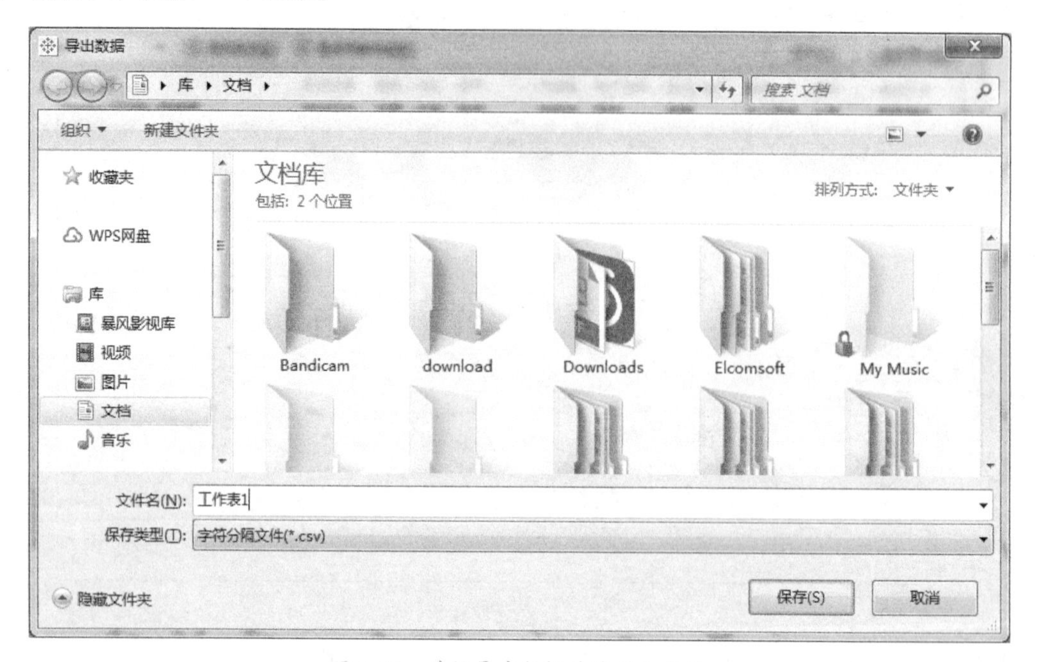

图 3-18　选择导出数据的路径和名称

【例 3-16】导出交叉表数据

在 Tableau Desktop 图形界面上右击，在弹出的菜单中选择“复制”→“交叉表”命令，如图 3-19 所示。

在打开的 Excel 表中粘贴数据，然后导出图形中的交叉表数据，如图 3-20 所示。

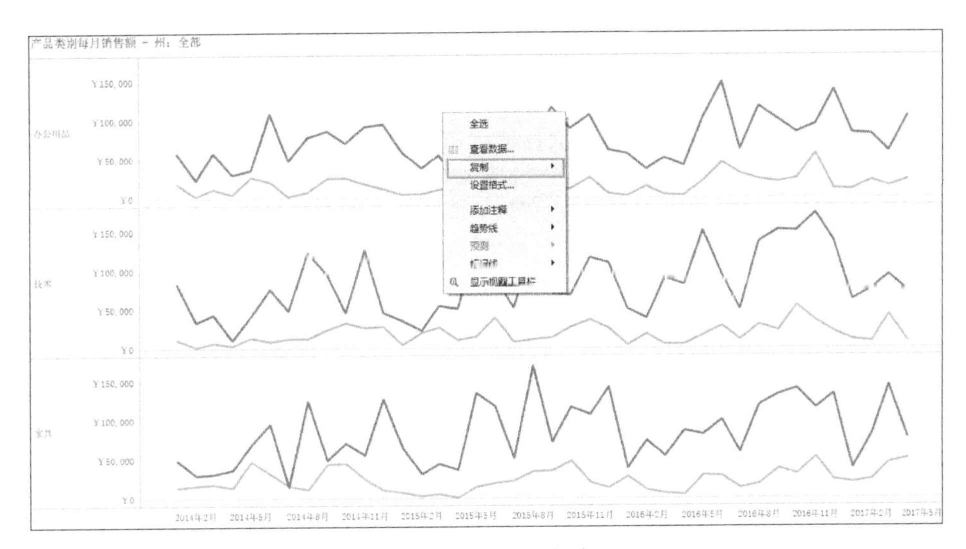

图 3-19　交叉数据表

			订单日期 月	订单日期	订单日期	订单日期	订单日期	订单日期	订单日期	订单日期	订单日期	订单日期	订单日期	订单日期	订单日期	订单日期	订单日期	订单日期
			2014年1月	########	########	########	########	########	########	########	########	########	########	########	########	########	########	########
办公用品	可盈利	利润	¥14,701	¥5,047	¥15,014	¥5,400	¥6,680	¥23,061	¥11,530	¥19,282	¥18,549	¥17,734	¥24,350	¥15,297	¥16,103	¥9,350	¥11,801	¥3,926
办公用品	可盈利	销售额	¥57,551	¥23,028	¥58,075	¥29,785	¥35,791	########	¥47,928	¥78,128	¥86,390	¥70,801	¥92,104	¥95,012	¥58,708	¥37,860	¥55,160	¥18,034
办公用品	不可盈利	利润	¥-1,682	¥439	¥-1,799	¥1,077	¥-2,951	¥-1,199	¥-202	¥-916	¥-1,896	¥3,153	¥-4,513	¥-3,942	¥-1,929	¥-3,001	¥1,693	¥544
办公用品	不可盈利	销售额	¥18,339	¥2,497	¥11,448	¥4,573	¥26,760	¥20,768	¥1,938	¥7,452	¥25,232	¥25,642	¥17,803	¥11,636	¥4,404	¥4,971	¥10,445	¥13,557
技术	可盈利	利润	¥21,991	¥10,570	¥9,006	¥3,570	¥10,439	¥15,741	¥8,758	¥19,191	¥17,433	¥6,284	¥29,172	¥14,009	¥7,020	¥3,102	¥15,838	¥13,388
技术	可盈利	销售额	¥82,567	¥33,168	¥42,754	¥10,164	¥40,765	¥75,863	¥48,022	########	¥95,473	¥45,446	########	¥45,200	¥34,776	¥22,240	¥54,121	¥50,596
技术	不可盈利	利润	¥-3,639	¥-378	¥-530	¥-13	¥-4,032	¥-3,347	¥-6,460	¥-1,032	¥-5,641	¥-3,474	########	¥-9,015	¥-1,782	¥-7,354	¥-9,896	¥-174
技术	不可盈利	销售额	¥10,963	¥1,232	¥6,691	¥3,106	¥13,427	¥8,231	¥12,141	¥12,272	¥23,424	¥32,256	¥26,043	¥27,460	¥4,081	¥19,540	¥26,200	¥10,287
家具	可盈利	利润	¥7,595	¥7,180	¥3,545	¥6,544	¥18,357	¥15,146	¥2,716	¥33,516	¥14,553	¥10,295	¥12,675	¥28,735	¥19,184	¥5,842	¥7,606	¥6,433
家具	可盈利	销售额	¥48,737	¥29,002	¥30,660	¥36,072	¥68,452	¥95,220	¥14,363	########	¥48,788	¥70,641	¥55,335	########	¥64,136	¥30,636	¥43,820	¥36,082
家具	不可盈利	利润	¥-1,571	¥-2,884	¥-6,437	¥-77	¥-4,507	########	¥-4,541	¥-3,224	########	¥-357	¥-8,445	¥-4,231	¥-1,928	¥-5,210	¥-269	¥-113
家具	不可盈利	销售额	¥13,441	¥16,009	¥17,546	¥13,286	¥47,003	¥30,916	¥15,658	¥10,694	¥43,452	¥44,483	¥24,212	¥9,945	¥7,019	¥2,470	¥5,122	¥547

图 3-20　导出交叉数据

【例 3-17】将视图导出为图像文件

将视图的图形导出到其他演示文稿和文档应用程序。

步骤 1：将视图复制到剪贴板，选择“工作表”→“复制”→“图像”命令。在“复制图像”对话框中选择要包括的内容和图例布局（如果视图包含图例），如图 3-21 所示。

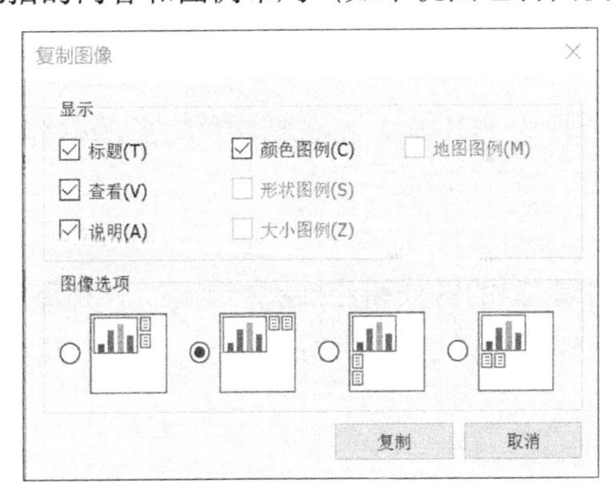

图 3-21　复制图像对话框

步骤 2：打开其他应用程序（如 MS Word 或 MS Excel），选择“编辑”→”粘贴”命令。

【注意】：在某些应用程序中，可以选择“选择性粘贴”命令并指定图像的格式。

步骤 3：将视图导出为图像文件，选择“工作表”→“导出”→“图像”命令，如图 3-22 所示。

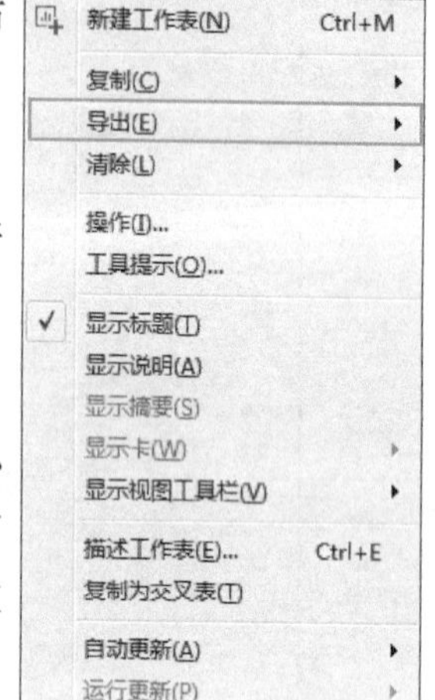

图 3-22　导出图像

步骤 4：在“导出图像”对话框中，选择要包括的内容和图例布局（如果视图包含图例），完成后单击“保存”按钮。

步骤 5：在“保存图像”对话框中选择要保存图像文件的位置，然后在文本框中输入文件名，在“保存类型”下拉列表中选择文件格式。完成后单击“保存”按钮。

【例 3-18】 以 PowerPoint 形式导出并下载

可以把视图以及仪表板和故事导出到 Microsoft PowerPoint 以在演示文稿中使用。此选项可将工作簿中的所有工作表下载为 PowerPoint 中的静态图像。如果工作簿包含故事，则也会导出这些故事，但只会显示导出时当前正在显示的故事点。

把工作簿导出到 PowerPoint 时，会将一个 PowerPoint 文件下载到计算机，其名称与工作簿相同。生成的 PowerPoint 文件包括一个标题幻灯片，其中包含工作簿的标题以及文件的生成日期，并且每张幻灯片包含工作簿中每个工作表的一幅静态图像。

【注意】：为生成 PowerPoint 文件，Tableau 会创建工作簿中所有视图的静态图像。因此，将会包括创建 PowerPoint 时的任何已应用筛选器或打开的自定义视图。

若要针对 PowerPoint 优化工作簿图像，请在仪表板或故事布局中选择“大小”→“PowerPoint（1600×900）”命令。

在 Tableau Desktop 中将工作簿导出到 PowerPoint，可以选择“文件”→“导出为 PowerPoint”命令；将创建一个包含所有工作簿工作表的 PowerPoint 文件，并将文件保存到的计算机。

【例 3-19】 导出到 PDF

通过选择“文件”→“打印为 PDF”命令可以将一个或多个视图发布为 PDF。但是在打印工作表时，不会包括视图中的筛选器。若要显示筛选器，请创建一个包含工作表的仪表板并将仪表板打印为 PDF。

【注意】：将仪表板打印为 PDF 时，不包括网页对象的内容。

本章小结

本章主要围绕 Tableau 数据源的特征和连接展开阐述，并拓展讲解了数据源的连接方式、多表连接、数据合并和数据提取的详细操作方式。

课后练习

1．谈谈对数据源操作的理解。

2．简述数据合并的方法。

3．请自行创建两个或两个以上数量表，以内联接、左联接、右联接等方式联接数据并进行多表查询。

4．将 Tableau 中的超市实例图导出到 Microsoft PowerPoint，并在演示文稿中观察和使用。

Chapter 4

第4章 一般数据的可视化分析及其拓展

本章导读

Tableau 的优势在于可以通过拖拽的方式生成各种一目了然的图形，为用户节省了大量的人力和时间。本章主要介绍如何使用 Tableau 将一般的数据生成简单的图形，如条形图、饼图、直方图、折线图、散点图、甘特图等。本章所有示例过程均在新建的 Excel 中完成，使用 Tableau 自带的“示例 - 超市”数据源。在“数据”菜单中选择“新建数据源”命令，再选择“示例 - 超市”自带数据源即可以此为目标数据源进行各项可视化图形操作。

学习目标

1）知识目标：理解条形图、折线图、饼图、直方图、散点图、盒形图、突出显示表、地图等简单图形的基本概念，熟练掌握利用 Tableau 软件对数据进行简单图形分析的基本方法。

2）技能目标：掌握 Tableau 软件中各类图形的生成步骤，能灵活运用各类一般图形对数据进行可视化分析。

3）职业素养：培养学生对数据进行一般图形可视化分析的实践操作能力。

4.1 条形图

条形统计图是用单位长度表示一定的数量，根据数量绘制长短不同的矩形条，然后按一定的顺序排列起来。从条形统计图中很容易看出各种数量的多少。条形统计图一般简称为条形图，也叫长条图或直条图，如图 4-1 所示。

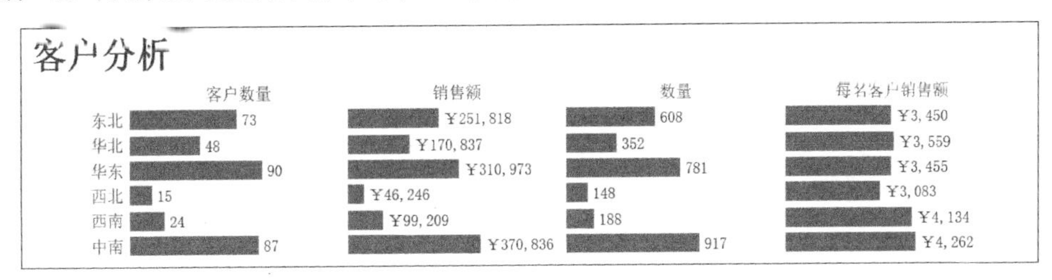

图 4-1　条形图

条形图中矩形条的长度是和数量成正比的。当用户将维度拖到“行”功能区，将度量拖到“列”功能区时，Tableau 会自动生成条形图。用户也可以单击“Show Me”按钮来展开条形图的选项，当数据不适合条形图的时候，条形图的选项会自动变灰。下面介绍创建各种类型的条形图的方法。

【例 4-1】条形图的绘制

加载数据源并对数据源中的指定维度进行条形图的可视化分析，以实现对该维度的年度统计。利用 Tableau 自带的超市数据源对 4 年间的总销售额进行条形图分析，参考步骤如下。

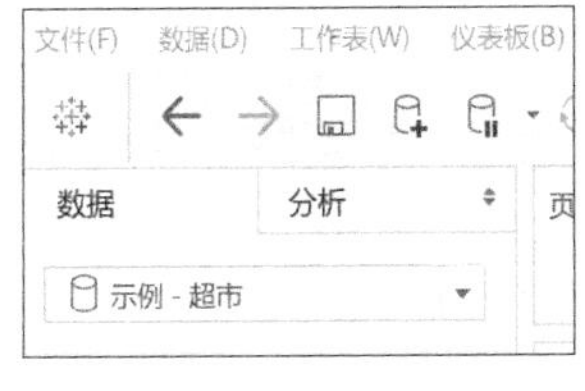

图 4-2　数据源设定示意图

步骤 1：首先新建空白的工作表，然后连接到“示例 - 超市”数据源，如图 4-2 所示。

步骤 2：将“订单日期”维度拖到“列”功能区，如图 4-3 所示。

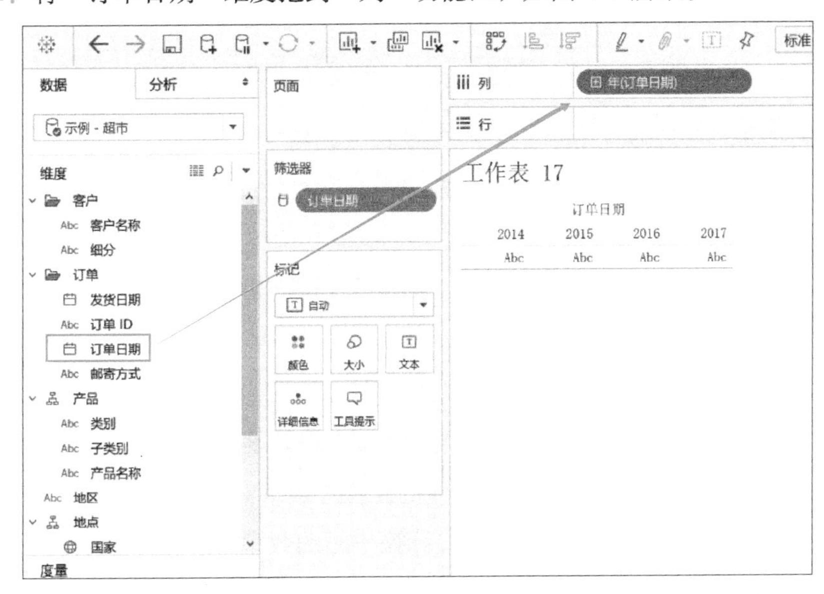

图 4-3　订单日期维度设定

数据将按年份聚合并显示列标题。

步骤 3：将“销售额”度量拖到“行”功能区，如图 4-4 所示。

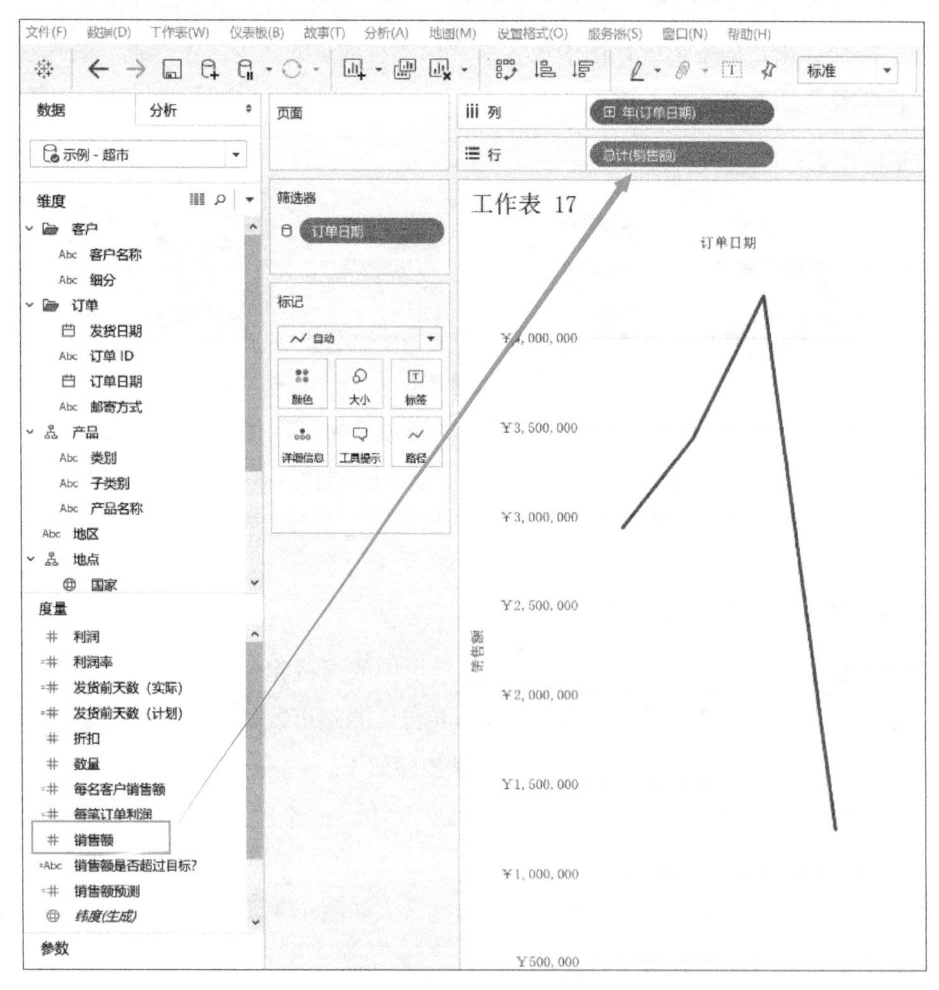

图 4-4　销售额维度设定

销售额度量将会聚合为一个总和，并在图表中创建一个轴，此时列标题也会出现在视图的底部。因为添加了日期维度，所以 Tableau 会默认的使用“线”来标记类型。

步骤 4：因为需要的是条形图，所以在“标记”选项卡的下拉菜单中选择“条形”命令，如图 4-5 所示。

图 4-5　“标记”选项卡

视图会更改为条形图，如图 4-6 所示。

由于轴是垂直的，所以标记（在本例中为矩形条）也是垂直的。从图 4-7 可以看出每个标记的长度对应着当年的销售总额。

【注意】：图上看到的数据有可能与实际操作时的数字不一样，这是由于范例数据会随时改变。

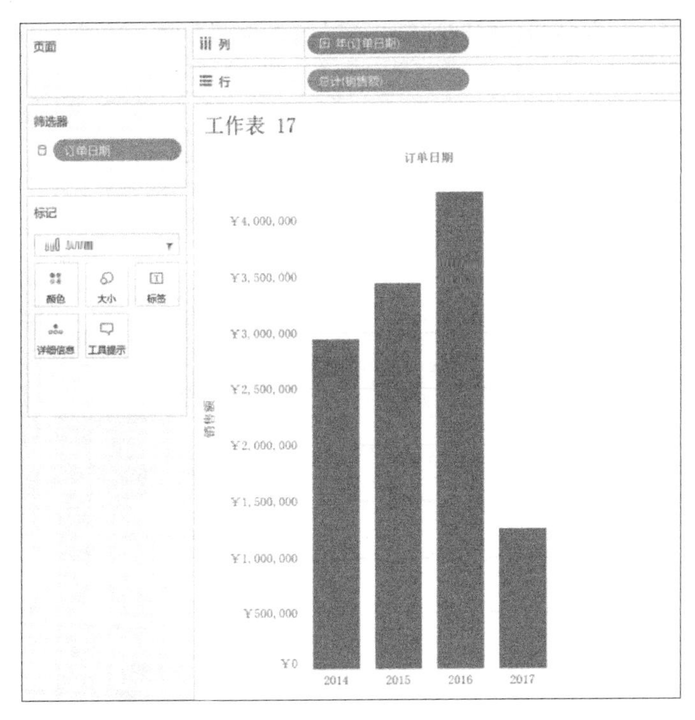

图 4-6 条形图实例

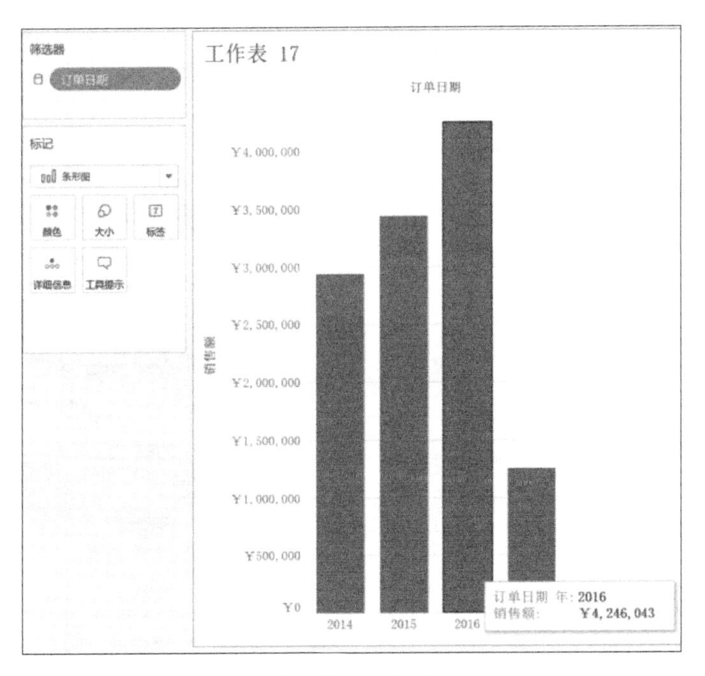

图 4-7 条形图中的标记

步骤 5：将“装运状态”维度拖到“标记”卡的“颜色”上，如图 4-8 所示。

视图显示了不同的装运模式对一段时间内总销售额的影响，且每年的比例似乎都一致，如图 4-9 所示。

步骤 6：将地点下面的“省 / 自治区”维度拖拽到右侧上方的“行”功能区，并放在总计（销售额）的左边，这样可以为地区的销售额生成多个轴，如图 4-10 所示。

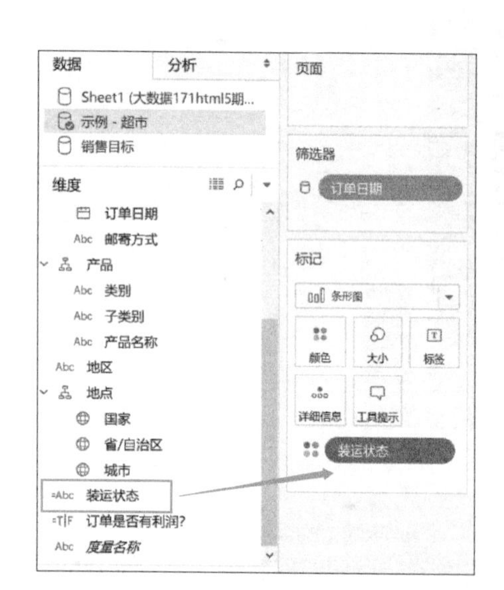

图 4-8　拖动“装运状态”维度

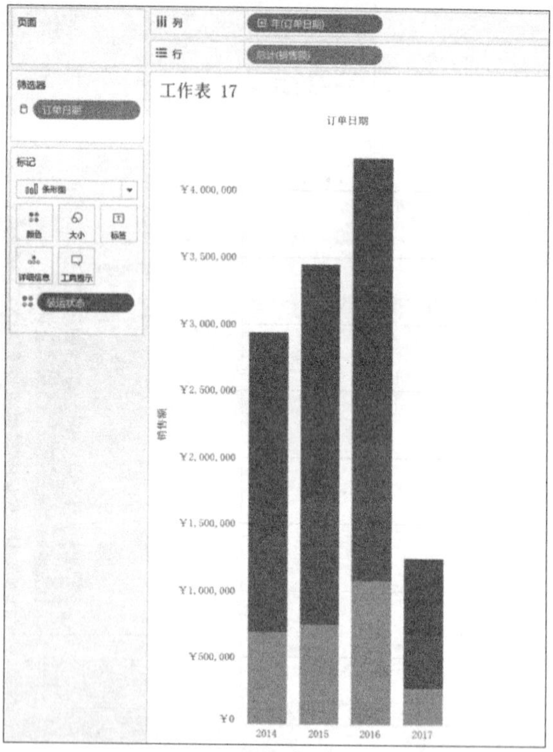

图 4-9　年总销售额条形图

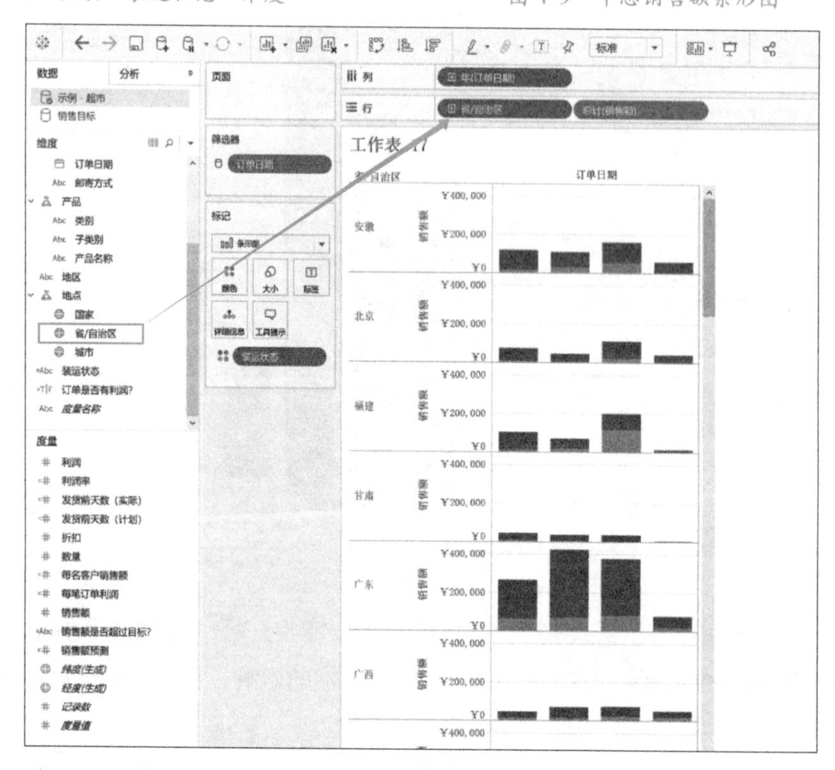

图 4-10　拖拽到“行”

步骤 7：如果只查看江苏的数据，则可以筛选掉其他区域。和上一步骤类似，拖拽地点下面的“省 / 自治区”维度到“筛选器”功能区，如图 4-11 所示。

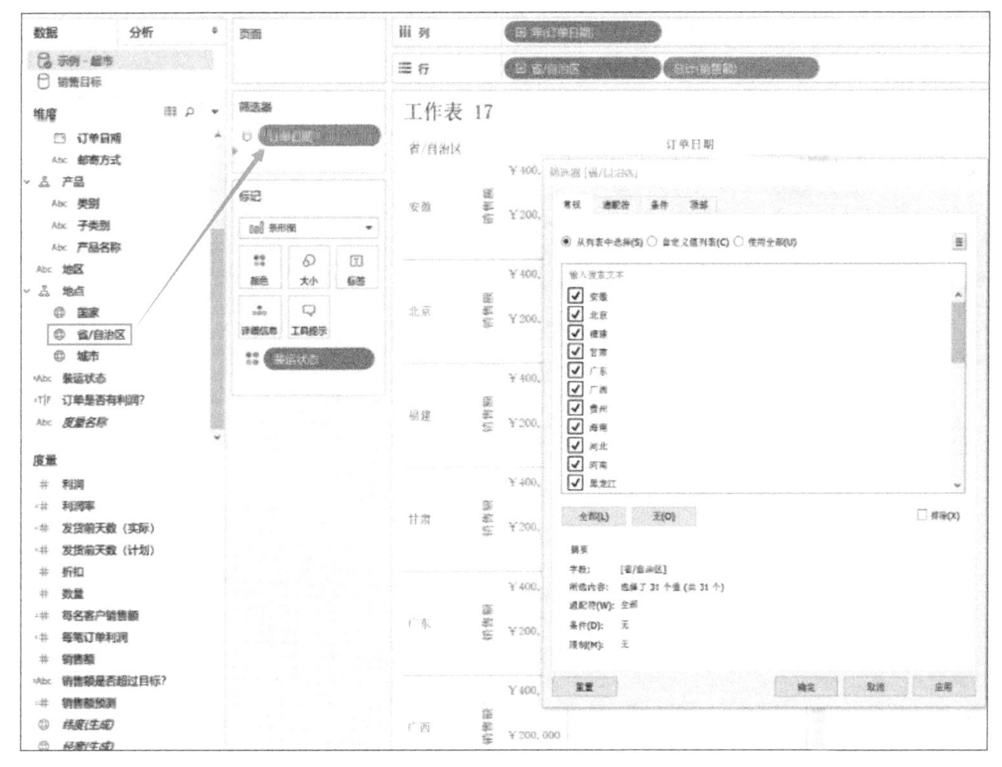

图 4-11 拖拽到“筛选器”

这样的视图可以让用户深入地分析数据，且使数据一目了然。再如，想要看一下安徽省的装运状态在 2014 ～ 2017 年的变化，就可以按照上面的步骤来操作。

4.2 折线图

折线图是由视图中的各个数据点连接起来构成的。折线图为直观显示一系列值提供了一种简单方法，适合显示数据随时间变化的趋势，或者预测未来的值。下面将介绍如何加载数据源并对数据源中指定的维度进行折线图的可视化分析。

【例 4-2】 折线图的绘制

本例的主要任务是利用 Tableau 自带的超市数据源对 4 年间的总销售额和利润进行折线图分析，可以参考以下步骤。

步骤 1：连接数据源（“示例 - 超市”）。

步骤 2：将维度下的“订单日期”拖拽到右上方的“列”功能区。Tableau 会根据年份来聚合日期，同时创建列标题。

步骤 3：将“总计”度量拖到“行”功能区。Tableau 会自动把“总计”聚合为总和，同时呈现一个简单的折线图。

步骤 4：将“利润”度量拖到“行”上，并将其放在“销售额”度量的右侧。Tableau 会同时沿着左边缘为“销售额”和“利润”单独创建轴，如图 4-12 所示。

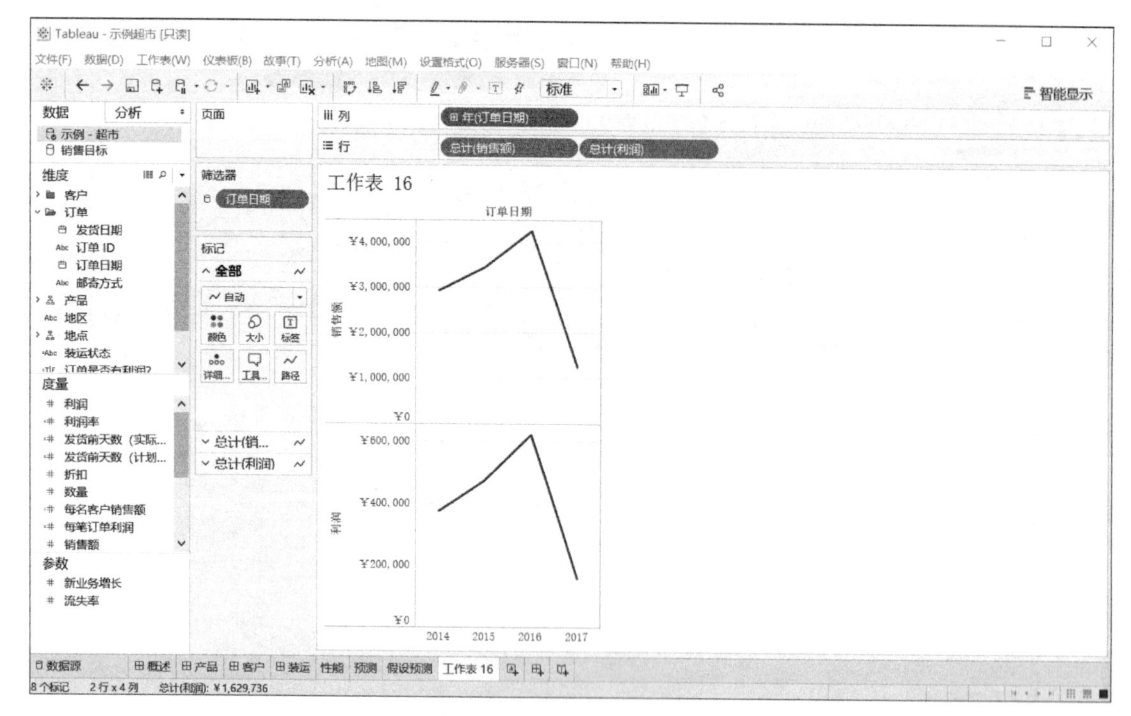

图 4-12　折线图实例

从上图可以发现，两个轴的刻度是不同的，上半部分是“销售额”轴，它的刻度是从￥0 到￥4 200 000，下半部分是“利润”轴，它的刻度是从￥0 到￥700 000。此时在整个图表中很难看出销售额值远大于利润值，因此需要对齐或合并轴来进行值的比较。

步骤 5：使用双轴比较两个度量。

两个相互层叠的独立轴即为双轴。用户在分析不同标度的两个度量时，双轴就可以起到很大的作用。拖拽行或者列中已经放入的字段，把它们放置于视图的右侧（拖拽时看到黑色虚线时放开），可变为双轴。

还有一种方法可以生成双轴，在“列”或“行”度量上右击（在 Mac 操作系统中按住 <Control> 键单击），然后选择“双轴”命令，就可以出现一个双轴视图了，如图 4-13 所示。左侧为“销售额”轴，右侧为“利润”轴。两个轴的折线颜色可以在“标记”的“颜色”功能中进行设定。

步骤 6：将“利润”字段从“行”的位置拖放到“销售额”轴，可以创建一个混合轴，如图 4-14 所示。“销售额”轴旁边的两个淡绿色双杠代表“利润”和“销售额”，当松开鼠标的时候，就可以使用混合轴，如图 4-15 所示。

步骤 7：单击“列”功能区上“年（订单日期）”字段中的下三角按钮，然后选择菜单中的“月份”命令，如图 4-16 所示。这样就可以查看 4 年期间值的连续变化范围，如图 4-17 所示。

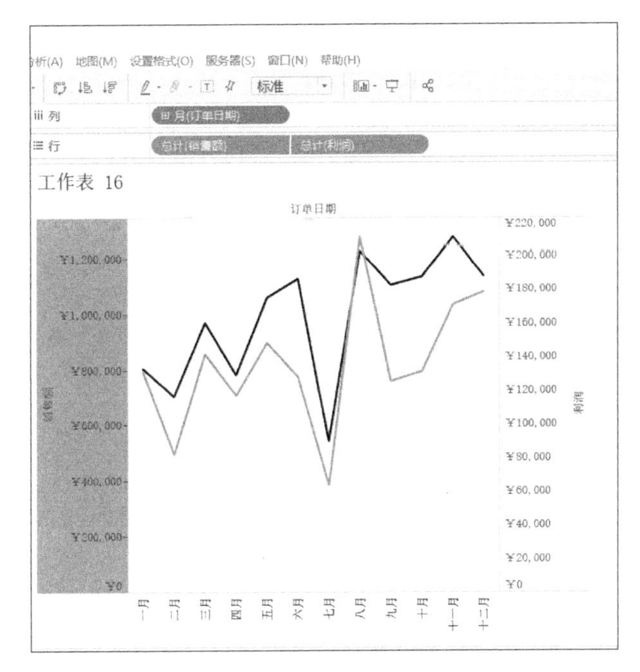

扫码看视频

图 4-13 折线图的双轴视图

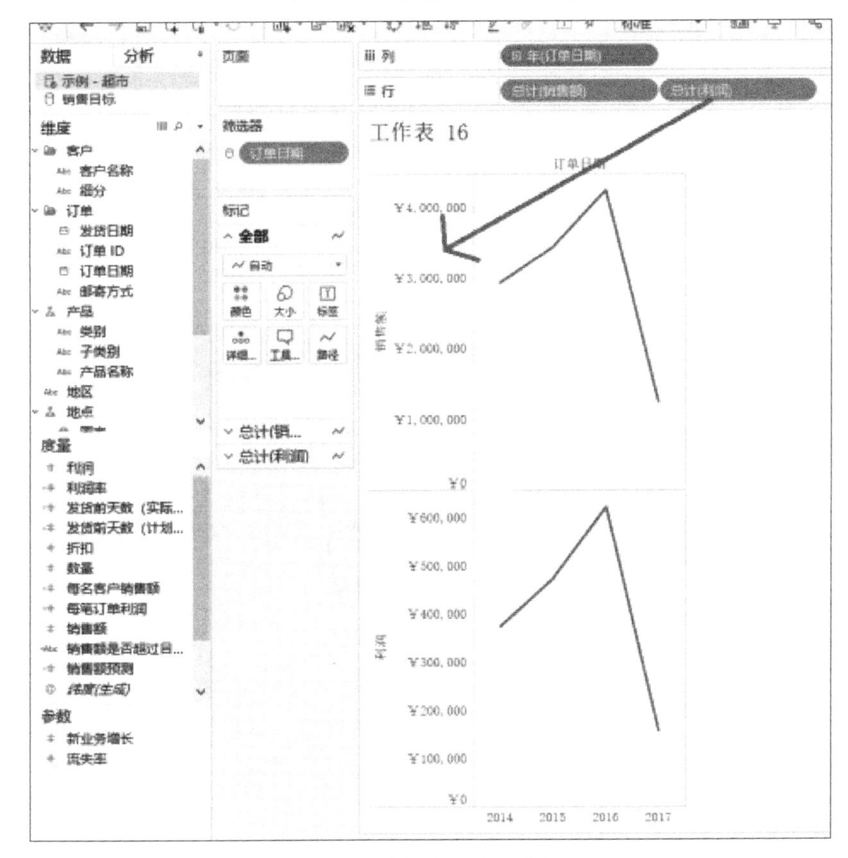

图 4-14 拖动折线图的混合轴字段

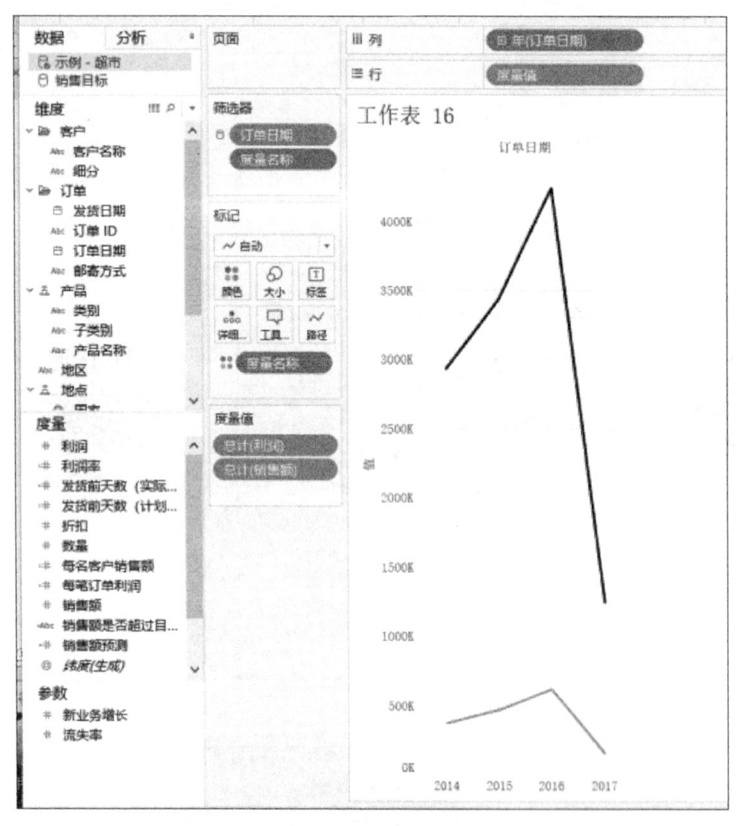

图 4-15 折线图的混合轴

图 4-16 列功能区菜单

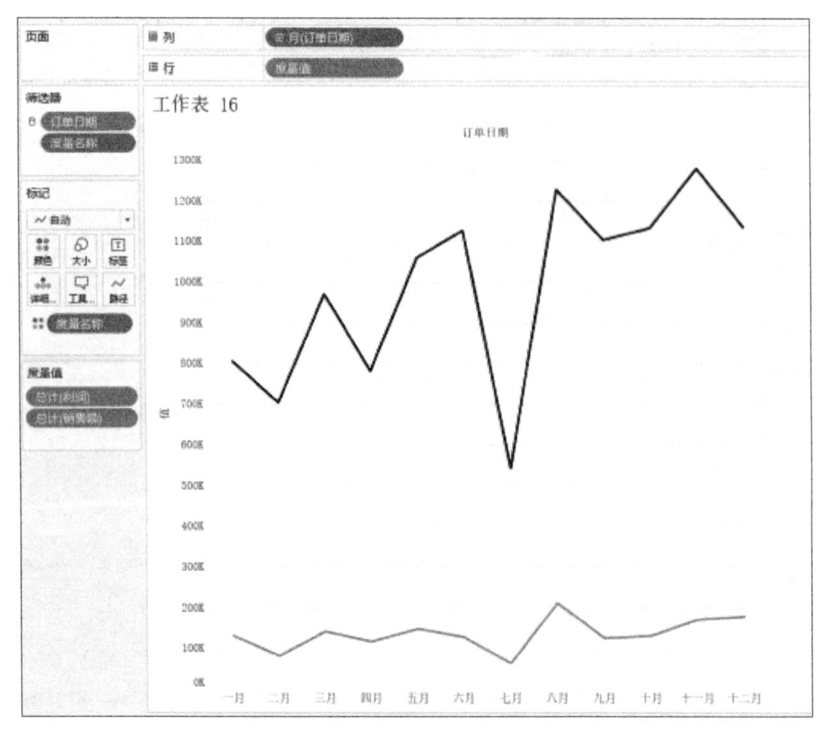

图 4-17 按日期变化的折线图

4.3 饼图

饼图用于展示数据系列中各项与各项总和的比例。饼图中的数据点显示为相对于整个图的百分比，图表中每个数据系列具有唯一的颜色或图案，并且在图表的图例中表示。

虽然 Tableau 不将饼图作为自动标记类型，但可以在“标记”的下拉菜单中选择“饼图”命令。选择饼图标记类型时，名为“角度”的另一目标会显示在“标记”中。“角度”目标决定饼图扇区的角度度量。例如，如果将某个度量（如“销售额”）放在“角度”上，则饼图的整个 360° 都对应总销售额，并按“标记”中“颜色”上的字段值划分每个扇区。

饼图将数据表示为具有不同大小和颜色的圆的切片。切片会被标记，并且对应于每个切片的数字也会在图表中表示。

【例 4-3】饼图的绘制

本例主要介绍如何加载数据源并对数据源中指定维度进行饼图的可视化分析。可以利用 Tableau 自带的超市数据源创建一个显示不同产品类别的销售额相对总销售额的饼图视图，按以下步骤进行操作。

步骤 1：连接数据源（“示例 - 超市”）。

步骤 2：将“销售额”拖到“列”功能区。Tableau 会将“销售额”聚合为总和。

步骤 3：将“子类”拖到“行”功能区，如图 4-18 所示。Tableau 会为其建立默认的图表类型（条形图）。

步骤 4：单击工具栏中的“智能显示”命令并选择“饼图”，如图 4-19 所示。

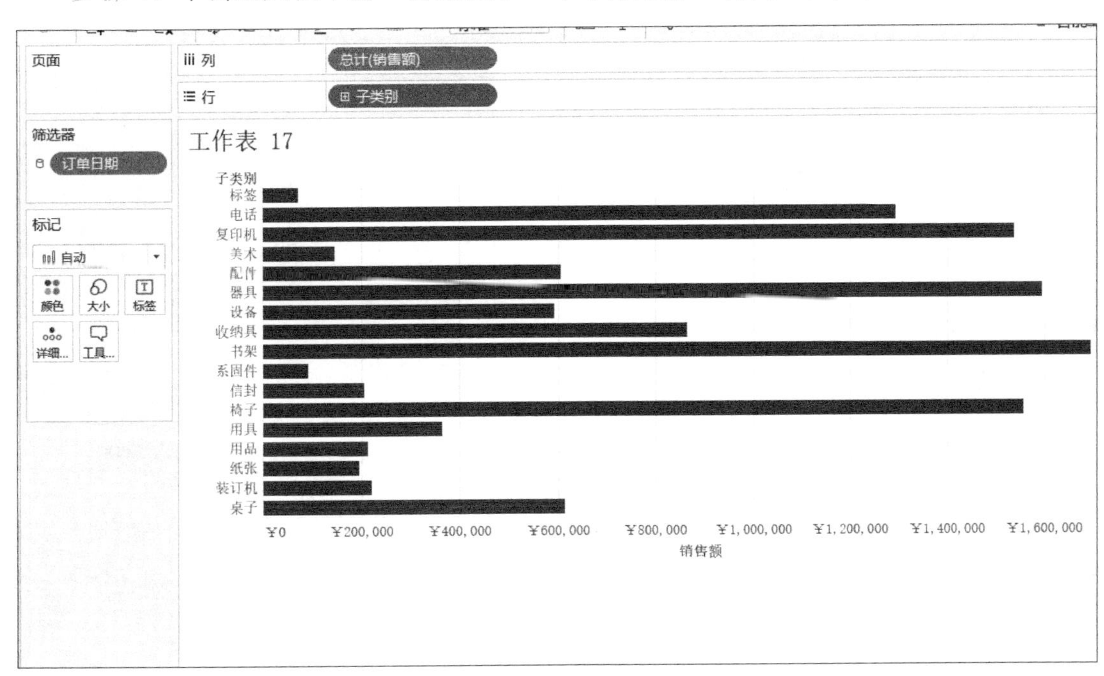

图 4-18 默认的条形图

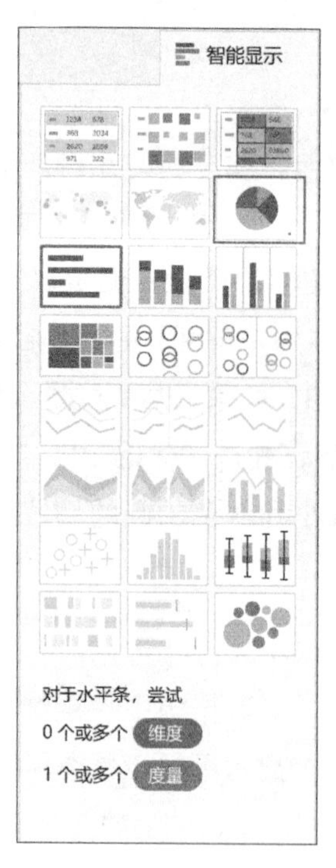

图 4-19 “智能显示”工具栏

销售额分类饼图如图 4-20 所示。

步骤 5：若要使此图表变大，可按 <Ctrl+Shift+B> 组合键。

步骤 6：若要添加标签，则将“子类别”维度从“数据”窗格拖到“标记”中的“标签”上，如图 4-21 所示。

图 4-20 销售额分类饼图

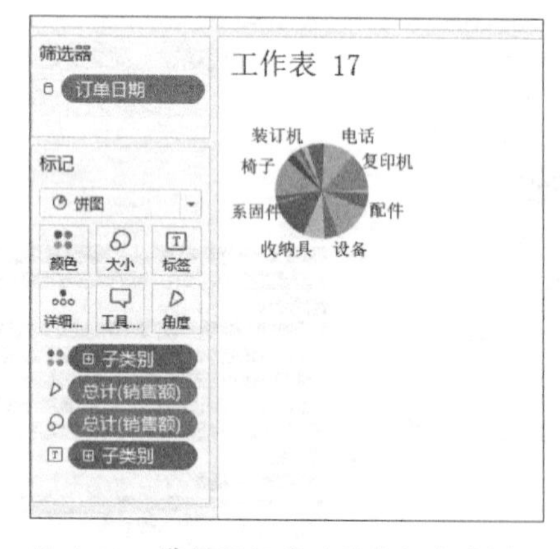

图 4-21 带数据标签的销售额分类饼图

按照上述操作方法即可完成带数据标签的销售额分类饼图的制作。

4.4 直方图

直方图是一种显示分布形状的图表，表示被存储到范围中的变量值的频率。直方图类似于条形图，但将连续度量的值分组为范围（或数据桶）。直方图中的每个柱的高度表示该范围中存在的值的数量。

直方图的“行”功能区主要用来进行连续度量（通过“计数”或“不重复计数”聚合），“列”功能区则作为数据桶（连续或离散）。注意：应依据“行”功能区上的连续度量创建此数据桶。

【例 4-4】 直方图的绘制

本例的主要任务是加载数据源并对数据源中指定的维度进行直方图的可视化分析。可以利用 Tableau 自带的超市数据源创建一个带标签的订单数量直方图。

通常使用“智能显示”的方式来创建直方图，详细操作步骤如下。

步骤 1：连接数据源（“示例 - 超市”）。

步骤 2：将“数量”拖到“列”上。

步骤 3：单击工具栏上的“智能显示”命令并选择“直方图”。

如果想要在“智能显示”中使用直方图图表类型，视图里必须包含单个度量且不能有维度。

在“智能显示”中单击直方图图标之后，将会发生 3 件事：

1）视图将更改为使用连续的 x 轴（1 ～ 14）和连续的 y 轴（0 ～ 5 000）来显示垂直条形。

2）视图中放在“列”功能区上的“数量”度量已经聚合为 SUM，同时它被连续的“数量（级）”维度所取代。（“列”功能区上的绿色字段表示该字段为连续字段。）

如果想要编辑这个数据桶，可以在“数据”窗口中的“维度”下，右击数据桶并选择“编辑”命令。

3）“数量”度量移到“行”功能区，并且聚合从 SUM 更改为 CNT（计数），如图 4-22 所示。

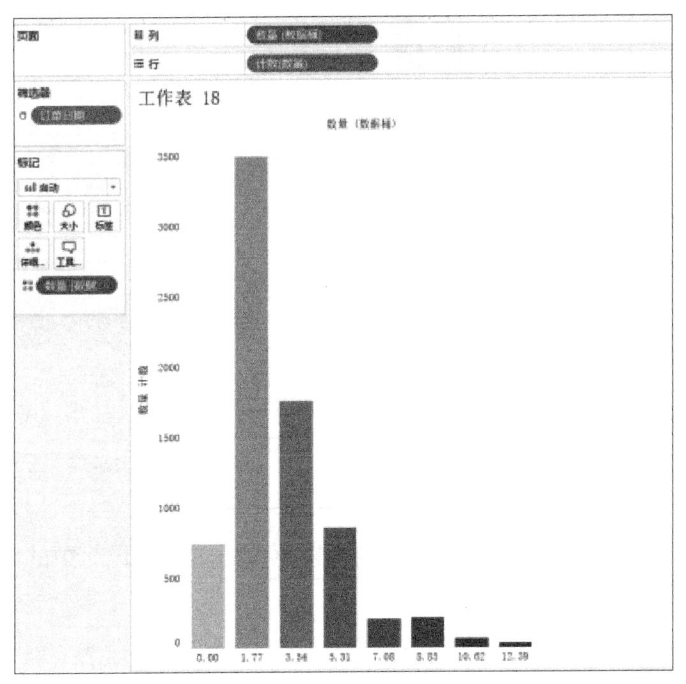

扫码看视频

图 4-22　订单数量直方图

“数量”度量捕获特定订单中的项目数。图 4–22 中订单数在 4 800 个左右的有两件商品（第二个条形），2 400 个左右的有 4 件商品（第三个条形），以此类推。

步骤 4：将“细分市场”拖到“颜色”。这时可以深入观察一下此视图，看看能否发现客户细分市场与每个订单的产品数量之间的关系。

带颜色的订单数量直方图如图 4–23 所示，可以看到，颜色分布得十分清晰、明了，可以看出每段大约的数量。

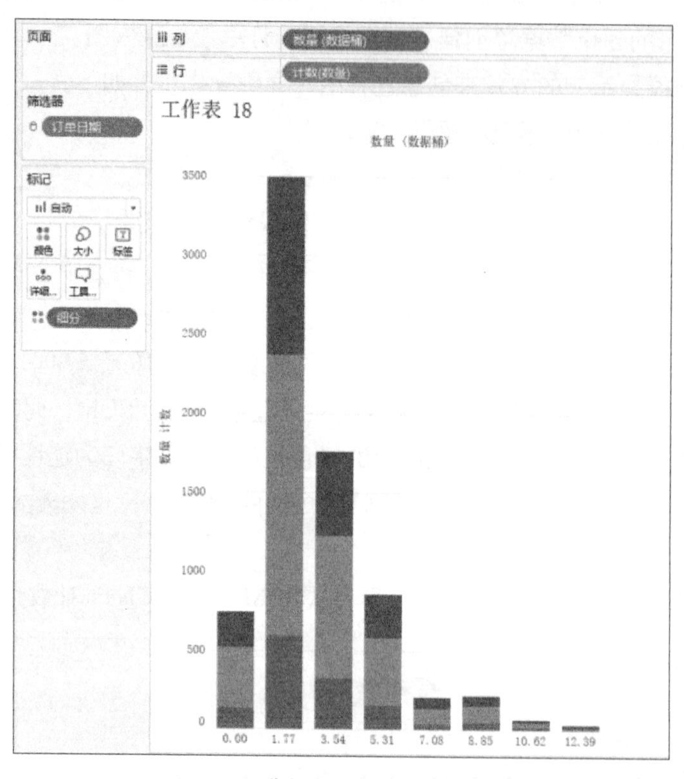

图 4–23　带颜色的订单数量直方图

步骤 5：为了更清晰地看出占比，按住 <Ctrl> 键，然后把“CNT（数量）”字段从“行”功能区拖放到“标签”，如图 4–24 所示。

如果想要将字段复制到新位置，则可以按住 <Ctrl> 键进行移动，不需要将其从原始位置移除。

步骤 6：有的时候想要看到当前每段占总额的百分比，可以右击（在 Mac 操作系统中按住 <Control> 键单击）“标记”中的“CNT（数量）”字段，然后选择“快速表计算”→“总额百分比”命令。

步骤 7：如果想用条形来显示百分比，则可以再次右击“标记”中的“CNT（数量）”字段，然后选择“编辑表计算”命令。

步骤 8：在“表计算”对话框中，将“计算依据”字段的值更改为“单元格”，如图 4–25 所示。

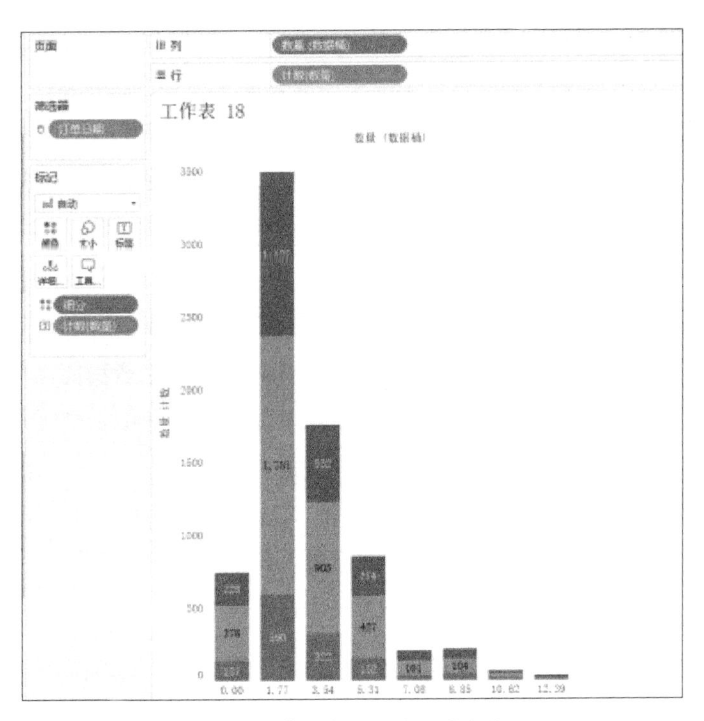

图 4-24　带标签的订单数量直方图

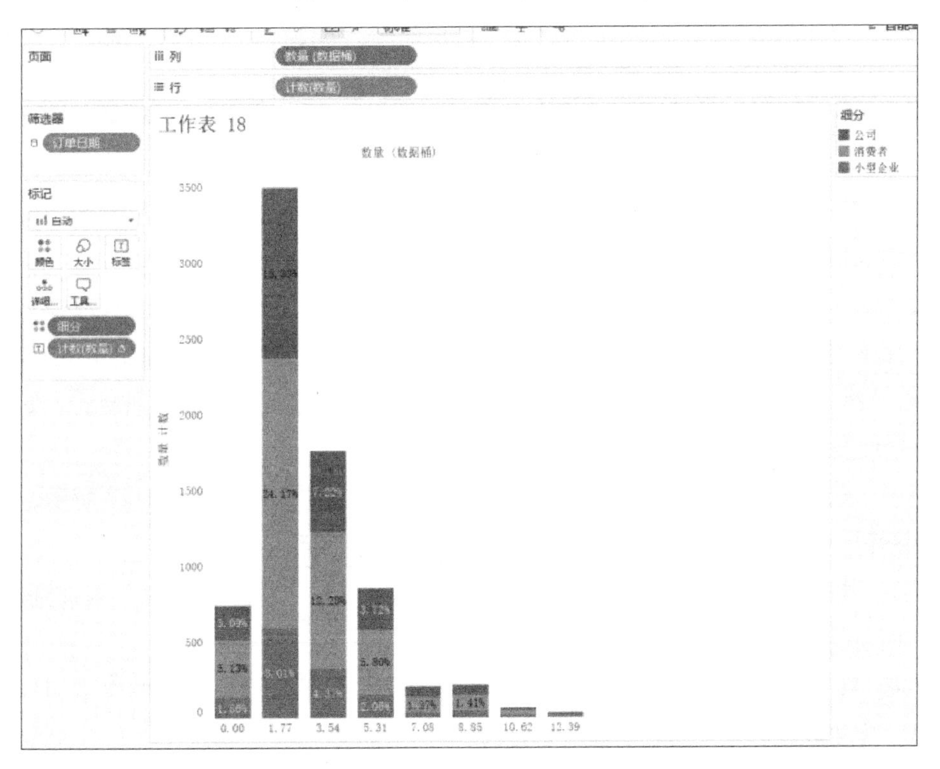

图 4-25　带百分比的订单数据量直方图

根据得到的直方图可以看出，按客户细分市场列出的百分比在订单的项目数增加时不会显示出任何趋势。

4.5 散点图

散点图显示散布在笛卡尔平面中的许多点。它是通过在笛卡尔平面中将数值变量的值绘制为 x 和 y 坐标而创建的。Tableau 在“行”功能区中至少使用一个度量，在“列”功能区中使用一个度量来创建散点图。但是可以向散点图中添加维度字段，这对在散点图中已经存在的点标记不同颜色起到了作用。

使用散点图可以直观显示数字变量之间的关系。在 Tableau 中可以通过在“列”功能区和“行”功能区上分别放置至少一个度量来创建散点图。如果这些功能区同时包含维度和度量，则 Tableau 会将度量设置为最内层字段，这意味着度量始终位于同样放置在这些功能区上的任何维度的右侧。这里所说的“最内层”一词是指表结构。

散点图可以使用多种标记类型。默认情况下，Tableau 使用形状标记类型。根据用户的数据，用户可能希望使用其他标记类型，如圆形或方形。

【例 4-5】 散点图的绘制

本例主要介绍如何加载数据源并对数据源中指定维度进行散点图的可视化分析。可以利用 Tableau 自带的超市数据源创建一个带区域的多标记散点图。

如果想要将销售额与利润进行比较并且使用散点图和趋势线，可以参考下面的步骤。

步骤 1：打开数据源（“示例 - 超市”）。

步骤 2：将“利润”度量拖到“列”功能区。Tableau 把“利润”度量聚合为总和，然后创建水平轴。

步骤 3：将“销售额”度量拖到“行”功能区。Tableau 把“销售额”度量聚合为总和，然后创建垂直轴。

度量包含连续的数值数据。当根据一个数字绘制另一个数字时，会自动比较这两个数字；生成的散点图图表类似于笛卡尔图表，其中包括了 x 和 y 坐标。单标记散点图如图 4-26 所示。

步骤 4：将“类别”维度拖到“标记”中的“颜色”上。数据会分隔成 3 种标记，如图 4-27 所示，每个维度成员会有一个标记，然后使用颜色对其编码。

步骤 5：将“区域”维度拖到“标记”中的“详细信息”上，如图 4-28 所示。可以看到有更多标记，标记数量 = 数据源中不重复的区域数 * 部门数。

步骤 6：如果希望添加趋势线，用户可以从“分析”窗口中将“趋势线”拖放到视图中，并放置到模型类型上，如图 4-29 所示。

趋势线可以提供两个数值之间的关系的统计定义。如果用户要在视图中增加趋势线，两个轴就一定要存在一个可解释为数字的字段。

Tableau 会添加 3 条线性趋势线，用来区分 3 种类别的每种颜色各有一条趋势线。

步骤 7：如果想要查看有关用于创建该线的模型的统计信息，用户可以将光标悬停在趋势线上查看，如图 4-30 所示。

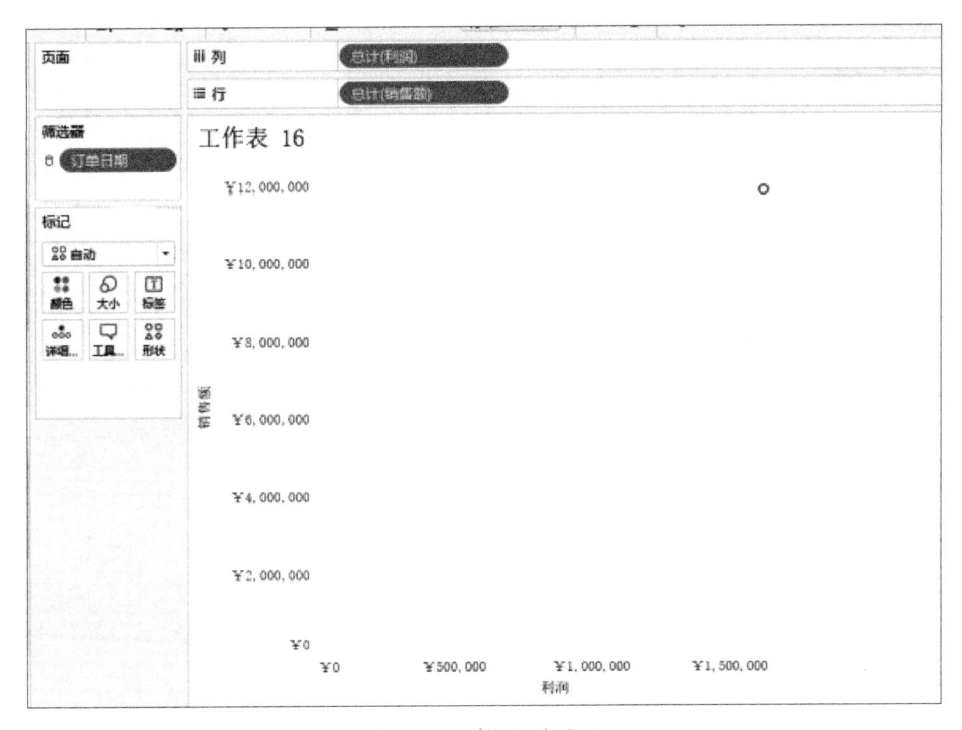

图 4-26　单标记散点图

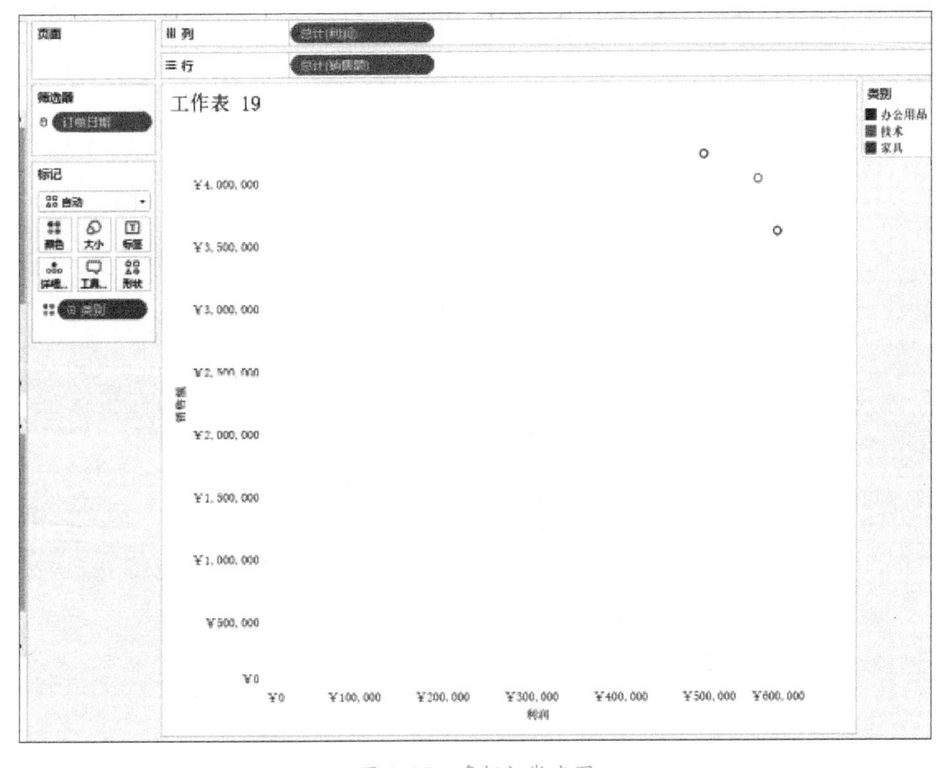

图 4-27　多标记散点图

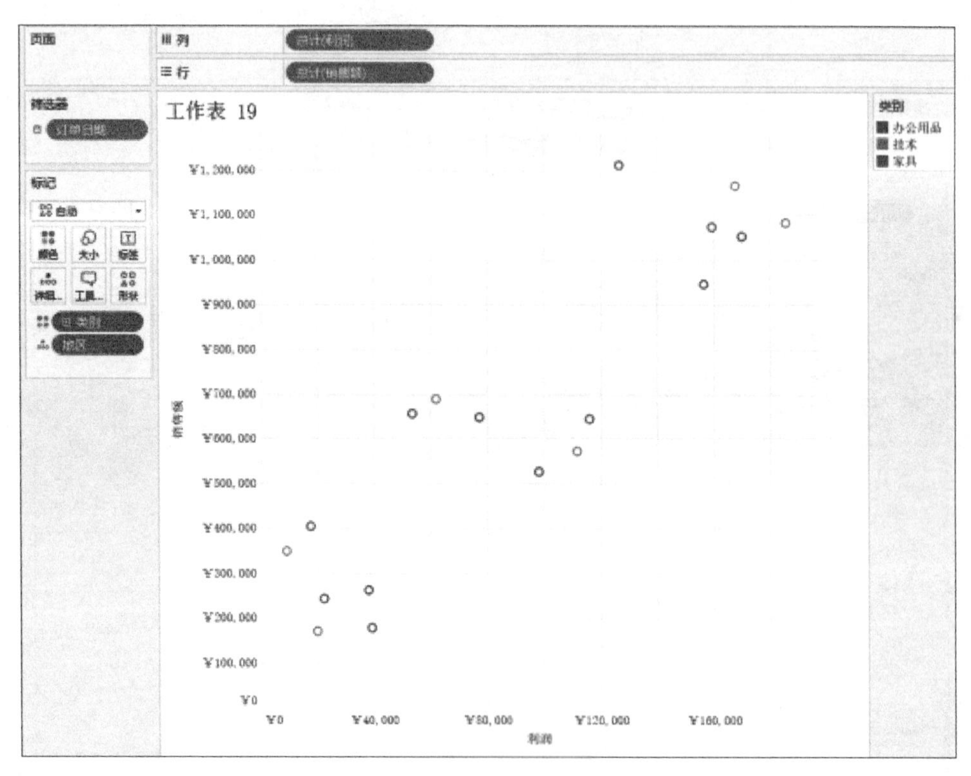

图 4-28　带区域的多标记散点图

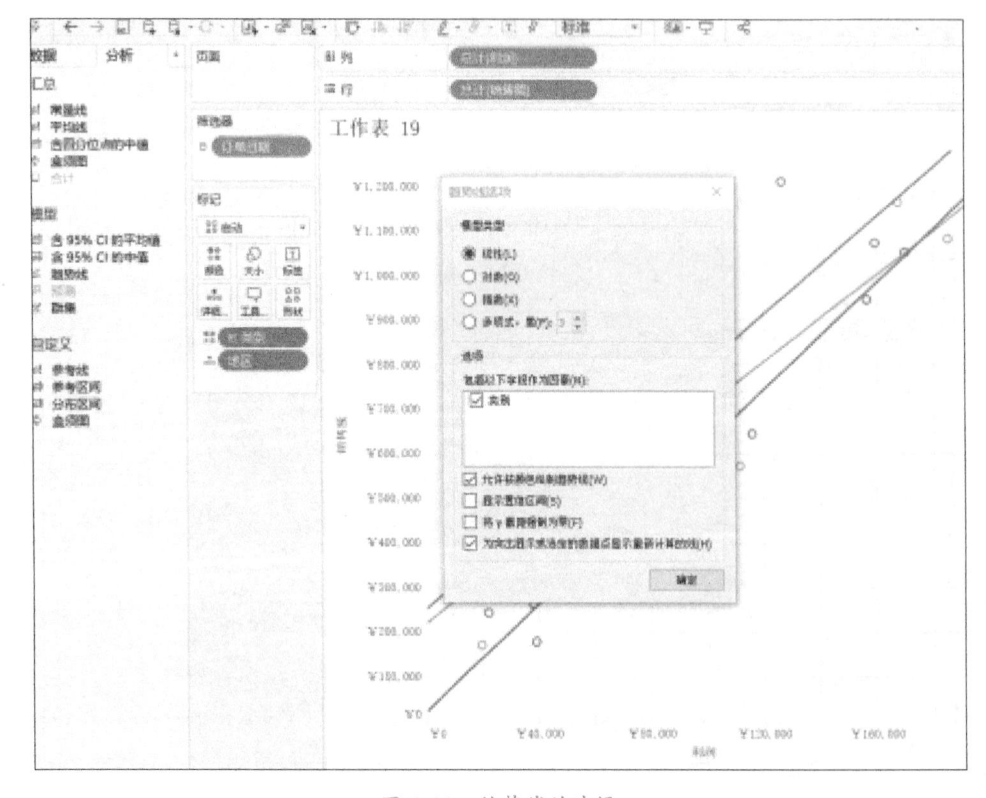

图 4-29　趋势线的选择

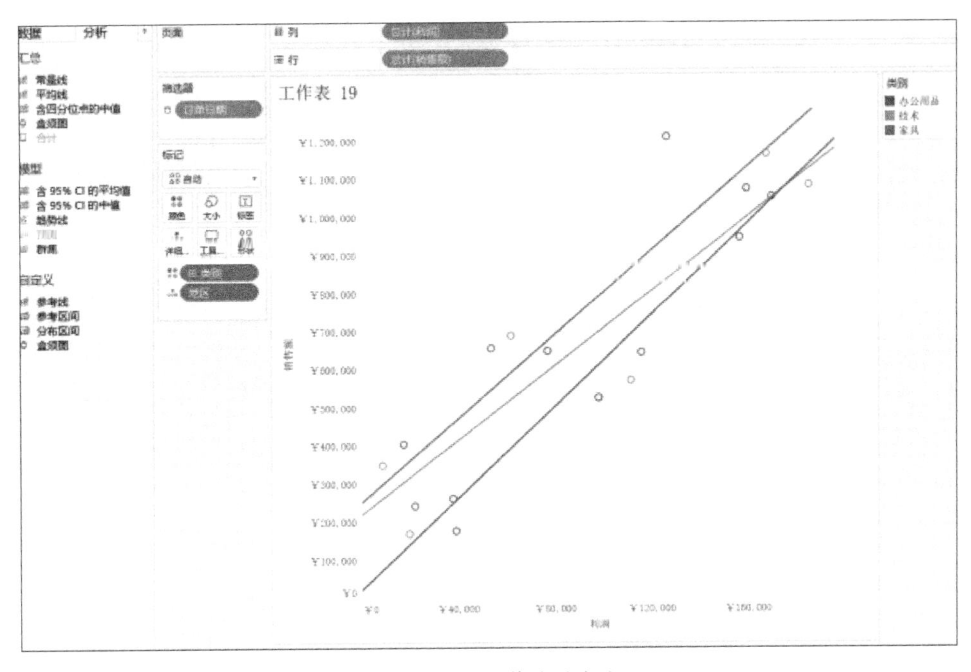

图 4-30 设定趋势线的散点图

4.6 盒形图

使用盒形图（也称为盒须图）来显示值沿轴的分布情况。盒形图中指明了中间 50% 的数据（即数据分布的中间两个四分位点）。用户可以配置线（称为须）以显示四分位距 1.5 倍内的所有点（相邻盒宽度 1.5 倍内的所有点），或显示数据最大范围处的所有点，如图 4-31 所示。

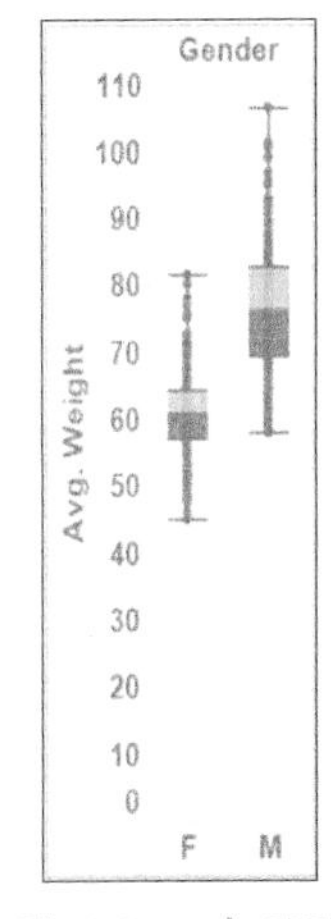

图 4-31 盒形图

【例 4-6】 盒形图的绘制

本例主要介绍如何加载数据源并对数据源中指定维度进行盒形图的可视化分析。可以利用 Tableau 自带的超市数据源创建一个区域嵌入在细分市场内的盒形图。

盒形图的“列”功能区作为“维度”，“行”功能区作为“度量”。按照下面的步骤来创建一个由区域和客户细分市场显示折扣的盒形图。

步骤 1：连接到数据源（“示例 - 超市”）。

步骤 2：将“细分市场”维度拖到“列”功能区。

步骤 3：将“折扣”度量拖到“行”功能区。Tableau 会在纵轴上默认显示一个“列”功能区上有维度、“行”功能区上有度量的条形图。

步骤 4：在“列”功能区，把“区域”维度拖拽放置进去，同时把“细分市场”放在“区域”的右侧。可以发现在视图中出现了一个从左到右、区域（列在底部）嵌入在细分市场（列在顶部）内的两级维度分层结构。

步骤 5：单击工具栏中的“智能显示”命令并选择“盒形图”图表类型，如图 4-32 所示。

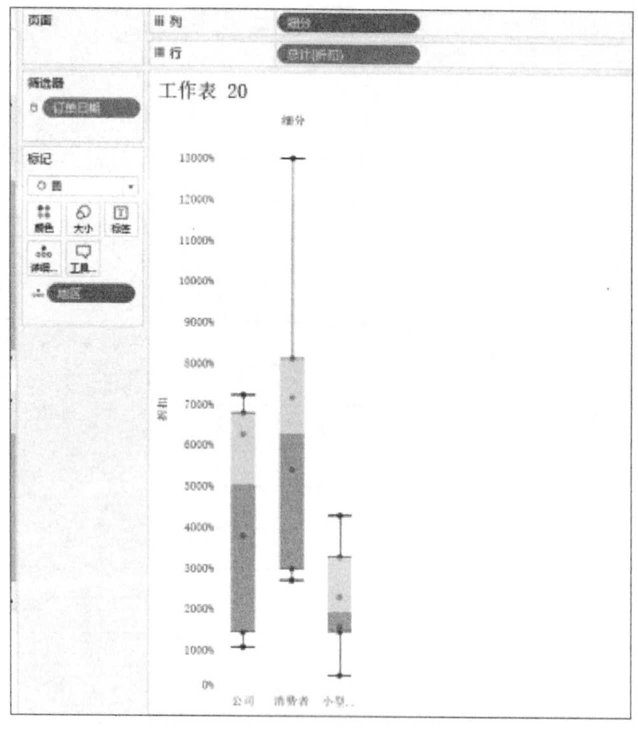

扫码看视频

图 4-32 区域嵌入在细分市场内的盒形图

【注意】：每个盒形图中只有几个标记。“区域”功能也从“列”功能区上重新分配到“标记”中。在将图表类型更改为盒形图后，Tableau 确定了盒形图中的各标记应表示的内容，用户可对其进行修改。

步骤 6：将“区域”从“标记”拖回到“列”，放在“细分市场”的右侧，如图 4-33 所示。

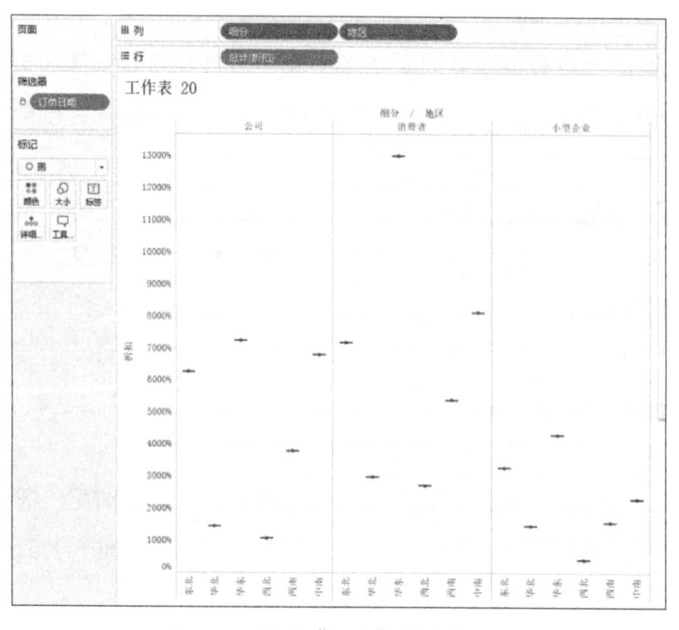

图 4-33 拖动“区域”后的实例图

由上图水平线条可以发现，这些都是扁平化的盒形图，这样的情况往往是由于盒形图是基于单个标记产生的。如果数据是聚合类型，盒形图很难显示数据真实的分布情况。

步骤 7：如果是聚合数据，则需要对数据进行解聚。可选择“分析”→“聚合度量”命令。

在默认情况下数据是聚合状态，所以开始时就要将数据解聚。默认情况下如果在视图中添加度量，会向此度量应用一个聚合。此默认值通过“分析”→“聚合度量”命令来进行控制，如图 4-34 所示。如果决定要以最详细的粒度级别查看视图中的所有标记，则可以对视图进行解聚。在 Tableau 中，为数据源每行中的每个数据值分配单独的标记就是解聚数据。执行以上操作还可以解聚视图中的所有度量。如果想要取消，则再次单击此命令即可。

分析(A) 地图(M) 设置格式(O)
显示标记标签(H)
✓ 聚合度量(A)
堆叠标记(M)
查看数据(V)...
显示隐藏数据(R)
百分比(N)
合计(O)
预测(F)
趋势线(T)
特殊值(S)
表布局(B)
图例(L)
筛选器(I)
荧光笔(H)
参数(P)
创建计算字段(C)...
编辑计算字段(U)
周期字段(E)
交换行和列(W) Ctrl+W

图 4-34 聚合度量所在菜单列表

当“聚合度量”选中的时候，Tableau 会默认对视图中的度量进行聚合。这就代表着 Tableau 把数据源中的每一个行值调整为单一标记，通过对度量的不同聚合来确定单独值的聚集方式：求平均值（AVG）、求值中的最大值（MAX）或最小值（MIN）、对值进行求和（SUM）。

解聚后的盒形图如图 4-35 所示。

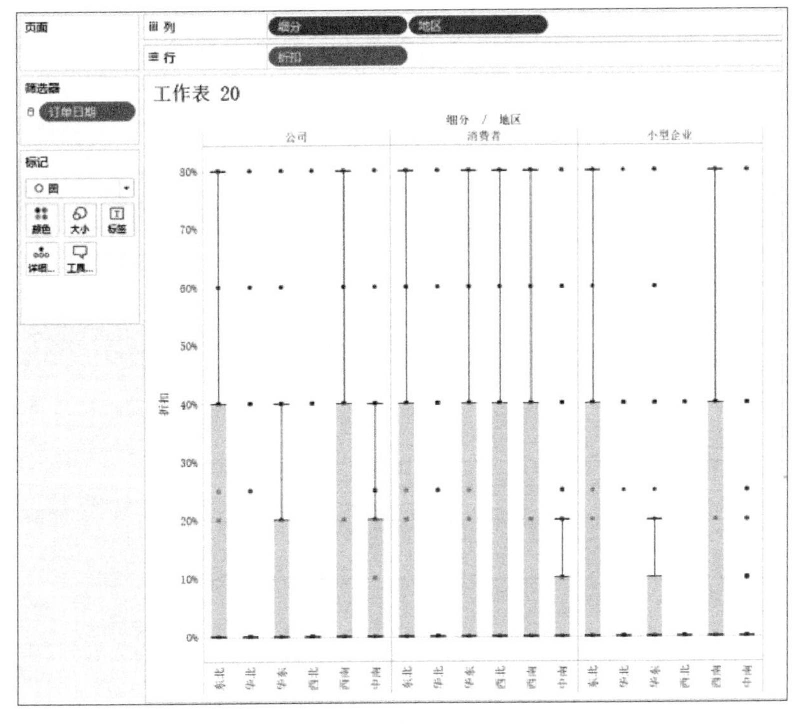

图 4-35 解聚后的盒形图

步骤 8：为了让盒形图可以从左到右进行展示，可以单击“交换”按钮来交换轴，如图 4-36 所示。

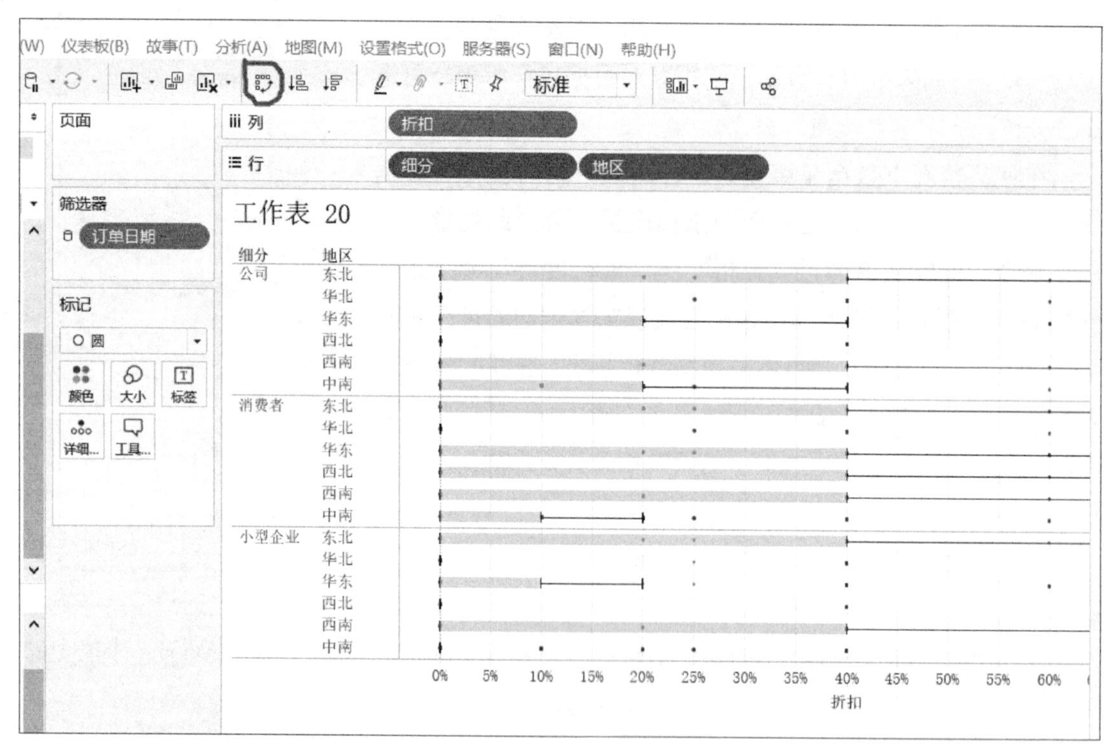

图 4-36　交换轴后的盒形图

步骤 9：由图 4-36 可以发现数据线条不是很明显，颜色也不够突出，用户可以右击底部的轴，然后选择“编辑参考线”命令。

步骤 10：在“编辑参考线、参考区间或框”对话框中的“填充”下拉列表中挑选一种需要的颜色，如图 4-37 所示。调整颜色后的盒形图如图 4-38 所示。

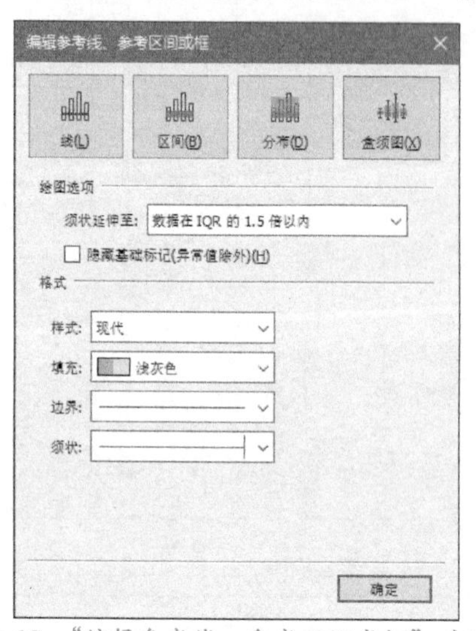

图 4-37　“编辑参考线、参考区间或框”对话框

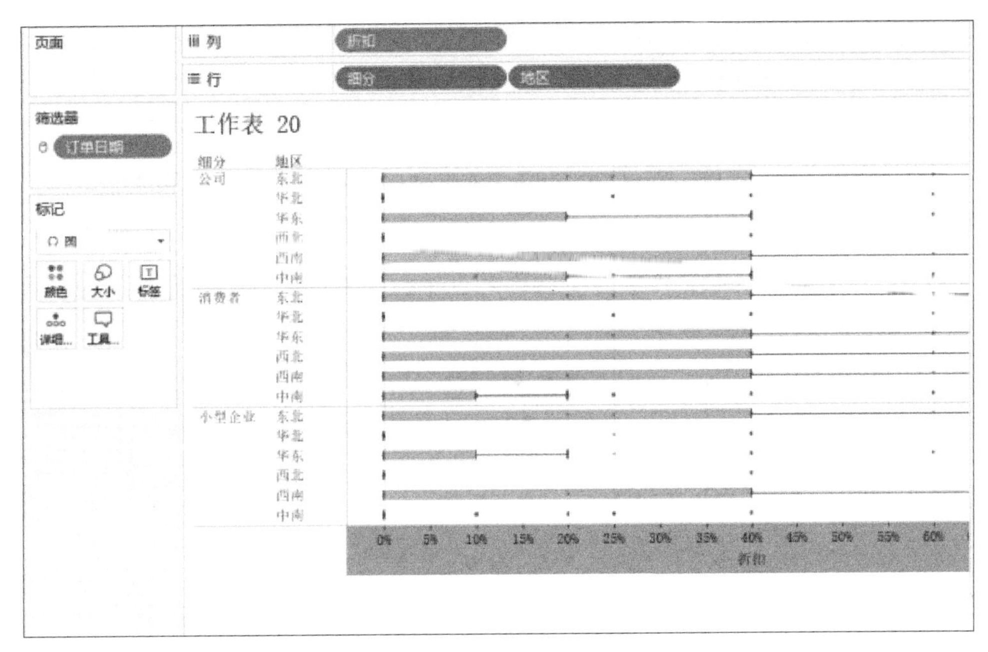

图 4-38 调整颜色后的盒形图

此时可以看到，西部地区所有细分市场的折扣都相同。还可以看到，“地区”“消费者”和“企业”的折扣也是相同的。

4.7 突出显示表

在“列”和“行”功能区上放置一个或多个维度，通过突出显示表用颜色比较来分类数据。标记类型选择“方形”同时在“颜色”功能区上加上相关度量。还可以通过设置表的单元格的大小和形状来增强这种图。

【例 4-7】突出显示表的绘制

本例主要介绍如何加载数据源并对数据源中指定维度进行突出显示表的可视化分析。可以利用 Tableau 自带的超市数据源创建一个调整格式的、完整的突出显示表。

通过以下步骤来创建突出显示表，了解利润随地区、产品子类和客户细分市场变化的情况。

步骤 1：连接到数据源（“示例 - 超市”）。

步骤 2：把“细分市场”维度拖到“列”功能区上。Tableau 会用维度成员名称派生的标签来创建标题。

步骤 3：将“区域”和“子类”维度拖到“行”功能区，同时将“子类”放在“区域”的右侧。现在就创建了子类维度嵌套在区域维度内的具有分类数据的嵌套表。

步骤 4：将“利润”度量拖到“标记”选项卡中的“颜色”上。Tableau 会把这两个度量聚合为总和，颜色图例反映出连续数据范围。

步骤5：优化视图格式：

1）在“标记”选项卡中选择“方形”作为标记类型。

2）为了完全显示段的标题可以按 <Ctrl+ → > 组合键来把列调宽。

3）为了增加标记大小可以按 <Ctrl+Shift+B> 组合键直到方块达到想要的大小。

优化视图格式后的突出显示表如图 4-39 所示。从这幅图中只能看到中部地区的数据，想要查看其他区域的数据只要向下滚动就可以。在中部区域，利润最高的子类是复印机，利润最低的则是装订机和电器。

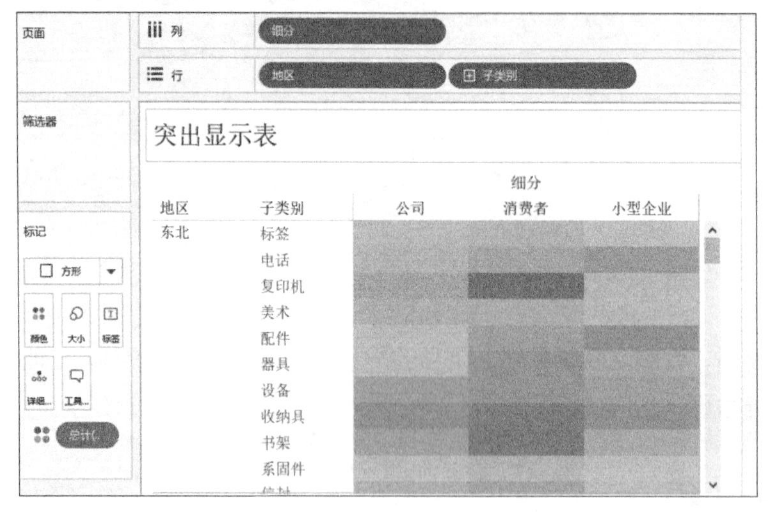

图 4-39　优化视图格式后的突出显示表

步骤6：单击“标记”选项卡中的“颜色”按钮以显示配置选项。在“边框”下拉列表中，可选择中灰色为单元格边框的颜色，如图 4-40 所示。

现在可以更容易得看到视图中的各个单元格。

步骤7：调色板默认是“橙色 - 蓝色发散”，但是利润用“红色 - 绿色发散”调色板表示会更适合。通过以下操作可使调色板颜色更鲜明。

1）把鼠标指针悬停在“利润”颜色图例上，然后单击，在出现的下拉菜单中选择“编辑颜色”命令。

2）在“编辑颜色”对话框中选择“调色板”→“红色 - 绿色发散”命令。在下面的复选框中选择“使用完整颜色范围”，单击“应用”按钮，然后单击“确定”按钮，如图 4-41 所示。

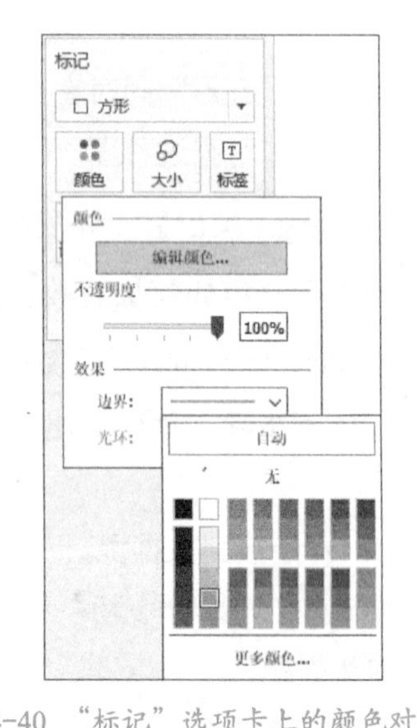

图 4-40　“标记”选项卡上的颜色对话框

这时视图中的起始数字和结束数字都指定为全色浓度。如果范围是 −10 ～ 100，与负数的颜色相比，正数的颜色在深浅上的变化可能会慢一点。

用户如果选择了“使用完整颜色范围”，那么视图上会从 -100 ~ 100 的范围来分配颜色浓度，0 两侧的颜色浓度变化是一样的。这样视图中的颜色对比度比较鲜明，如图 4-42 所示。

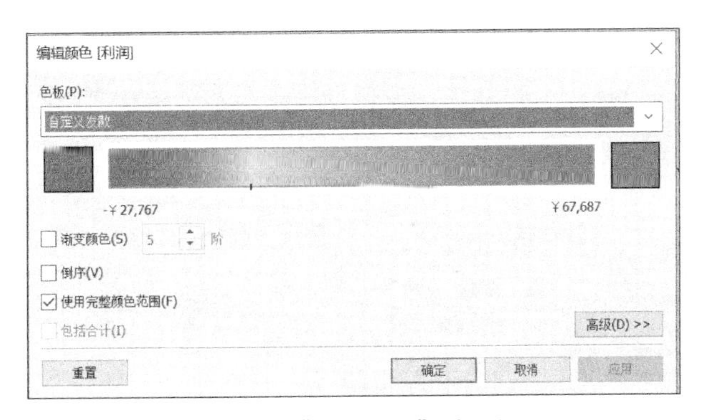

图 4-41 “编辑颜色”对话框

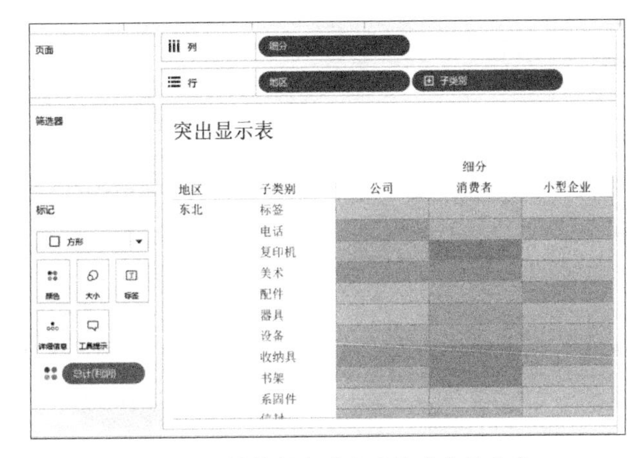

图 4-42 调整颜色对比后的突出显示表

步骤 8：把“销售额”度量拖到“标记”选项卡中的“大小”上，就可以用“销售额”度量来影响控制框的大小。用户可以更加方便地看到销售额和利润，如图 4-43 所示。

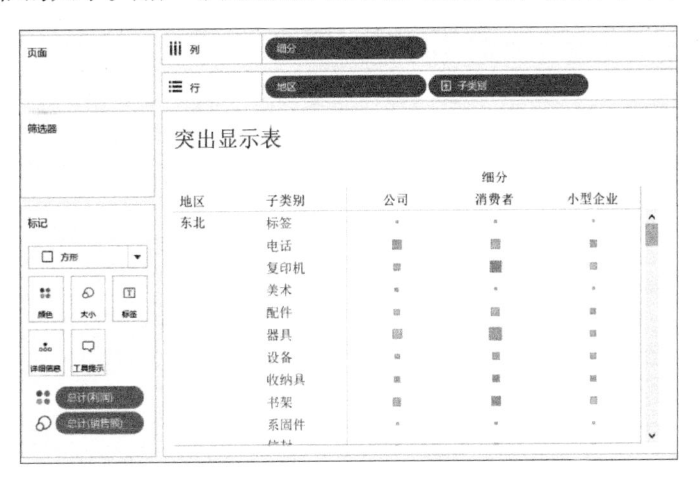

图 4-43 增加销售额后的突出显示表

步骤 9：通过调整“大小”的滑块来放大（缩小）标记，如图 4-44 所示。

步骤 10：把滑块进行向右拖动直到调整好框的大小，如图 4-45 所示。

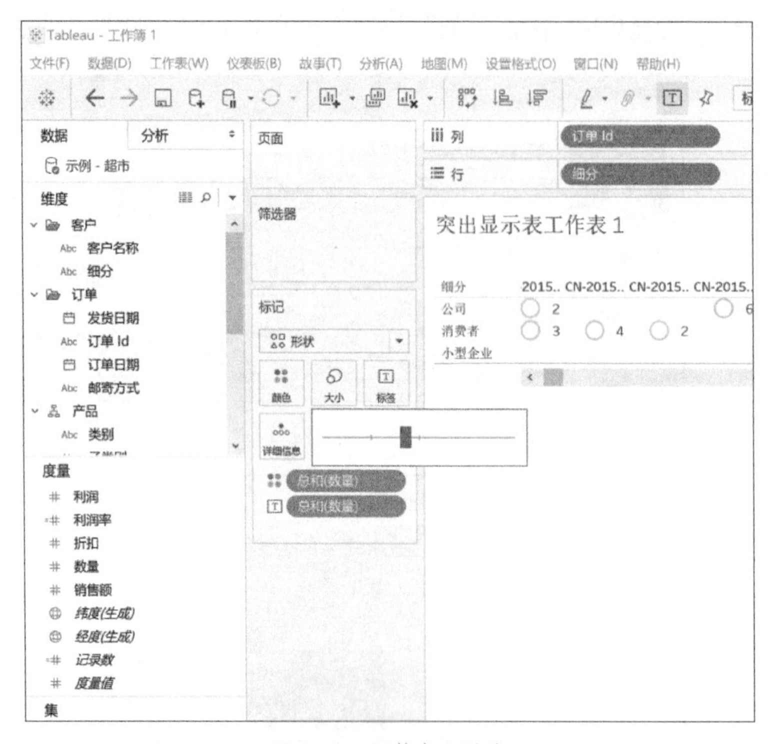

图 4-44　调整大小滑块

图 4-45　格式调整后完整的突出显示表

最后使用视图右侧的垂直滚动条来检查不同地区的数据。

4.8 热图

热图是用颜色来比较分类数据的。如果想要在视图中创建热图，可以在“列”和“行”功能区上分别放置一个或多个维度，然后在标记类型中选择“方形”，同时在“颜色”功能区上放置相关的度量。可通过设置表单元格的大小和形状来增强热图。

【例 4-8】 热图的绘制

本例介绍如何加载数据源并对数据源中指定维度进行热图的可视化分析。可以利用 Tableau 自带的超市数据源创建一个销售情况热图。

若要使用热图查看每个省份 12 个月份的销售情况，可以按照以下步骤操作。

步骤 1：连接到数据源（“示例 - 超市”）。

步骤 2：把维度“订单日期”拖到“列”功能区，“省 / 市 / 自治区”拖到“行”功能区，把度量“销售额”拖到“列”功能区。单击“列”功能区中“订单日期”右边的下三角按钮，更改默认的“年”为“月”，这样得到了订单日期按每个省 / 市 / 自治区 12 个月的分布图，如图 4-46 所示。

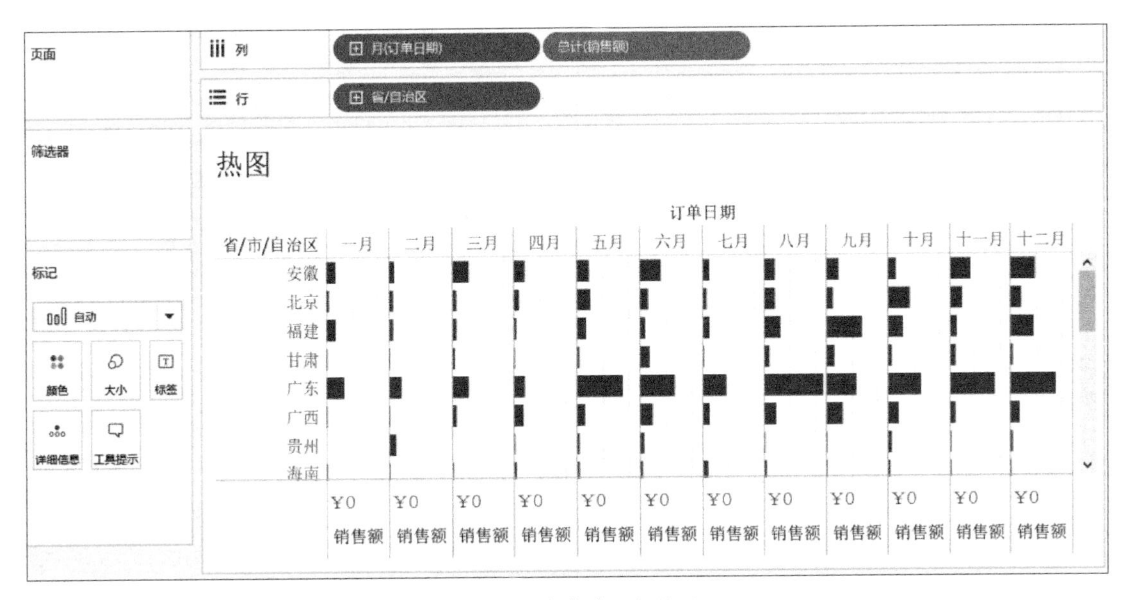

图 4-46 销售情况初始图

步骤 3：单击右上角的“智能显示”按钮，选择“热图”命令，创建的销售情况热图如图 4-47 所示。

步骤 4：将“标记”选项卡中的“总计（销售额）”拖到“颜色”上，添加颜色后的热图如图 4-48 所示。

步骤 5：用户如果想要改变颜色，可以单击“颜色”按钮，然后选择“编辑颜色”命令，在弹出的编辑颜色对话框中把色板改为“橙色 - 蓝色发散”，如图 4-49 所示。

改变颜色后的热图如图 4-50 所示。

步骤 6：将“数据”面板的“度量”中的“销售额”拖到“标记”选项卡中的“大小”中。得到每个省 / 市 / 自治区关于订单日期的热图，如图 4-51 所示。

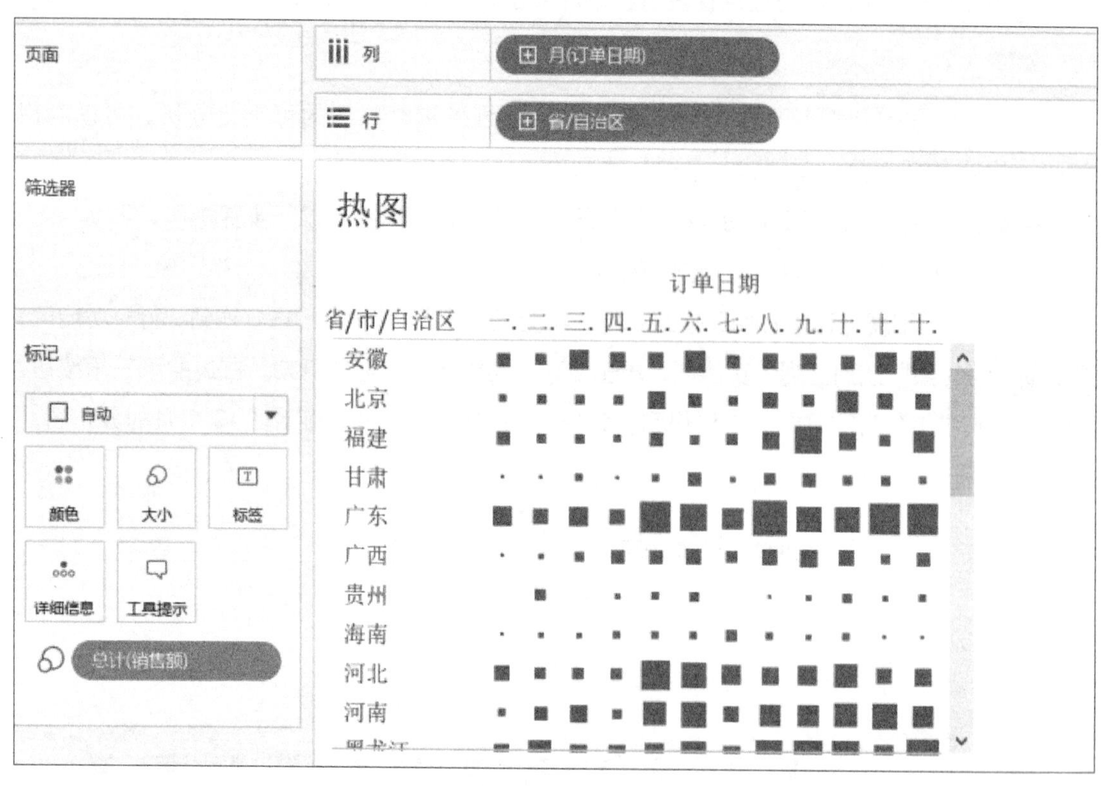

图 4-47　销售情况热图

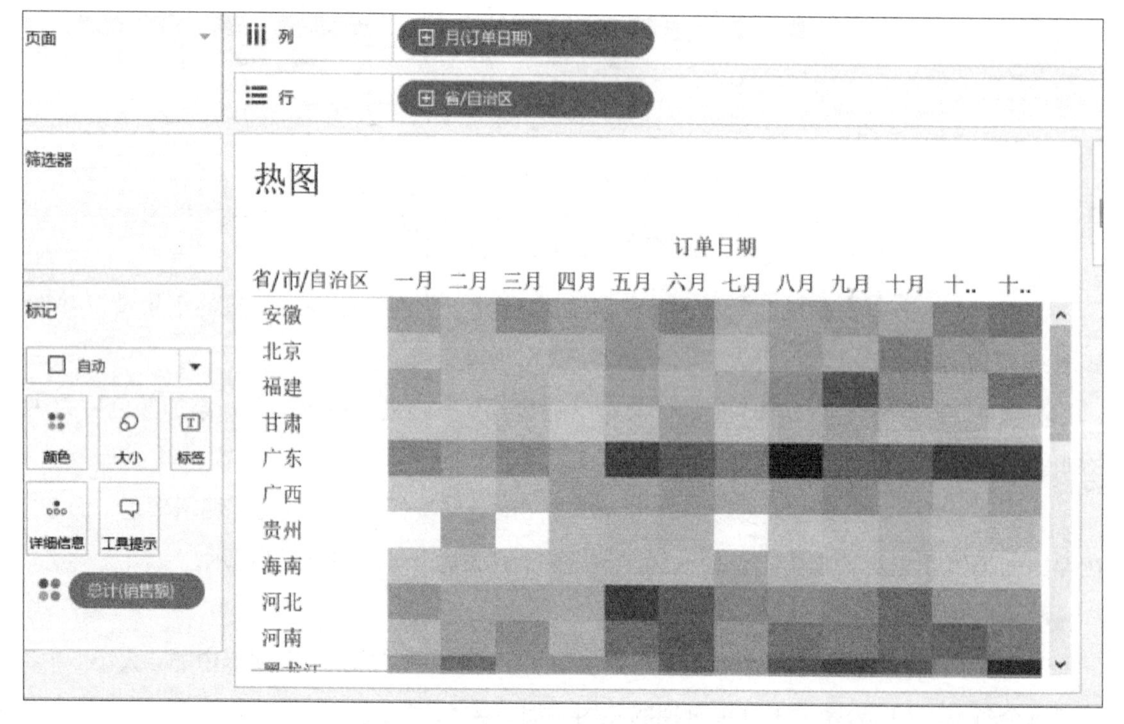

图 4-48　添加颜色后的热图

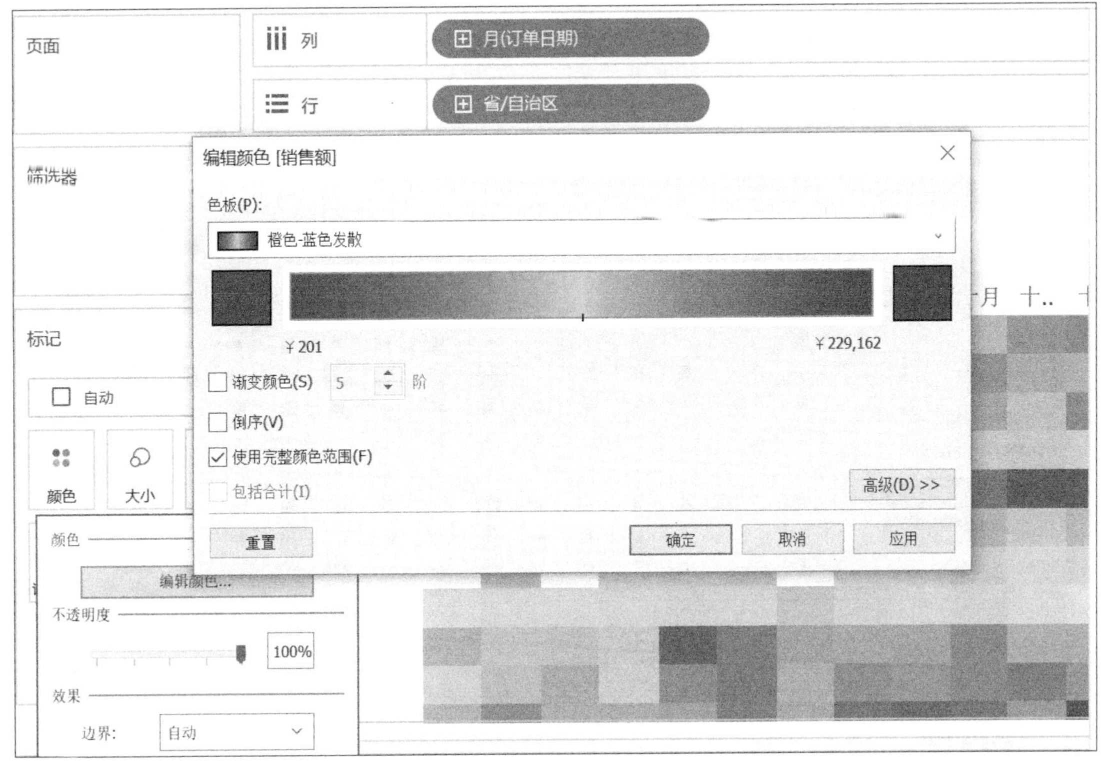

图 4-49 热图中“编辑颜色”对话框

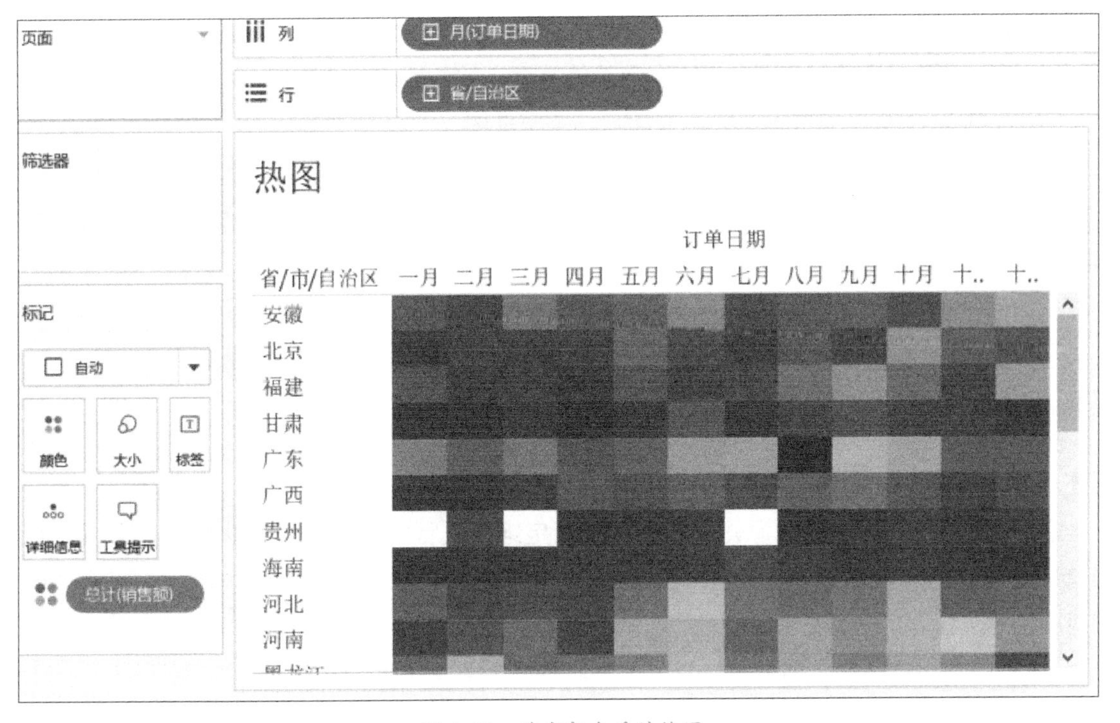

图 4-50 改变颜色后的热图

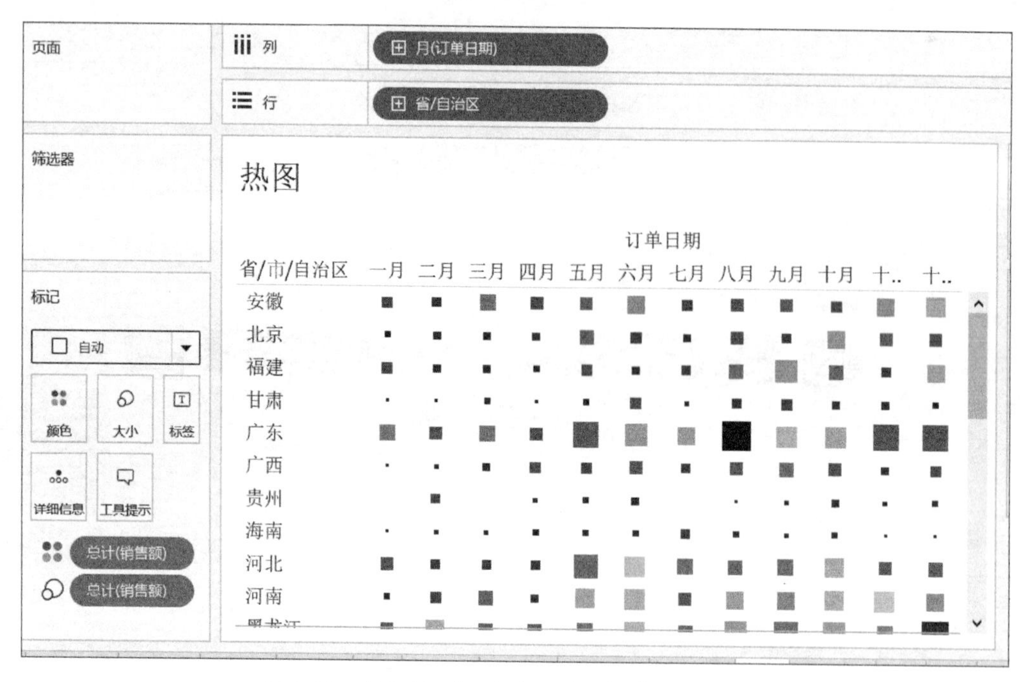

图 4-51　每个省 / 市 / 自治区关于订单日期的热图

4.9 密度图

如果想要展示出包含许多重叠标记的密集数据中的模式或趋势，并按类别轻松地比较集中的数据，可以使用密度图。密度图能将重叠标记分组，然后根据组中的标记数对其进行颜色编码，让用户标识包含更多或更少数量的数据点的位置。

在 Tableau 中可以通过以下方法来创建一个密度图。

在“列”功能区上放置至少一个连续度量，在“行”功能区上（或相反）放置至少一个维度或度量，最后在“标记”选项卡中添加一个字段。密度图一般与包含大量数据点的数据源结合使用时效果比较好。

密度图的行和列最少需要一个连续量和一个度量或者维度。“标记”选项卡最少包含一个连续度量。密度图使用的是“密度”标记类型。下面把一个包含大量标记的散点图重新创建为密度图。

【例 4-9】 密度图的绘制

本例介绍如何加载数据源并对数据源中指定维度进行密度图的可视化分析。可以利用 Tableau 自带的超市数据源创建一个单标记散点图并在此基础上调整相应格式实现密度图分析。

若要使用密度图按日期查看订单，可以按照以下步骤操作。

步骤 1：执行“数据”→“新建数据源”→“已保存的数据源”→“世界发展指标”命令。

步骤 2：从“度量”中的“医疗”文件夹中，将“新婴儿死亡率”拖到“列”功能区。Tableau 将创建水平轴，同时把此度量聚合为总和。

步骤 3：把“女性预期寿命”拖到“行”功能区，出现一个单标记散点图，如图 4-52 所示。

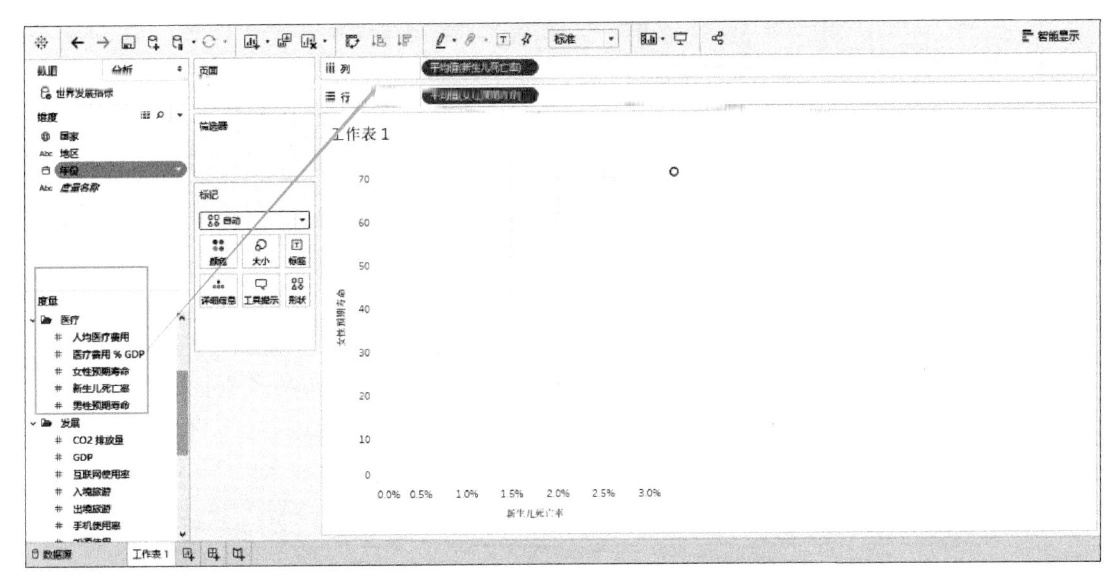

图 4-52　按日期查看订单的单标记散点图

步骤 4：预期寿命还有婴儿死亡率都会用总和（而不是平均值）的形式列出。右击这两个度量，可以把“度量（总计）”改为“平均值”，如图 4-53 所示。

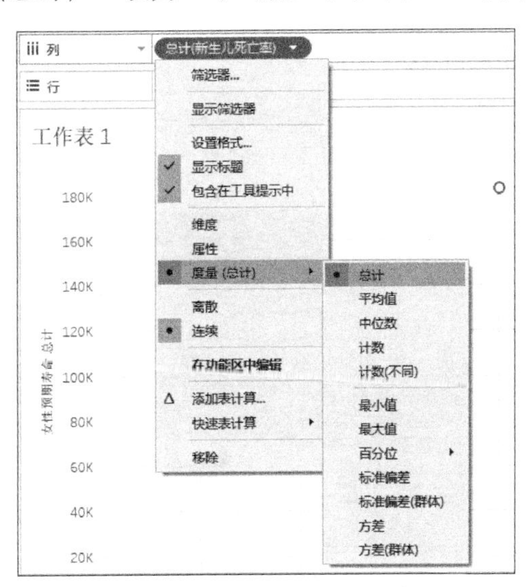

图 4-53　度量更改菜单

扫码看视频

步骤 5：把“国家 / 地区”维度拖到“标记”选项卡上的“详细信息”中，如图 4-54 所示。

现在视图中有更多标记，标记数与此数据集中的不同国家 / 地区数相等。如果想要看女性预期寿命、国家/地区名称以及婴儿死亡率，可以把鼠标指针悬停在标记上，如图 4-55 所示。

这样就创建了一个基本散点图，可以发现存在大量的重叠标记，不方便观察。

步骤 6：把此散点图更改为密度图，在“标记”选项卡中选择“密度”命令，如图 4-56 所示。

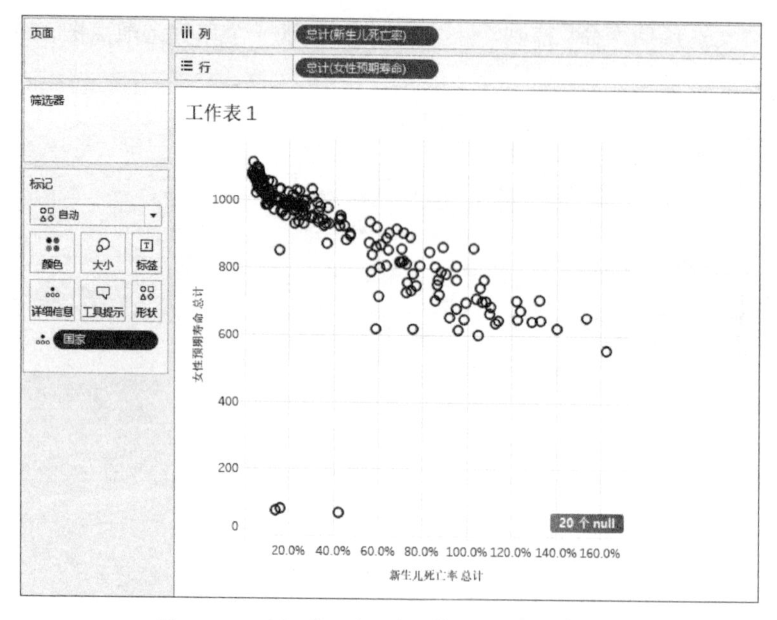

图 4-54 增加“国家 / 地区”维度后的散点图

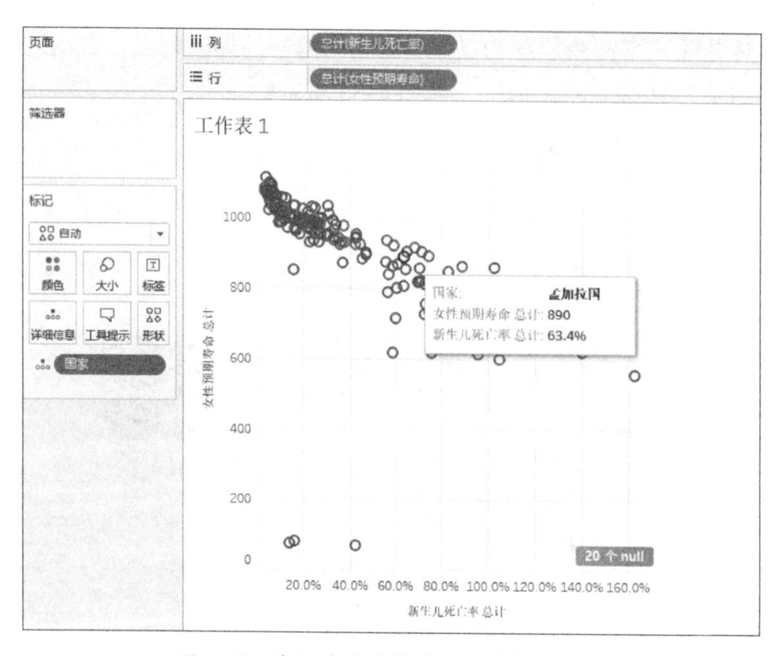

图 4-55 鼠标悬停后得到的标记实例图

图 4-56 密度图类型更改

密度图会把核心的标记重叠，然后对这些核心重叠的位置进行颜色编码，如图 4-57 所示。可以观察到颜色的浓度与重叠数据点的多少成正比。

一般情况下，Tableau 会选择蓝色调色板，用户也可以自行设置。可以选择“颜色”→“密度多色 - 浅色”命令，如图 4-58 所示。

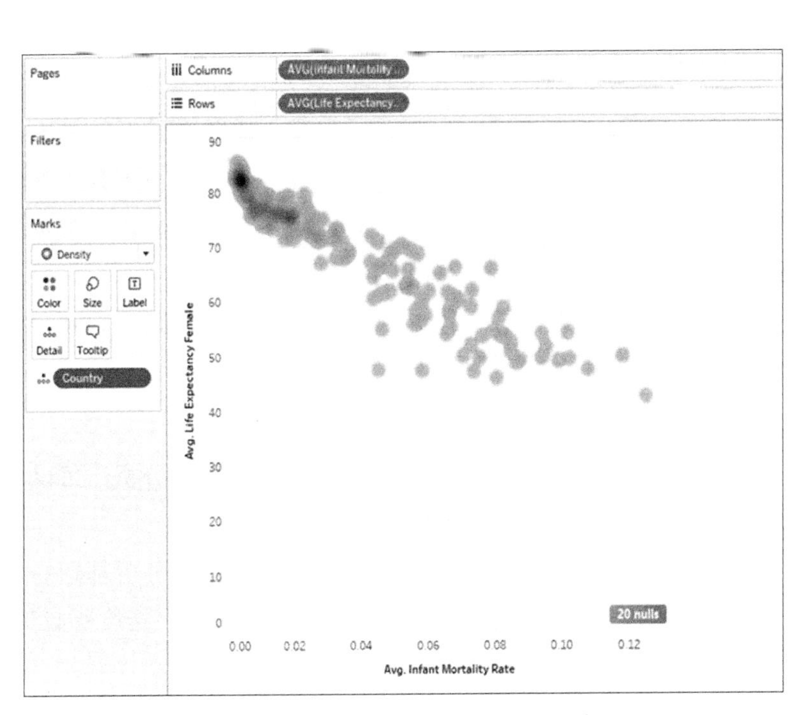

图 4-57 修改视图颜色编码后的密度图

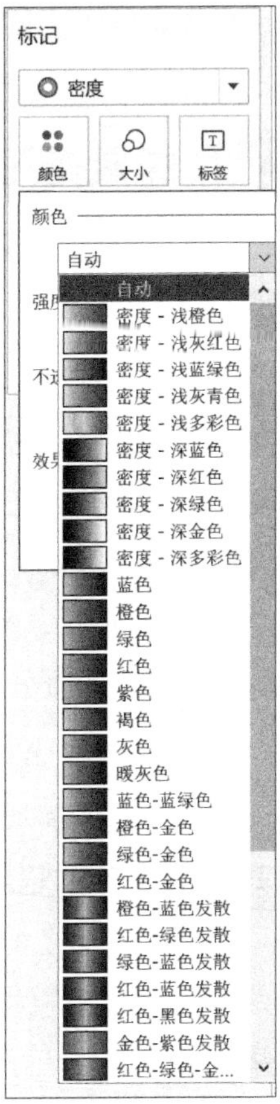

标记
密度
颜色
大小
标签
颜色
自动
自动
密度 - 浅橙色
密度 - 浅灰红色
密度 - 浅蓝绿色
密度 - 浅灰青色
密度 - 浅多彩色
密度 - 深蓝色
密度 - 深红色
密度 - 深绿色
密度 - 深金色
密度 - 深多彩色
蓝色
橙色
绿色
红色
紫色
褐色
灰色
暖灰色
蓝色-蓝绿色
橙色-金色
绿色-金色
红色-金色
橙色-蓝色发散
红色-绿色发散
绿色-蓝色发散
红色-蓝色发散
红色-黑色发散
金色-紫色发散
红色-绿色-金...

图 4-58 密度图调色板

调色板的名称指明它们是在深色还是浅色背景的图表上使用的。例子中图表的背景是浅色，所以选择“浅色”调色板。更为集中的区域将显示为红色，而没有重叠标记的区域将显示为绿色。

在“颜色”菜单中，可以通过“浓度”滑块来改变密度标记的鲜艳度，如图 4-59 所示。例如，增加浓度（或鲜艳度）会减少数据中的“最大热度”点，以便显示更多内容。

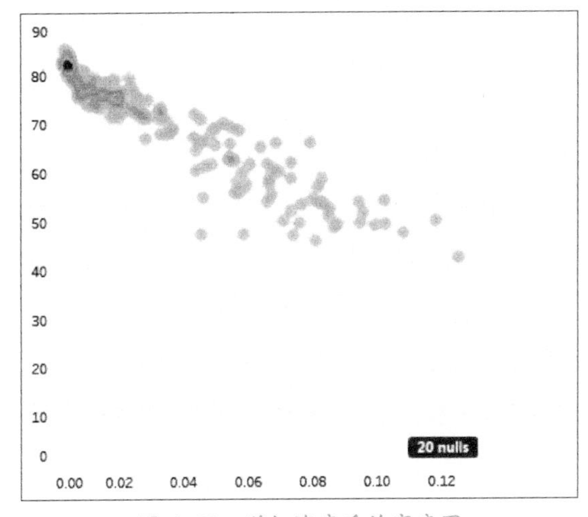

图 4-59 增加浓度后的密度图

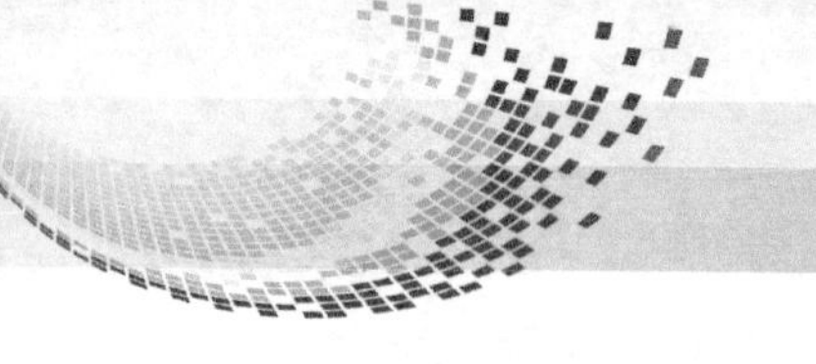

想要调整密度核心的大小，可以执行“标记”选项卡中的“大小”命令。

4.10 帕累托图

帕累托图是一种同时含有条形图和折线图的图表，其中降序的值用条形来表示，升序的由线条来表示。它的名字主要是为了纪念帕累托（Vilfredo Pareto，意大利政治学家、社会学家、经济学家、工程师和哲学家）而命名的。帕累托制定了帕累托原理。他观测到 80% 的土地通常由 20% 的人口所拥有，又观察到花园中 20% 的豆荚含有 80% 的豌豆，从而扩展了这一原理。最终，其他人进一步推断了该原理，提出在许多事件中，大约 80% 的结果由 20% 的原因所造成。例如，在商业中 80% 的利润常来自 20% 的可用产品。

在 Tableau 中，用户可以通过创建一个图表来对销售数据进行计算从而显示来自顶层产品的总销售额的百分比，确定对业务成功起到最重要作用的客户群。

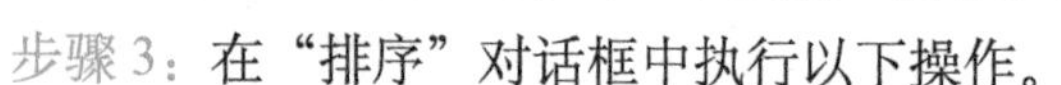

【例 4-10】 帕累托图的绘制

本例介绍如何加载数据源并对数据源中指定维度进行帕累托图的可视化分析。可以利用 Tableau 自带的超市数据源创建一个按类别区分销售额的帕累托图分析。

在开始分析之前，先要确定用户想要回答的问题，通过问题来决定作为分析基础的类别（维度）和数字（度量）。在下面的示例中，想要得到哪些产品（由“子类别”维度所捕获）占总销售额最大，可以执行以下操作。

步骤 1：连接到数据源（“示例 - 超市”）。

步骤 2：创建一个条形图，按照“子类别”降序显示“销售额”。

1）连接到数据源（“示例 - 超市”）。

2）从“数据”窗口的“维度”区域中，将“子类别”拖到“列”功能区。

3）从“数据”窗口的“度量”区域中，将“销售额”拖到“行”功能区。

4）单击“列”功能区中的“子类别”按钮，然后选择“排序”命令。

扫码看视频

步骤 3：在“排序”对话框中执行以下操作。

1）在“排序顺序”下，选择“降序”命令。

2）在“排序依据”下，选择“字段”命令。

3）其他值保持不变，“销售额”作为选定字段，“总计”作为选定聚合。

4）单击“确定”按钮退出“排序”对话框。

产品从最高到最低销售额进行排序，如图 4-60 所示。

步骤 4：添加一个折线图，也按照“子类别”显示“销售额”。

1）在“数据”窗口的“度量”区域，把“销售额”拖到视图的最右侧，一直到出现虚线为止，如图 4-61 所示。

2）放置“销售额”以创建双轴视图。此时有两个“销售额”条形实例，但是从图中很难分辨这两个条形图。

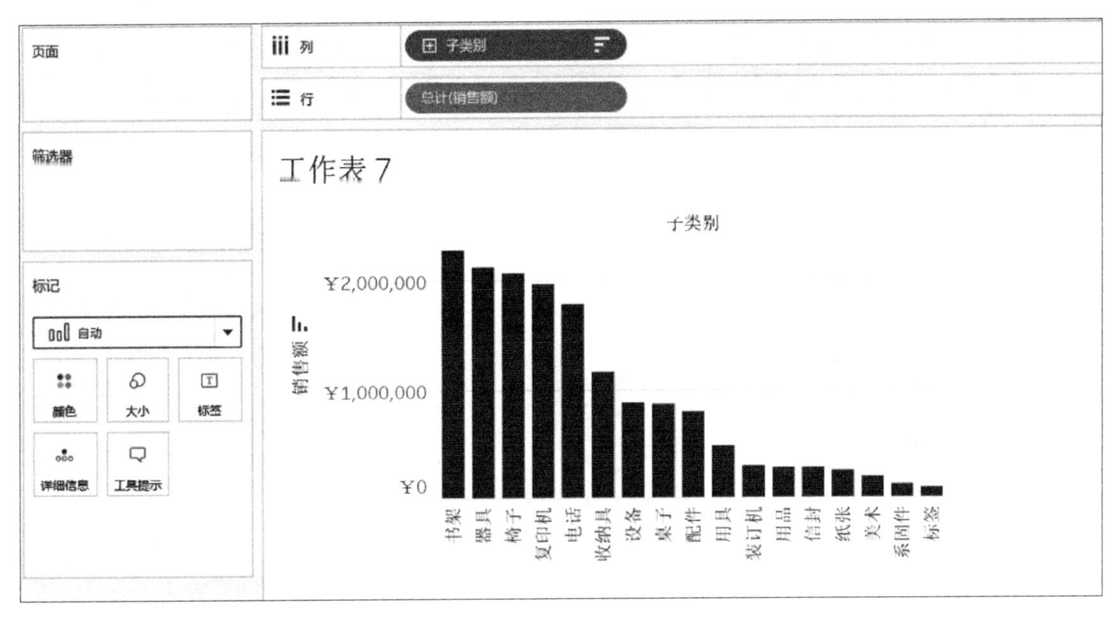

图 4-60　按照“子类别”降序排序的条形图

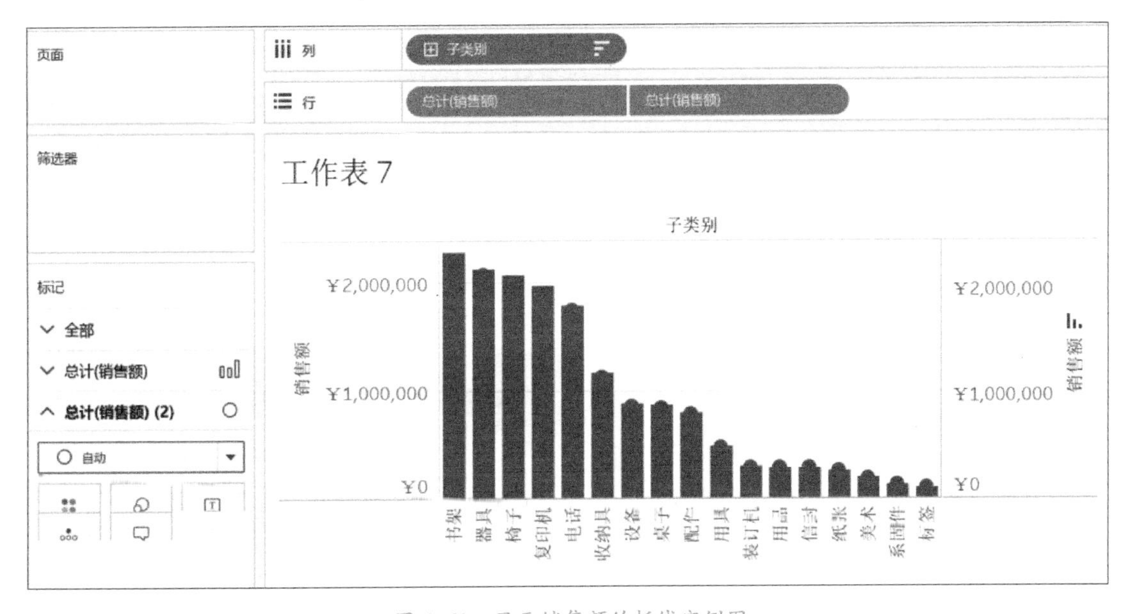

图 4-61　显示销售额的折线实例图

3) 选择“标记”选项卡中的“销售额”命令来把标记类型更改为“折线”，如图 4-62 所示。

步骤 5：到折线图中添加表计算，按照“子类别”将销售额显示为“汇总”，并且显示为“总额百分比”。

1）单击“行”功能区中销售额的第二个副本，然后选择“添加表计算”命令。

2) 将销售额显示为汇总。添加主要表计算到销售额中，选择“汇总”作为“计算类型”，不要关闭“表计算”对话框。

3）添加辅助表计算以将数据显示为总额百分比。单击“添加辅助计算”命令并选择“总额百分比”作为“辅助计算类型”。

“表计算”对话框如图 4-63 所示。

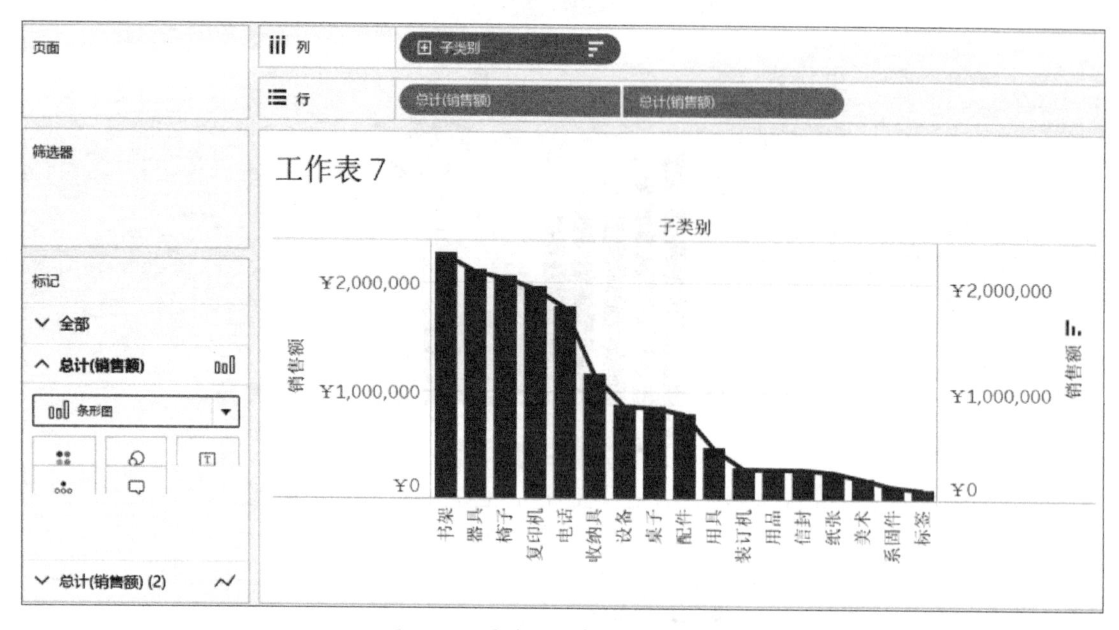

图 4-62　更改标记类型后的实例图

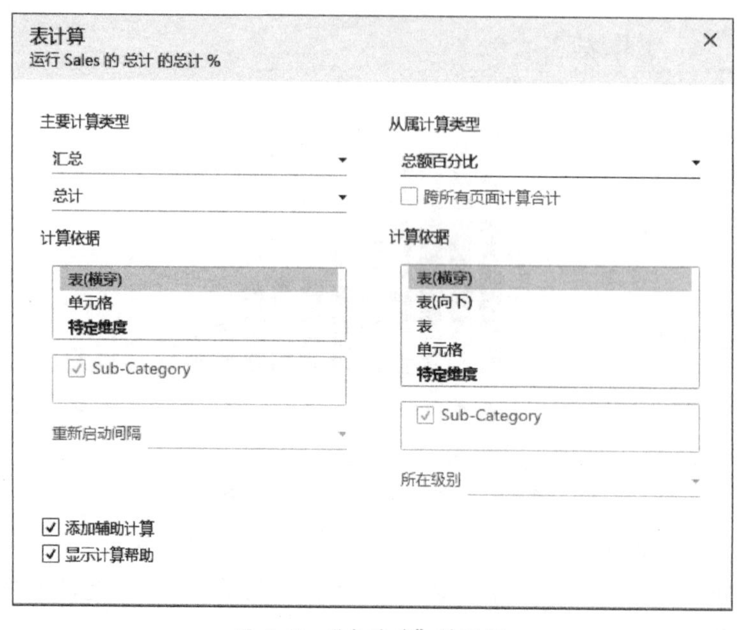

图 4-63　“表计算”对话框

4）单击“表计算”对话框右上角的 × 以关闭此对话框。

5）在“标记”选项卡中单击“颜色”按钮来更改折线的颜色。

得到的帕累托图如图 4-64 所示。

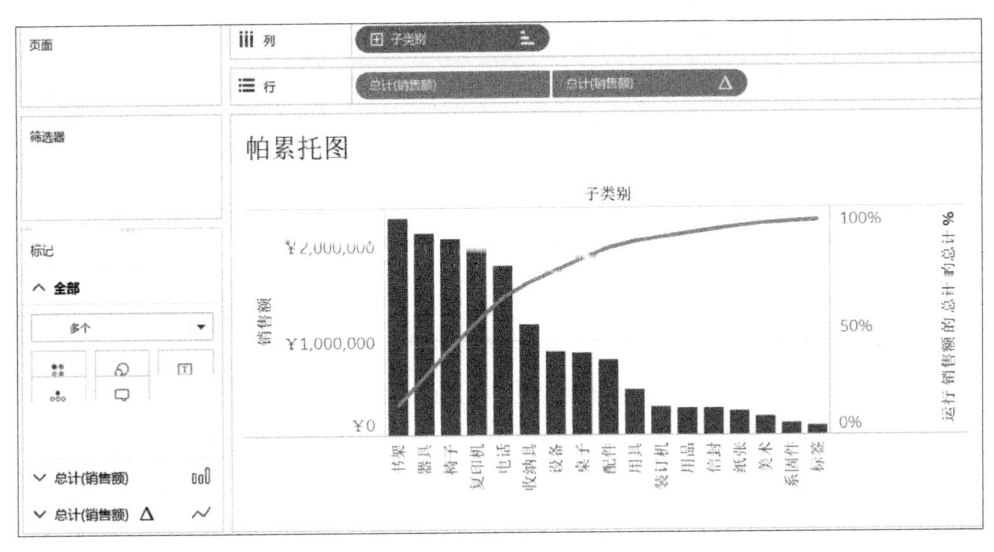

图 4-64　帕累托图

4.11 甘特图

通常在显示事件或活动的持续时间时可以使用甘特图。在甘特图中，每一个单独的标记（通常是一个条形）都会显示一段持续时间。比如，在显示一系列产品的平均交货时间时可以使用甘特图。

【例 4-11】 甘特图的绘制

本例主要介绍如何加载数据源并对数据源中指定维度进行甘特图的可视化分析。可以利用 Tableau 自带的超市数据源创建一个下单时间与发货时间之间的甘特图。

甘特图的“列”功能区通常是“日期”或“时间”字段的连续度量，“行”功能区则是维度。按以下步骤进行操作，可以创建甘特图用于显示下单日期和发货日期之间要经过多少天。

步骤 1：连接到“示例超市”数据源。

步骤 2：将“订单日期”维度拖到“列”功能区。将按年份聚合日期，并创建列标题，标签为年份。

步骤 3：单击位于“列”功能区上的“年份（订单日期）”的倒三角按钮，选择“周数”命令。列标题将更改。因为 4 年间有 208 周，数量太多而无法在视图中显示为标签，所以各周改由刻度线指示。

步骤 4：将“子类”和“装运模式”维度拖到“行”功能区，将“装运模式”放到“子类”的右边。将沿左侧轴构建一个两级嵌套维度的分层结构。

完成上述步骤之后，需要确定标记的大小，可以根据订单日期和发货日期之间的间隔长度来衡量。因此还需要创建一个计算字段来捕获该间隔。

步骤 5：在工具栏菜单中，执行“分析”→“创建计算字段”命令。也可以右击“数据”

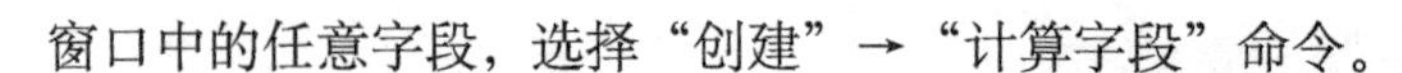

窗口中的任意字段，选择“创建”→“计算字段”命令。

步骤 6：当弹出计算对话框时，命名计算字段为 OrderUntilShip。

步骤 7：清除默认情况下位于“公式”文本框中的任何内容。

步骤 8：输入下列公式到“公式”文本框中，输入完毕后按“确定”按钮。

DATEDIFF（‘day’，[订单日期]，[发货日期]）

输入此公式后将创建一个自定义度量（以天为单位），该度量单位可捕获“订单日期”与“发货日期”值之间的差异。

步骤 9：将“OrderUntilShip”度量拖到“标记”选项卡的“大小”上。这种情况下使用聚合值更合理，OrderUntilShip 的默认聚合是 SUM（求和）。

步骤 10：右击“OrderUntilShip”字段，此字段在“标记”选项卡上，然后选择“度量求和”→“平均值”命令，如图 4-65 所示。

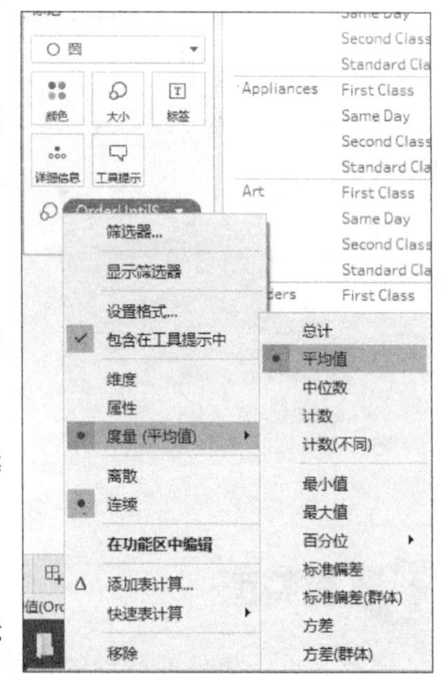

图 4-65　度量更改示意图

页面弹出该视图。但是太多标记挤进了视图中。为了使数据更易于阅读，可以通过一些操作来筛选出一个更小的时间窗口。

步骤 11：长按 <Ctrl> 键（Mac 操作系统中为 <Option> 键）将“周（订单日期）”字段从“列”功能区拖到“筛选器”功能区。

这一操作是将所选字段以及需要添加的任何自定义项复制到新位置，而无需将其从旧位置移除。

步骤 12：在“筛选器字段”对话框中，选择“日期范围”，然后单击“下一步”按钮。

步骤 13：将范围设置为 3 个月的时间间隔，然后单击“确定”按钮。

在选择日期时，可以直接在日期框中输入所需的数字或使用日历来选择日期，因为使用滑块会很难获得精确日期，而其余两个操作会更简单有效。

步骤 14：将“装运模式”维度拖到“标记”选项卡的“颜色”上。有关下单时间与发货时间之间的滞后时间的各种信息将会在视图中显示。整体图如图 4-66 所示，下单时间与发货时间之间的甘特图如图 4-67 所示。

通过执行该操作，哪些装运模式更易于有较长的滞后时间、滞后时间是否因类别而异，以及滞后时间在一段时间内是否一致都可以很直观地被观测到。

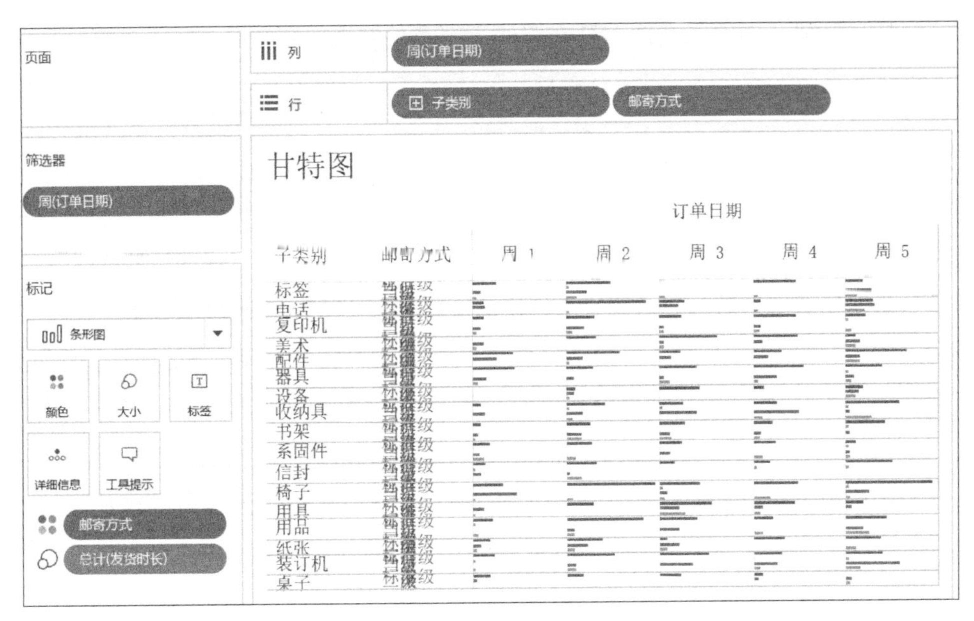

图 4-66　整体图

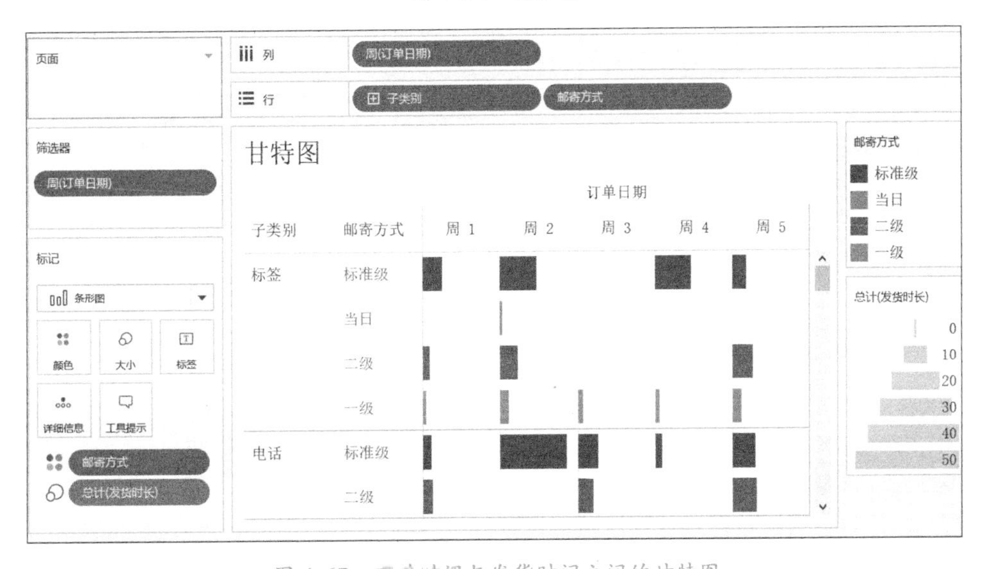

图 4-67　下单时间与发货时间之间的甘特图

4.12 地图

地图的重要性无需赘言，从地图上可以查看到许多数据，如邮政编码、省市简称、国家名称、自定义地理编码等。

通常在需要显示地理编码数据时会使用地图，如按省份划分的保险索赔、按国家划分的出口目的地、按邮政编码划分的车祸、自定义销售区域等。

在 Tableau 中创作地图就像将字段拖放到视图上一样简单。本章将介绍如何在一些常见任务中创建地图，包括如何连接到地理数据、在 Tableau 中设置该数据的格式、创建位置分层结构、构建和呈现基本地图视图以及在路线上应用关键地图特征等。

【例 4-12】 地图的绘制

步骤 1：连接到地理数据。

地理数据有许多形状和格式。当打开 Tableau 时，在左侧“连接”窗口中的开始页面将显示可用的连接器，可以通过这些连接器来连接到数据。

如果需要处理地理数据，可连接到空间文件，或者连接到存储在电子表格、文本文件中或服务器上的位置数据。实际几何图形（点、线或多边形）包含于空间文件（如 Shapefile 或 geoJSON 文件），而经纬度坐标格式的点位置包含于文本文件或电子表格中，或者包含在引入 Tableau 时将连接到的地理编码（数据引用的存储几何图形）的指定位置。

下面将连接到一个 Excel 文件，该文件为 Tableau 自带的且包含了可进行地理编码的位置名称。当用户构建地图视图时，位置名称将引用存储在 Tableau 地图服务中的几何图形，为字段分配地理角色。

1）打开 Tableau。

2）在“连接”窗口中单击“Excel”命令。

3）执行“文件”→“连接示例超市数据源”命令，打开“示例超市 .xls”文件。

连接地理数据后的视图如图 4-68 所示。

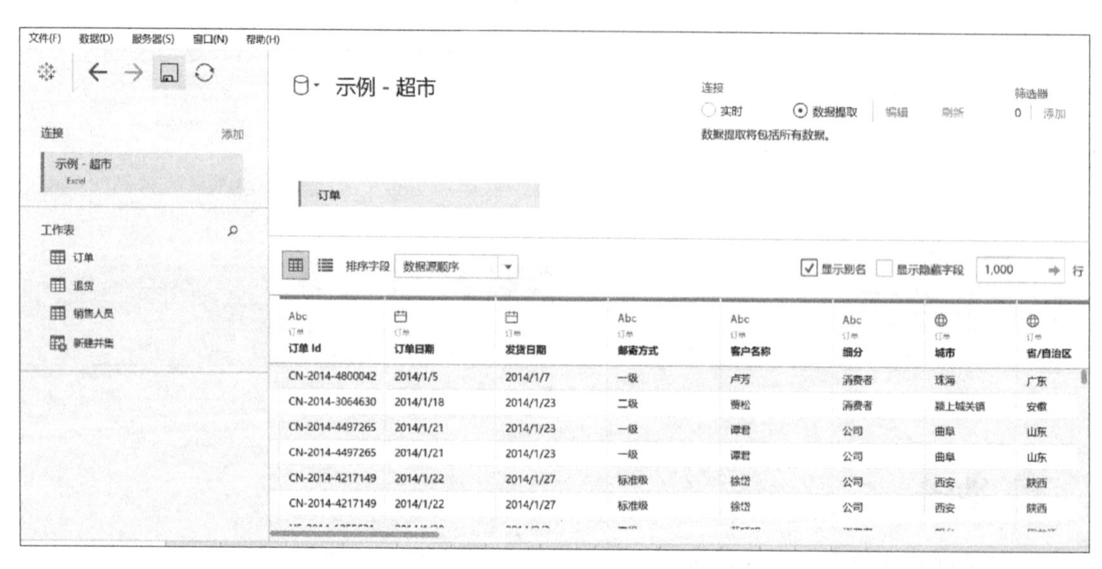

图 4-68 连接地理数据后的视图

该页面为“数据源”页面，在 Tableau 中使用的位置数据可在其中准备。

必须在“数据源”页面中执行以下操作才能创建地图视图。

1）添加其他连接和联接数据。

2）向数据源中添加多个工作表。

3）为字段分配或更改地理角色。

4）更改列的数据类型（例如，从数字更改为字符串）。

5）重命名列。

6）将列拆分，例如，将完整的地址拆分为表示街道、城市、省 / 市 / 自治区和邮政编码的多个列。

步骤 2：联接数据。

在多个数据源或工作表中通常包含数据。可以在 Tableau 中联接有共有列的数据源或工作表。在这些公共字段上合并相关数据的方法称为联接。一个通过添加数据列横向扩展的表会在使用联接合并数据后产生。

通常必须联接地理数据（特别是空间数据）。例如，可以将一个 Excel 电子表格与包含省市各个学区自定义地理位置的 KML 文件联接，该电子表格包含有关这些学区的人口信息。在本例中把“示例 - 超市”数据源中的两个工作表进行联接。

1）在“数据源”页面左侧的“工作表”中双击“订单”。

2）在“工作表”中双击“销售人员”。

联接字段应选择两个电子表格中都有的“区域”列，然后创建内联接，如图 4-69 所示。

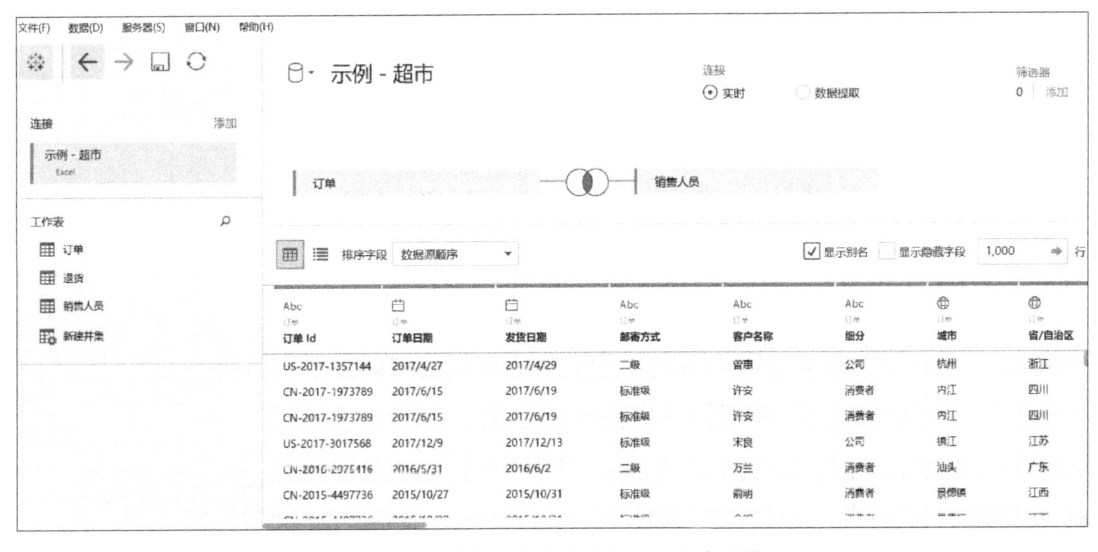

图 4-69 创建两个电子表格之间的内联接

步骤 3：设置地理数据的格式以备在 Tableau 中使用。

数据源被设置之后，需要在 Tableau 中准备地理数据以备使用。创建地图视图时不一定要执行所有程序，但它在某些情况下是很重要的信息，比如准备在 Tableau 中使用的地理数据。

为字段（或列）分配某些数据类型、数据角色和地理角色时这一操作十分必要，操作过程中需要参考想要创建的地图类型。

比如，在通常情况下，数字（小数）应该使用纬度和经度字段的数据类型，度量应为数据角色，并且分配纬度和经度地理角色。字符串应该是所有其他地理字段的数据类型，维

度应为数据角色，并且分配相应的地理角色。

特别地，当连接到空间文件时，系统会创建一个特殊字段“几何图形”，度量应该是该字段的数据角色。

【例 4-13】 设置地理数据的格式——更改列的数据类型

当且仅当第一次连接到地理数据时，Tableau 会为所有列分配数据类型。所分配的数据类型数量众多，包括数字（小数）、数字（整数）、日期和时间、日期、字符串以及布尔值。特别地，有时 Tableau 无法正确设置一些数据类型，需要手动对其进行编辑。比如，想要创建地图视图时，邮政编码数据的数据类型必须为“字符串”，但是 Tableau 可能会为邮政编码列分配“数字（整数）”数据类型。

更改列的数据类型步骤如下。

步骤 1：单击在“数据源”页面上的邮政编码的数据类型图标（地球），然后选择“字符串”命令，如图 4-70 所示。

图 4-70 更改数据类型

步骤 2：为地理数据分配地理角色。

使用 Tableau 时，字段中的每个值与经度和纬度值通过地理角色相关联。为字段分配正确的地理角色后，需要将纬度和经度值分配给该字段中的每个位置，为此 Tableau 将查找已安装地理编码数据库中已经内置的匹配来达到这一目的。经过执行上述操作后，Tableau 就会知道在地图上需要绘制的位置。

在分配某个字段（如“省 / 市 / 自治区”）的地理角色时，将由 Tableau 创建一个“纬度（生成）”字段和一个“经度（生成）”字段。

在一些情况下会为特定的数据自动分配地理角色。想要确定特定的数据是否已分配地理角色，可以通过“列”功能区中是否包括地球图标来区分。

如果没有自动为特定的数据分配地理角色，则可以手动为字段分配一个角色。因此必须了解该步骤是怎样操作的，以方便为数据手动分配地理角色。

【例 4-14】 设置地理数据的格式——分配或编辑地理角色

步骤 1：在“数据源”页面中单击地球图标。

步骤 2：选择“地理角色”命令，再选择最适合特定数据的角色。

比如，在下面的例子中，将数据分配给“国家 / 地区”地理角色，如图 4-71 所示。

步骤 3：从维度更改为度量。

当且仅当连接到地理数据时，Tableau 会分配数据角色给所有列。在大多数情况下，度量应为纬度和经度列。有些特殊情况，比如，想要绘制数据源中的每个位置在地图上，但无法追寻详细级别，就需要进行区域的维度下钻。例如，从国→省→市→区逐层逐级展开进行向下的维度钻取，把维度作为列来绘制点分布图。

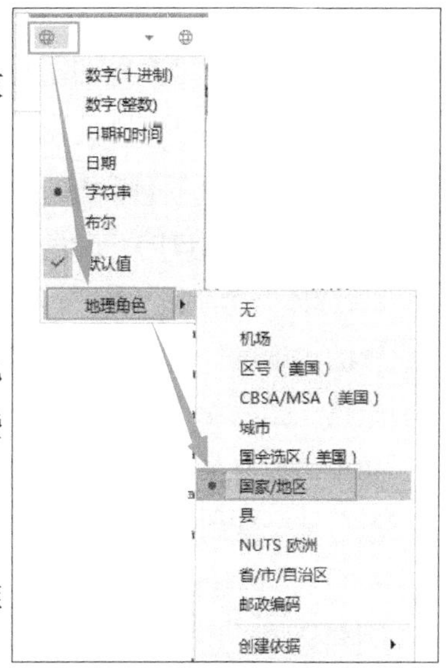

图 4-71 更改地理角色菜单

步骤 4：更改列的数据角色。

1）在“数据源”页面上单击“工作表 1”，如图 4-72 所示。

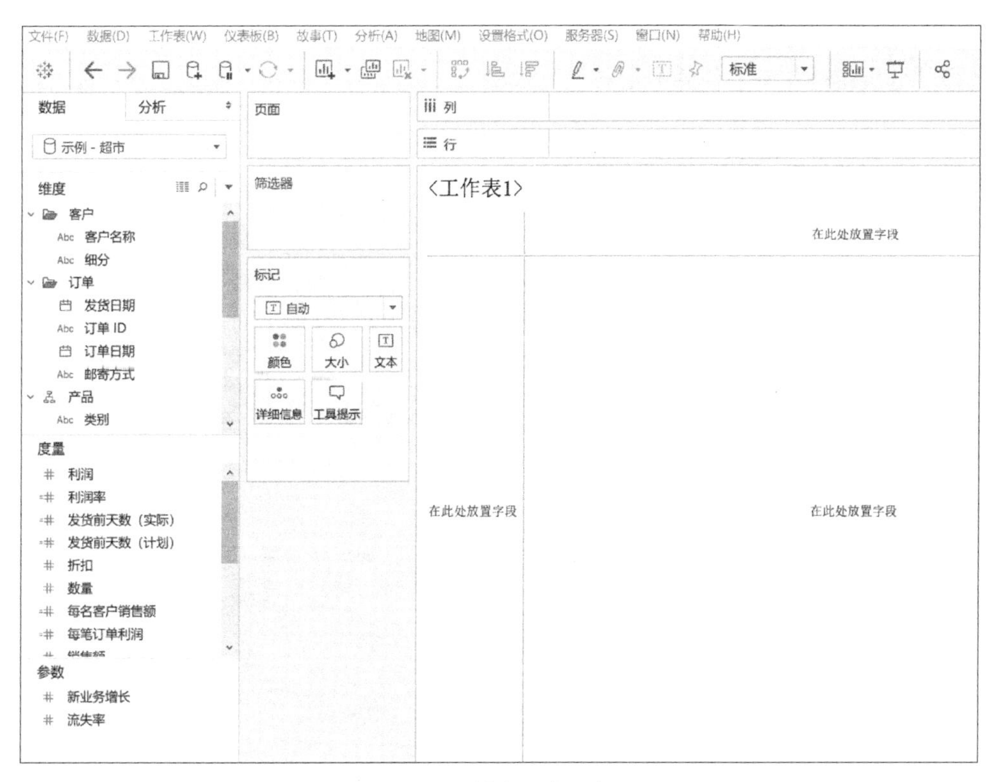

图 4-72 创建新的工作区

一般情况下利用工作表来构建地图。“数据”窗口位于屏幕的左侧，数据源中的所有列通常以字段的形式列在此窗口中。比如，“国家 / 地区”和“省 / 市 / 自治区”。这些字段包含列中的所有原始数据。注意，Tableau 已生成纬度和经度字段 [“纬度（生成）”和“经度（生成）”]。这是因为此时已经为数据分配了地理角色。

数据窗口中的字段分为度量和维度。分类数据通常放在“数据”窗口的“维度”部分中，如日期和客户 ID，而定量数据通常放在“数据”窗口的“度量”部分中，如销售额和数量。

2）选择一个字段（如“行 ID”），前提为该字段处于“数据”窗口中的“维度”下，然后将其拖到“度量”部分，使其从蓝色变为绿色，如图 4-73 所示。

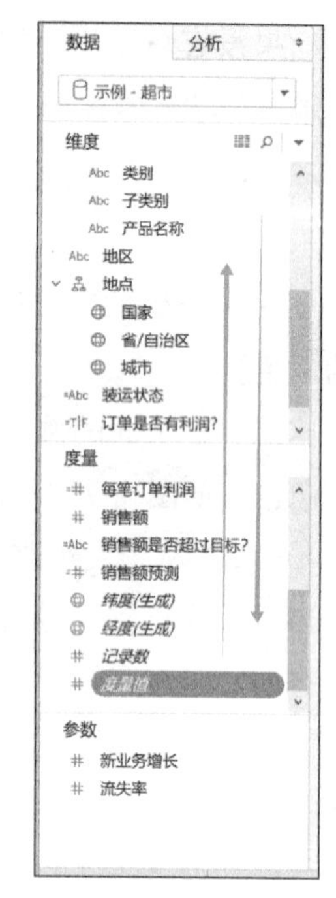

图 4-73　拖拽字段

如果需要将某个字段从度量转换为维度，则需要将该字段从“度量”部分拖到“维度”部分。

步骤 5：创建地理分层结构。

创建地理分层结构需要确保在工作表空间中。虽然创建分层结构不是创建地图视图的必要操作，但可以按指定顺序快速找到数据包含的地理详细级别。

【例 4-15】 创建地理分层结构

步骤 1：右击“数据”窗口中的地理字段（“国家 / 地区”），然后选择“分层结构”→“创建分层结构”命令。

步骤 2：在打开的“创建分层结构”对话框中指定一个名称（如“地图项目”）给分层结构，然后单击“确定”按钮。该操作将会创建包含“国家 / 地区”字段的“地图项目”分层结构到“维度”部分的底部。

步骤 3：将在“数据”窗口中的“省 / 市 / 自治区”字段拖到该分层结构，并保证“国家 / 地区”字段在其上方。

步骤 4：为“城市”和“邮政编码”字段重复步骤 3，如图 4-74 所示。

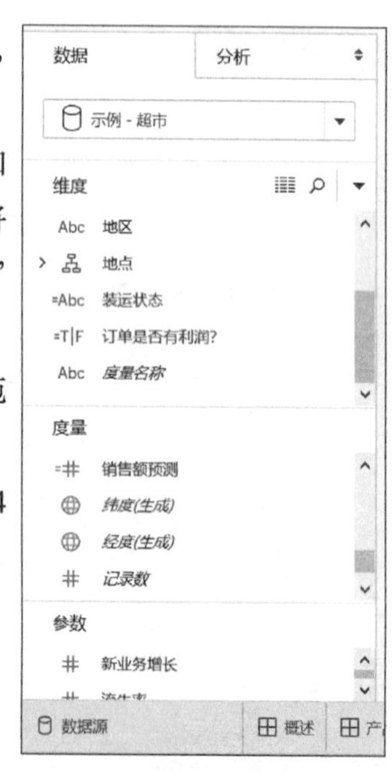

图 4-74　地图项目所需字段

执行完以上操作后，数据分层结构应为以下顺序。

- 国家 / 地区
- 省 / 市 / 自治区
- 城市
- 邮政编码

步骤 5：构建基本地图。

在执行并确保完成联接数据、设置了数据格式并构建了地理分层结构后，就可以开始构建地图。首先构建一个基本地图视图。

【例 4-16】构建基本地图

在“数据”窗口中，双击“国家 / 地区”。添加“国家 / 地区”字段到“标记”卡上的“详细信息”，添加“纬度（生成）”和“经度（生成）”字段到“列”和“行”功能区。系统会创建一个地图视图，同时该地图具有一个数据点。显示的数据点仅有唯一的“国家 / 地区”，那是由于此数据源仅包含一个“国家 / 地区”。如果想要看到其他数据点，那么还需要添加更多详细级别。此操作可以轻松完成，因为已经事先创建了地理分层结构。

【例 4-17】创建自定义分组

步骤 1：在“数据”窗口中，右击“省 / 市 / 自治区”，并选择“创建”→“组”命令。

步骤 2：在打开的“创建组”对话框中，首先选择“山东”“福建”“广东”，然后单击“分组”按钮，创建分组。

【注意】：如果要选择多项，则需要先按住 <Ctrl> 键（在 Mac 操作系统中按住 <Command> 键）再选择“省 / 市 / 自治区”字段。

步骤 3：右击刚刚创建的新组并选择“重命名”命令，将组重命名为“分组 1”。

步骤 4：选择“新疆”“西藏”“甘肃”“陕西”“山西”“河南”“河北”“湖南”“贵州”“广西”“重庆”“辽宁”“黑龙江”，单击“分组”按钮，将此组重命名为“分组 2”。

步骤 5：选择“内蒙古”“吉林”“宁夏”“青海”“四川”“云南”“江苏”“安徽”“浙江”“江西”“上海”，单击“分组”按钮，将此组重命名为“分组 3”，如图 4-75 所示。

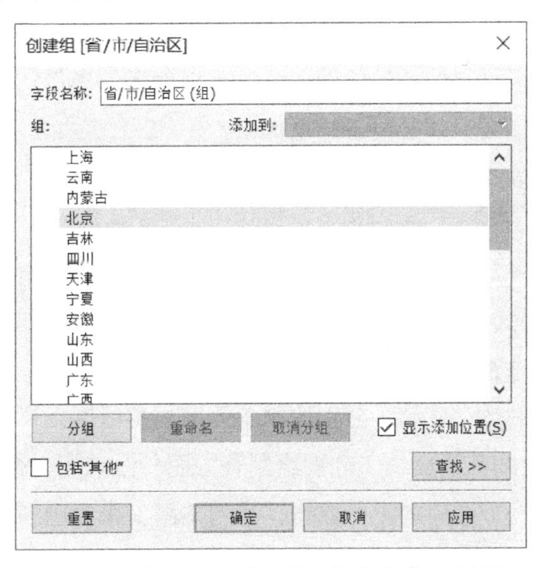

图 4-75 “创建组 [省 / 市 / 自治区]”对话框

分组完成后单击“确定”按钮，在“数据”窗口中“其他地图项目”的下方会出现一个“省 / 市 / 自治区（组）”字段。

步骤 6：将“省 / 市 / 自治区（组）”拖到“标记”选项卡的“颜色”上。

➘【注意】：每个组有不同的颜色。

步骤 7：在“标记”选项卡上单击“颜色”按钮，并选择“编辑颜色”命令。在出现的“编辑颜色”对话框中选择“分配调色板”，然后单击“确定”按钮。标记将更新为新颜色。

步骤 8：将“销售额”拖到“标记”选项卡的“工具提示”上。

将鼠标悬停在某个省 / 市 / 自治区上，该工具将提示该省 / 市 / 自治区的销售额以及其他信息。

经过上述步骤后就创建好了地图视图，下一步就可以自定义用户与地图视图的交互方式。比如，任何人都能够放大或缩小地图、平移地图、显示地图的标度等。这些需求都可以在“地图选项”对话框中通过自定义选项来完成。

本章小结

本章重点介绍了利用 Tableau 对数据进行条形图、折线图、饼图、地图等简单图形分析的基本方法。通过具体的实例对每一种图形进行了分析，并讲解了具体的操作步骤。

课后练习

1．筛选器的作用是什么？

2．什么是双轴？双轴视图主要有什么作用？

3．饼图的实现是基于哪个图形实现的？什么操作可以实现饼图的放大和缩小？

4．如果要将所需字段复制到新的位置，可以采用怎样的操作实现？

5．趋势线的作用是什么？其必要条件是什么？

6．若要对聚合数据实现盒形图分析，必须要进行什么操作？在 Tableau 中进行相应操作实验。

7．若要对某个维度的时间间隔长度进行度量，则需要创建一个计算字段来捕获这个间隔，请写出相应的计算公式。

8．地图的分层结构是否是必须的？分层结构有什么作用？

9．根据本班级学生的数学成绩，分别绘制条形图、折线图、饼图。

10．根据本班级学生的英语成绩，分别绘制直方图、散点图、盒行图、突出显示表。

11．根据 2019 年五一黄金周的出行数据，绘制热图、密度图和地图。

Chapter 5

第5章 数据聚焦与深挖

本章导读

随着数据处理技术（Data Technology，DT）的发展，人们可以用工具代替手工来分析数据。这些工具已经成为企业和政府快速制胜的武器，能有效帮助企业提高分析效率、减少分析成本、提升数据价值、提高信息化水平。在数据处理时通常需要对分散在各个应用系统中的数据以及外部采集的数据实行集成、整合和统一管理。数据可视化工具不仅要适应数据量爆炸式增长的需求，而且要实现快速收集、分析及实时更新；不仅要满足快速开发、易于操作的特性，还要具备丰富的展现方式，充分满足数据展现的多维度要求。本章主要介绍如何使用 Tableau 将一般的数据生成比较复杂的图形，如蝴蝶图、桑基图、树状图、折线图、气泡图、动态图等。

本章所有示例过程均在新建的 Excel 中，使用 Tableau 自带的“示例 - 超市”数据源。在“数据”菜单中选择“新建数据源”命令，在弹出的菜单中选择“示例 - 超市”自带数据源即可以此为目标数据源进行各项可视化图形操作。在获取各种数据后，想要更加直观地看到数据中的信息，可以通过蝴蝶图、桑基图、树状图、气泡图等来清晰地显示。本章将通过对这些图形的学习来实现对数据的聚焦与深挖。

学习目标

1）知识目标：理解蝴蝶图、桑基图、树状图、气泡图、文字云、动态图等复杂图形的基本概念，熟练掌握利用 Tableau 软件对数据进行复杂图形分析的基本方法。

2）技能目标：通过 Tableau 软件的操作，掌握各类图形的生成步骤，综合运用各类复杂图形对数据进行可视化分析，深入探索数据。

3）职业素养：培养学生对数据进行复杂图形可视化分析的实践操作能力。

5.1 蝴蝶图

蝴蝶图，又名旋风图，是广泛运用于数据对比分析以及其他数据操作的一种特殊类型的条形图，可以直观地对比两组数据的不同之处。

此处使用的数据集是 Tableau 自带的超市示例，创建蝴蝶图的数据为 2016 年和 2017 年的各子类销售额，以此为基础对比各子类在不同年度的销售额情况。

在现有的图表创建方式里，主要有两种方式进行蝴蝶图的创建，这两种方式的区别在于制作图表的过程中，蝴蝶图中的两组条形图使用的是相同的还是不同的横坐标轴。在图 5-1 中，左侧蝴蝶图使用的是不同的横坐标轴，右侧蝴蝶图使用的是同一横坐标轴。

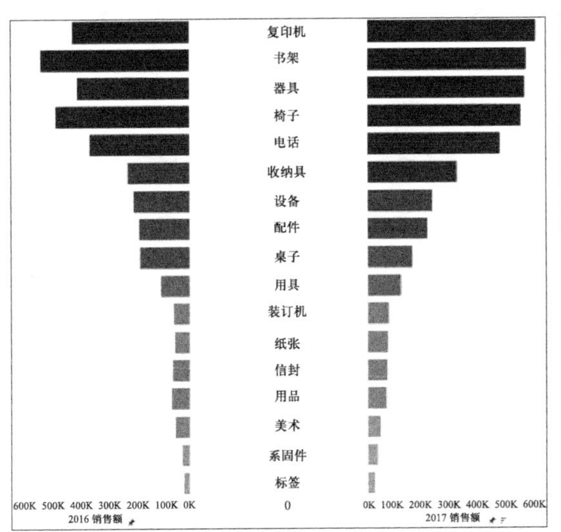

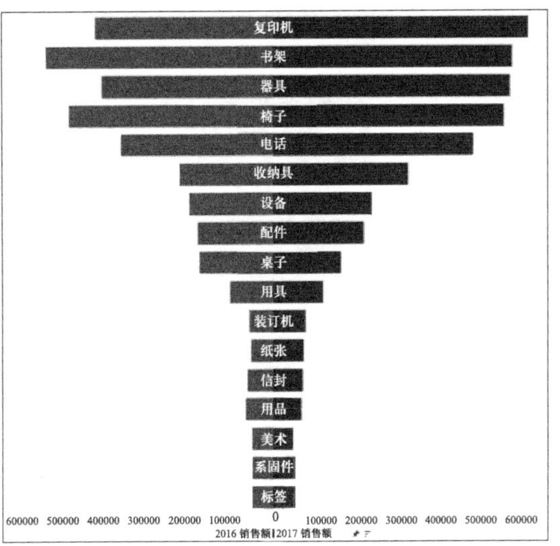

图 5-1 蝴蝶图

【例 5-1】 绘制不同横坐标轴的蝴蝶图

本例介绍如何加载数据源并对数据源中指定维度进行蝴蝶图的可视化分析，再利用 Tableau 自带的超市数据源对两年间的总销售额以及利润和进行蝴蝶图分析。使用 Tableau 创建蝴蝶图的步骤包括创建计算字段、创建蝴蝶图、设置视图格式以及最后在不同横坐标轴或者同一横坐标轴形成蝴蝶图。

绘制不同横坐标轴的蝴蝶图步骤如下。

步骤 1：创建计算字段。

要创建两个年度的各子类销售额蝴蝶图，需要将 2016 年和 2017 年的数据分别放在两组条形图中。因此需要创建两个计算字段，对 2016 年和 2017 年的销售额分别进行聚合，如图 5-2 所示。

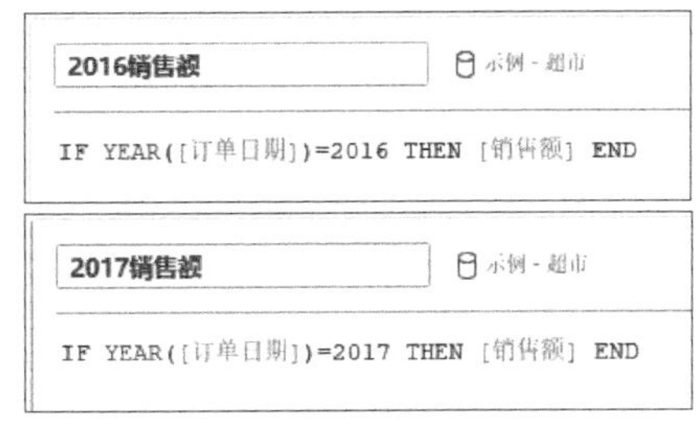

图 5-2 创建字段

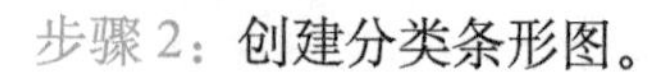

步骤 2：创建分类条形图。

在创建好 2016 年销售额和 2017 年销售两个计算字段后，将其拖放到“列”功能区，将维度区的“子类别”字段拖放到“行”功能区，如图 5-3 所示。完成这两个步骤后就可以完成分类条形图的创建。

在实现图形创建的过程中需要注意，此时两个不同的横坐标轴应分别对应所创建的分类条形图，可以单击条形图中的横坐标轴来进行测试。

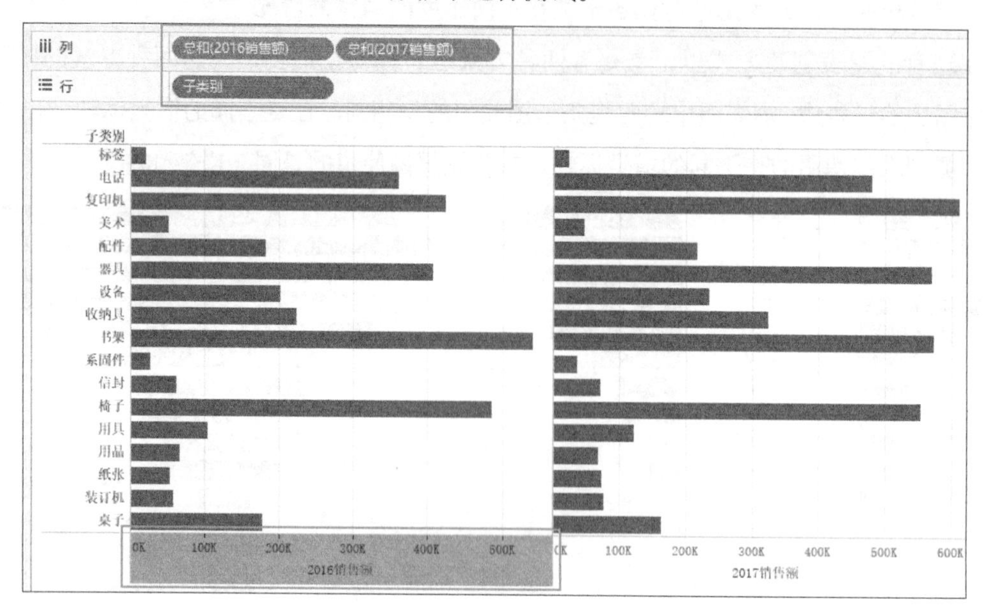

图 5-3　创建分类条形图

反转横坐标轴。将向右的条形转为向左。具体操作为将“2016 销售额”条形图的横坐标轴进行翻转，在“编辑轴”对话框中选择“倒序”，如图 5-4 所示。

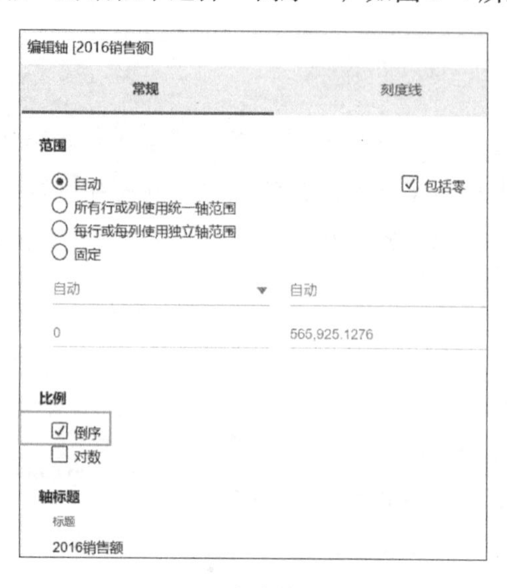

图 5-4　反转横坐标轴

将视图进行降序排序，排序的依据为 2017 年销售额的大小，完成初步创建蝴蝶图的任务，如图 5-5 所示。

如果需要对蝴蝶图的格式进行自定义设置，则可以选择消除坐标轴标题、标记颜色、消除网格线等操作。

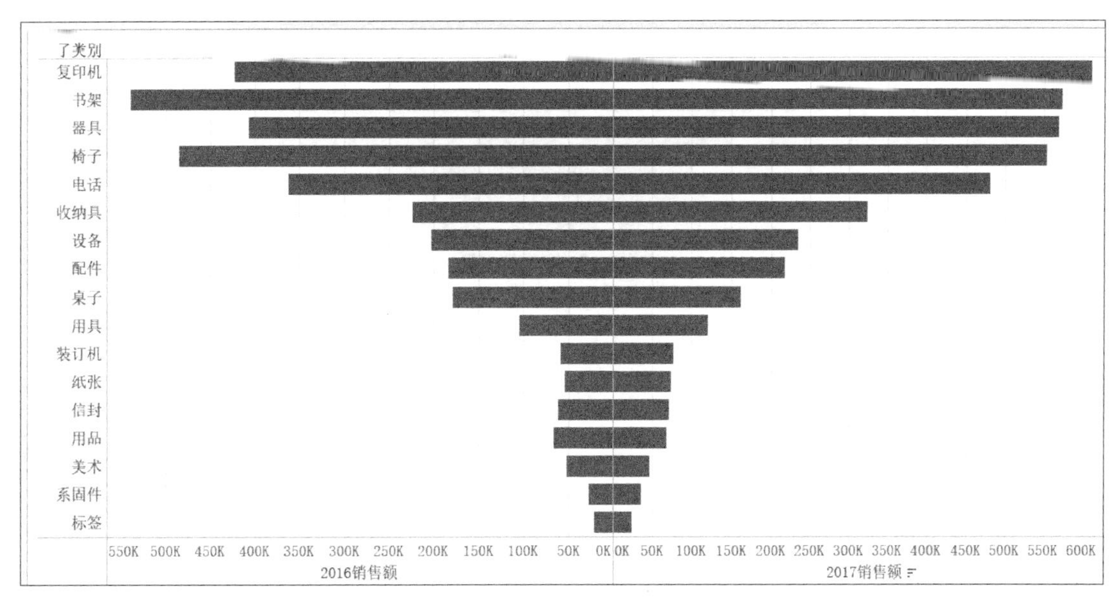

图 5-5　初步创建蝴蝶图

步骤 3：标记颜色。标记颜色可以使图形更为直观，具体操作为将“2016 销售额”字段拖到“标记”选项卡“2016 销售额”的“颜色”上。同样，将“2017 销售额”字段拖到“标记”选项卡“2017 销售额”的“颜色”上，如图 5-6 所示。

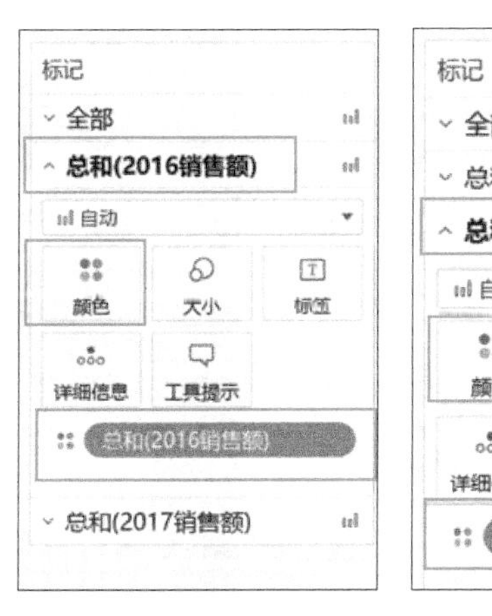

图 5-6　标记颜色

步骤 4：统一横坐标轴。为两个横坐标轴统一设置起点和终点，确保两组条形图的长短具有可比性。这里依据数值的情况，将两个坐标轴的最大值统一设置为 650 000。

步骤 5：清除格式。根据蝴蝶图（不同横坐标轴）的创建需要，清除视图中的坐标轴标题、网格线等内容，完成图形的创建，如图 5-7 所示。

在实际操作过程中，两个条形图的中间位置插入纵坐标轴的标题，可以让视图看起来更加对称、更加直观，如图 5-8 所示。

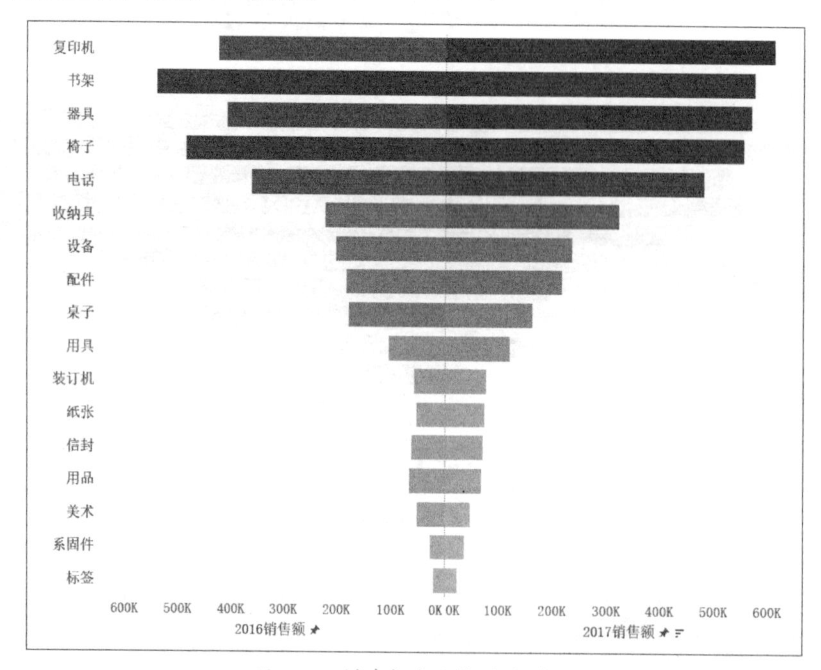

图 5-7　创建颜色变换的蝴蝶图

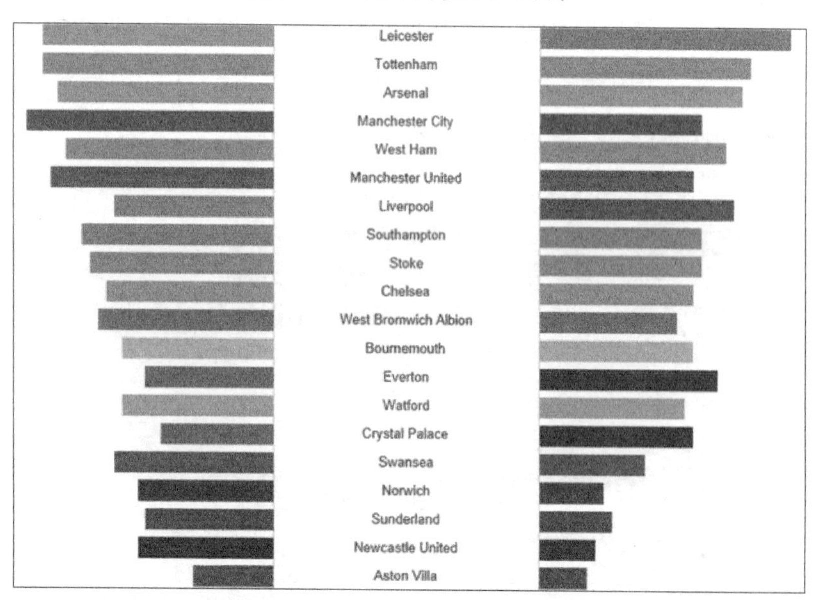

图 5-8　在纵轴插入标题

要实现上面的效果，需要用到占位字段小技巧。最基本的可操作方案是创建一个“0 轴”的计算字段，并将其放在两组条形图的中间位置以达到占位的目的，最后再进行调整标签的步骤。

步骤 6：创建“0 轴”计算字段，如图 5-9 所示。

步骤 7：将“0 轴”计算字段放在“列”功能区中，即“2016 销售额”和“2017 销售额”的中间位置，如图 5-10 所示。

图 5-9　创建“0 轴”计算字段　　　　图 5-10　添加聚合（0 轴）

步骤 8：将“标记”选项卡的“0 轴”样式更改为“文本”，再将“子类别”字段拖放到“标记”选项卡的“文本”位置，如图 5-11 所示。

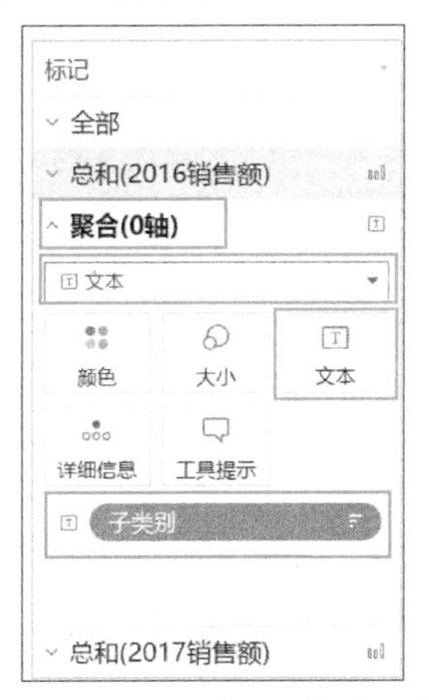

图 5-11　设置“标记”选项卡

步骤 9：对蝴蝶图（不同横坐标轴）进行改造，即对视图中“0 轴”的样式进行调整，包括清除网格线、零值线、左侧标题等，如图 5-12 所示。

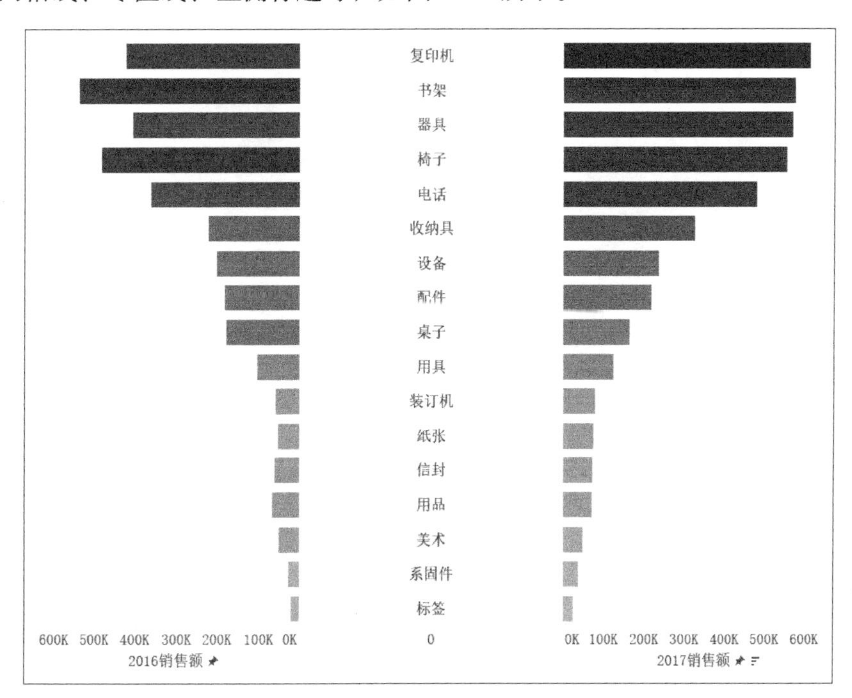

图 5-12　调整视图“0 轴”

【例 5-2】 绘制同一横坐标轴的蝴蝶图

为了在同一横坐标轴上同时绘制 2016 年和 2017 年的各子类销售额，需要创建两个计算字段，并对 2016 年和 2017 年的销售额分别进行聚合。

步骤 1：创建计算字段，如图 5-13 所示。

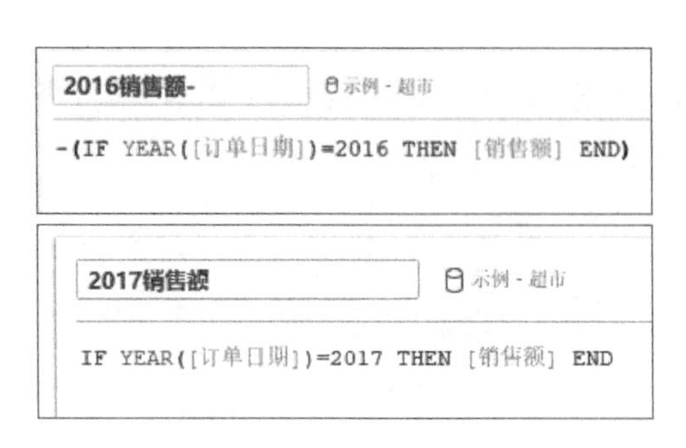

图 5-13 创建计算字段

在蝴蝶图中，2016 年销售额条形图在左侧。为了实现条形图在同一坐标轴上的反转，需要对 2016 年销售额取负值，如图 5-14 所示。

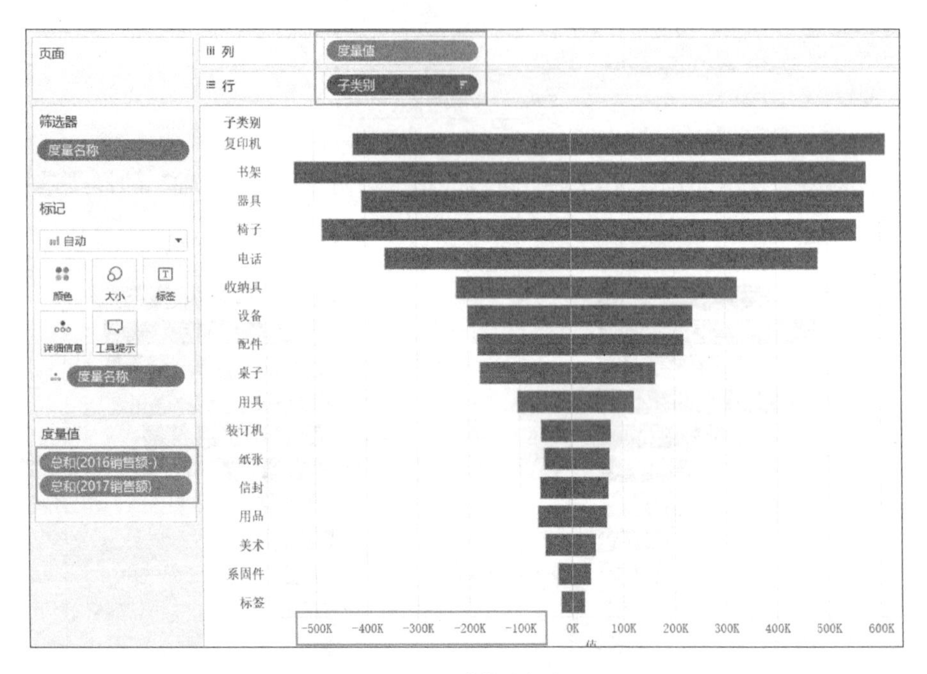

图 5-14 反转坐标轴

步骤 2：拖放字段。将维度中的“子类别”拖放到“行”功能区，将度量区的“度量值”拖放到“列”功能区，在“度量值”选项卡中仅需保留“2016 销售额”和“2017 销售额”两个计算字段，再按照“2017 销售额”进行排序，即可完成所有步骤。

在图 5-15 中，以横坐标轴为基准，左边部分的条形图对应的坐标值为负值，相对右边的坐标值为正值，两个条形图共用同一个横坐标轴。

图 5-15 拖放字段

步骤 3：设置度量值格式。需要注意的是，必须自定义“度量值”的数字格式，将其设置为“0；0”，才能够将上面坐标轴的负值显示为正值。

从图 5-16 中可以看到，通过度量值格式的设置，左侧条形图对应的横坐标轴已经变为了正值，完成了同一坐标轴下蝴蝶图的绘制。

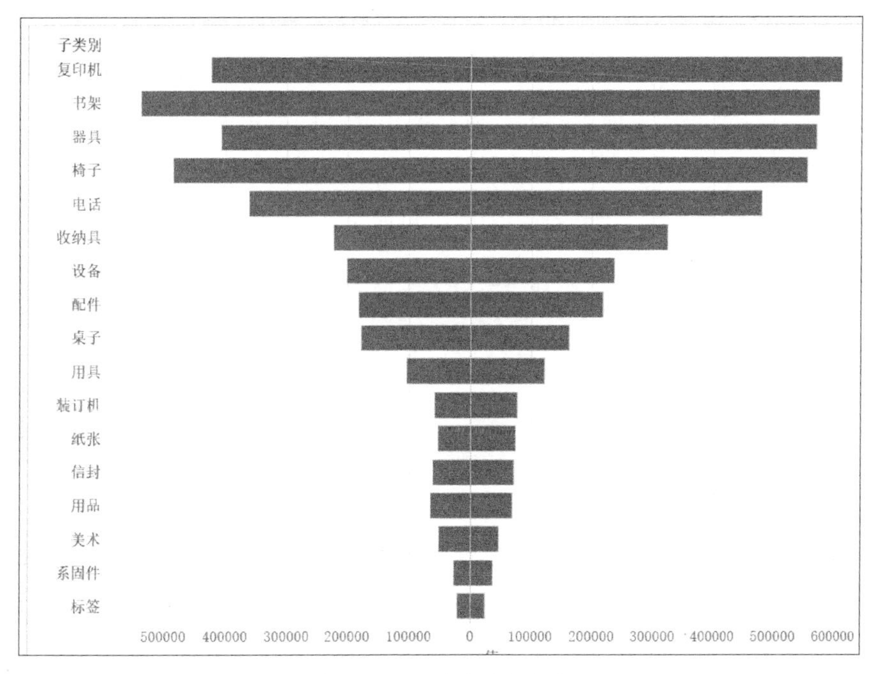

图 5-16 设置度量值格式

步骤 4：设置视图格式。设置视图格式后的蝴蝶图（同一坐标轴）如图 5-17 所示。与蝴蝶图（不同坐标轴）类似，格式的设置包括对视图进行标记颜色、统一坐标轴、清除网格线等。

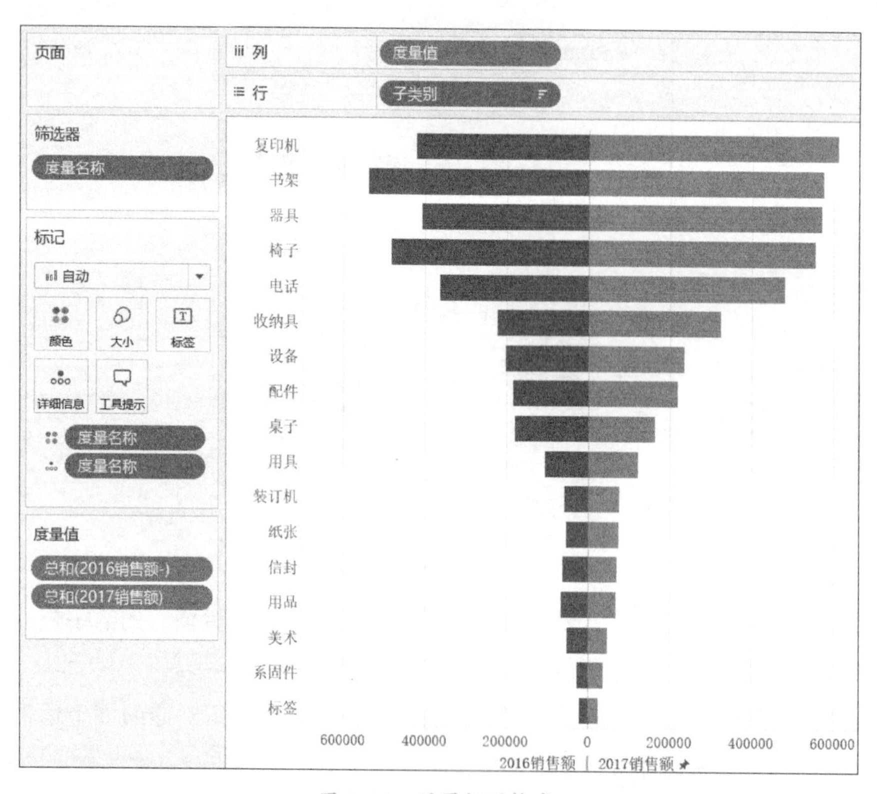

图 5-17 设置视图格式

纵坐标轴的标题实际上是叠放在条形图之上的，需要将它移动到蝴蝶图的中间位置，但是由于它们使用的是同一个横坐标轴，所以两组条形图显示时中间不会分开，需要进行设置。

先利用“0 轴”计算字段创建一个双轴图，再通过格式调整来实现标签的叠放显示。

步骤 5：创建“0 轴”计算字段，如图 5-18 所示。

图 5-18 创建“0 轴”计算字段

步骤 6：创建双轴图。将“0 轴”计算字段拖到“列”功能区的“度量值”后面，再选择“双轴”命令将两个图形叠放在一起，如图 5-19 所示。

步骤 7：调整视图标记类型。在“标记”选项卡中，将“度量值”的标记类型改为“条形图”，将“0 轴”的标记类型改为“文本”，如图 5-20 所示。

步骤 8：调整视图格式。首先将“子类别”字段拖到“标记”选项卡中“0 轴”的“文本”位置，然后进行统一坐标轴、清除标题、清除网格线等操作，如图 5-21 所示。

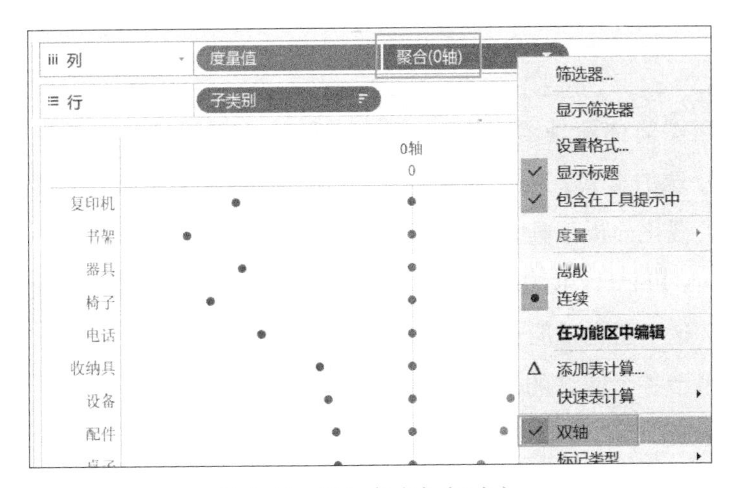

图 5-19　聚合（0 轴）（双轴）

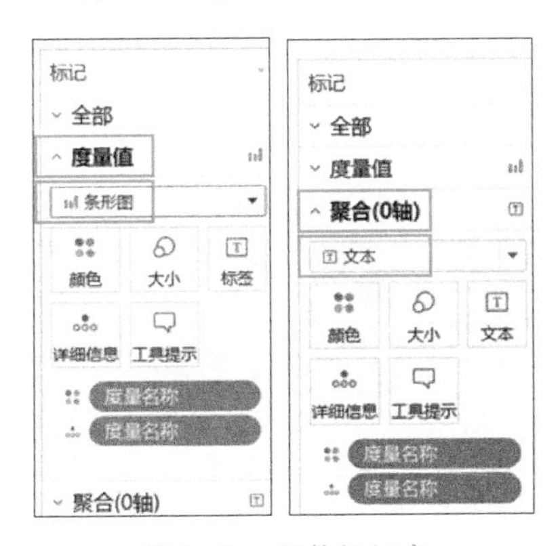

图 5-20　调整标记卡

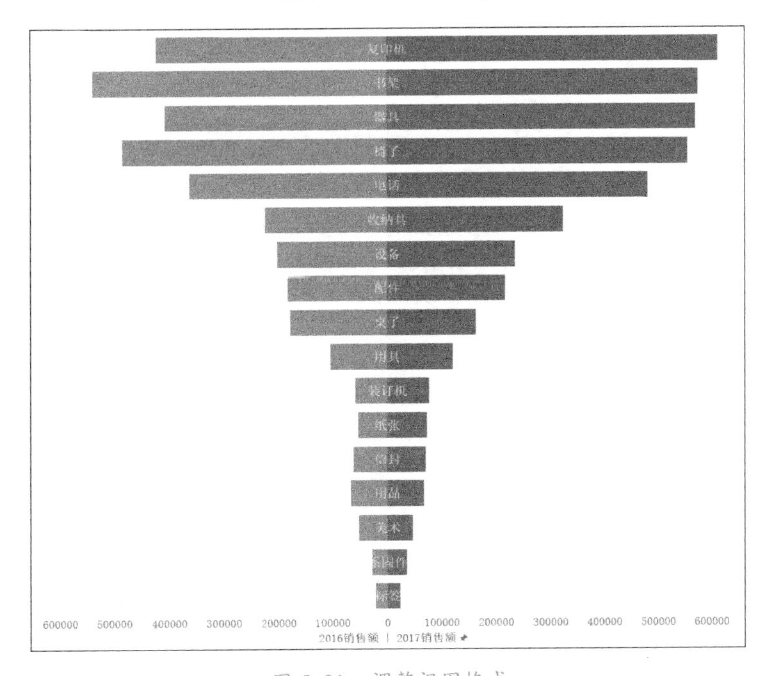

图 5-21　调整视图格式

5.2 桑基图

桑基能量分流图简称桑基图（Sankey Diagram），也叫桑基能量平衡图，属于流程图的一种，具备特殊的形式，数据流量的大小对应图中延伸的分支的宽度，适合作为用户流量等数据的可视化分析工具。1898 年爱尔兰船长马修·亨利·菲尼亚斯·里亚尔·桑基（Matthew Henry Phineas Riall Sankey）为了展示蒸汽的能源效率就使用了这种类型的图表。与此同时，这个图也以船长的名字命名为“桑基图”。

桑基图常被用于各个网站的用户细分分析，如图 5-22 所示。该图展示了某网站 2015 年 1 月～ 12 月不同地区用户的活跃程度（定义为低频、中频和高频用户）变化流程以及购物的累计情况，图中流线的长短、粗细代表用户数的多少，数据十分直观地显示出来。

在 Tableau 中创建由两个堆叠条形图及一个连线图组成的桑基图，首先需要建立起从一侧堆叠条形图到另一侧堆叠条形图之间的关系。

扫码看视频

图 5-22　桑基图

边、流量和支点为桑基图的主要组成部分，这 3 点中流动的数据由边来表示，流动数据的具体数值由流量来表示，不同的分类由节点来表示。边的宽度与流量成比例地显示，边越宽，数值越大，如图 5-23 所示。

桑基图的特点是能量守恒。通过桑基图能确定各部分流量在总体中的大概占比情况，通常用于可视化能源或成本转移。无论数据怎么流动，桑基图的总数值保持不变，这就是桑基图坚持的“能量守恒”原则。也就是说，在数据流动的可视化过程中，桑基图紧紧遵循能量守恒，数据从开始到结束，总量都保持不变，如图 5-24 所示。

因此在使用桑基图的过程中一定要谨记保持能量的守恒。基于这一点，在制图时无论数据怎样流动，总量从开始到结束都不能有任何的变化，并且不能在中间过程中创造数据，流失（损耗）的数据应该流向表示损耗的支点。

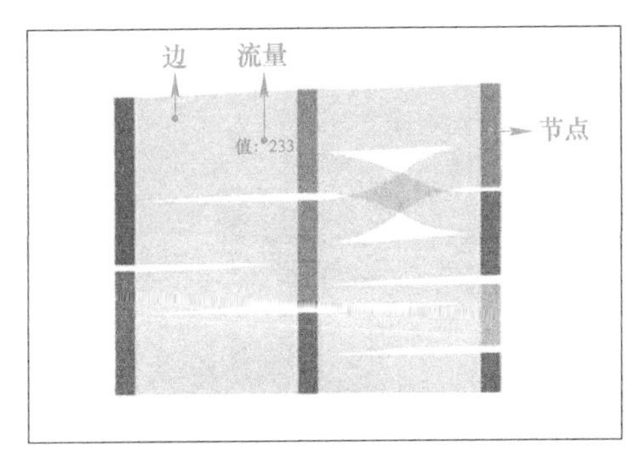

图 5-23 边、流量和支点

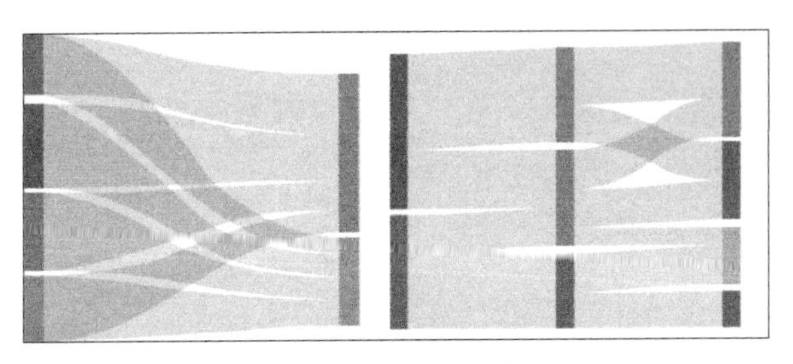

图 5-24 能量流转示意图

【例 5-3】 绘制桑基图

本例介绍如何加载数据源并对数据源中指定维度进行桑基图的可视化分析，再利用 Tableau 自带的超市数据源进行桑基图分析。

步骤 1：准备数据。

为了让制作更简易，需要对数据源进行一些处理。选择已聚合的数据作为原始数据源，如图 5-25 所示。将新增的数据复制一遍粘贴在原数据后，再新增一列 rowtype，该列原数据以 1 填充，复制数据以 49 填充，完成以上操作后得到新数据源如图 5-25 所示。

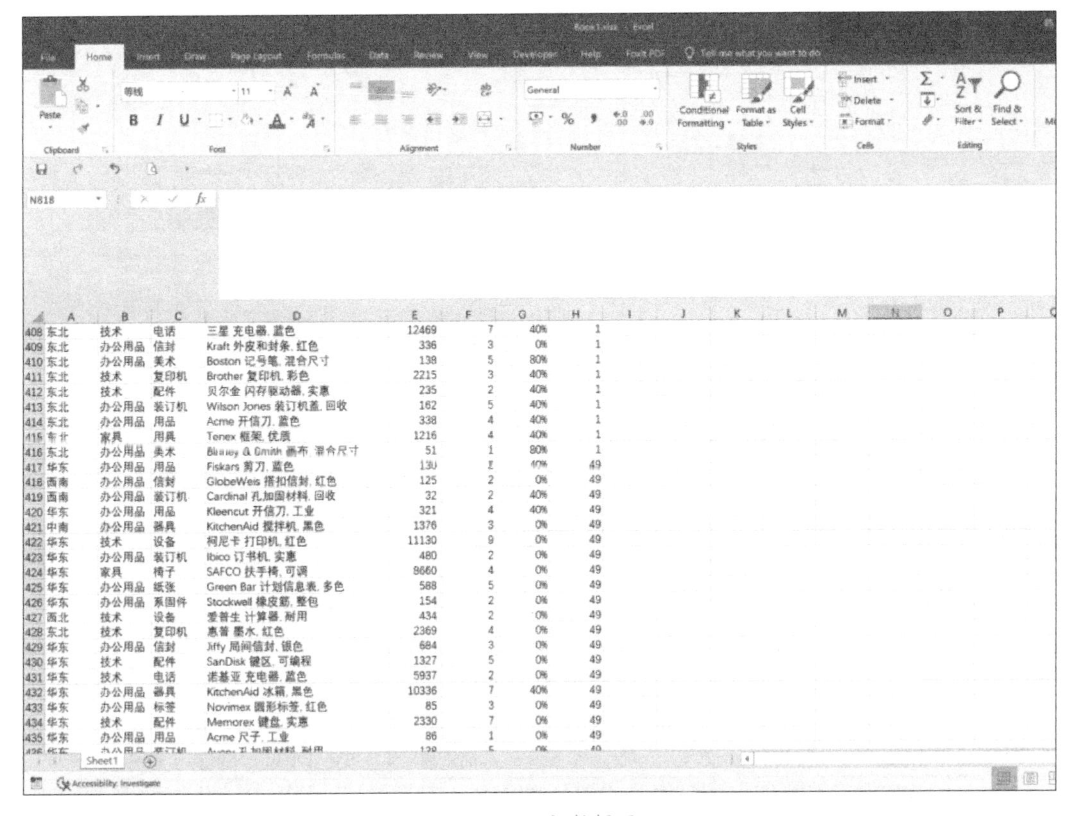

	A	B	C	D	E	F	G	H
408	东北	技术	电话	三星 充电器, 蓝色	12469	7	40%	1
409	东北	办公用品	信封	Kraft 外皮和封条, 红色	336	3	0%	1
410	东北	办公用品	美术	Boston 记号笔, 混合尺寸	138	5	80%	1
411	东北	技术	复印机	Brother 复印机, 彩色	2215	3	40%	1
412	东北	技术	配件	贝尔金 闪存驱动器, 实惠	235	2	40%	1
413	东北	办公用品	装订机	Wilson Jones 装订机盖, 回收	162	5	40%	1
414	东北	办公用品	用品	Acme 开信刀, 蓝色	338	4	40%	1
415	东北	家具	用具	Tenex 框架, 优质	1216	4	40%	1
416	东北	办公用品	美术	Binney & Smith 画布, 混合尺寸	51	1	80%	1
417	华东	办公用品	用品	Fiskars 剪刀, 蓝色	130	2	40%	49
418	西南	办公用品	信封	GlobeWeis 搭扣信封, 红色	125	2	0%	49
419	西南	办公用品	装订机	Cardinal 孔加固材料, 回收	32	2	40%	49
420	华东	办公用品	用品	Kleencut 开信刀, 工业	321	4	40%	49
421	中南	办公用品	器具	KitchenAid 搅拌机, 黑色	1376	3	0%	49
422	华东	技术	设备	柯尼卡 打印机, 红色	11130	9	0%	49
423	华东	办公用品	装订机	Ibico 订书机, 实惠	480	2	0%	49
424	华东	家具	椅子	SAFCO 扶手椅, 可调	8660	4	0%	49
425	华东	办公用品	纸张	Green Bar 计划信息表, 多色	588	5	0%	49
426	华东	办公用品	系固件	Stockwell 橡皮筋, 整包	154	2	0%	49
427	西北	技术	设备	爱普生 计算器, 耐用	434	2	0%	49
428	东北	技术	复印机	惠普 墨水, 红色	2369	4	0%	49
429	华东	办公用品	信封	Jiffy 局间信封, 银色	684	3	0%	49
430	华东	技术	配件	SanDisk 键区, 可编程	1327	5	0%	49
431	华东	技术	电话	诺基亚 充电器, 蓝色	5937	2	0%	49
432	华东	办公用品	器具	KitchenAid 冰箱, 黑色	10336	7	40%	49
433	华东	办公用品	标签	Novimex 圆形标签, 红色	85	3	0%	49
434	华东	技术	配件	Memorex 键盘, 实惠	2330	7	0%	49
435	华东	办公用品	用品	Acme 尺子, 工业	86	1	0%	49

图 5-25 新数据源

步骤 2：用 rowtype 创建一个数据桶，数据桶大小为 1，如图 5-26 所示。

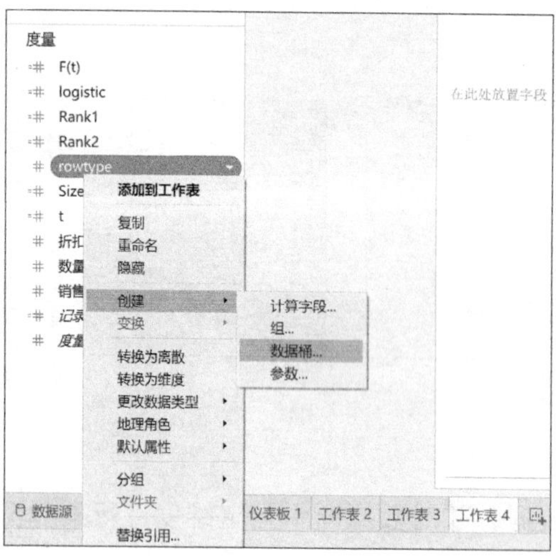

图 5-26 创建数据桶

将数据桶命名为路径，如图 5-27 所示。

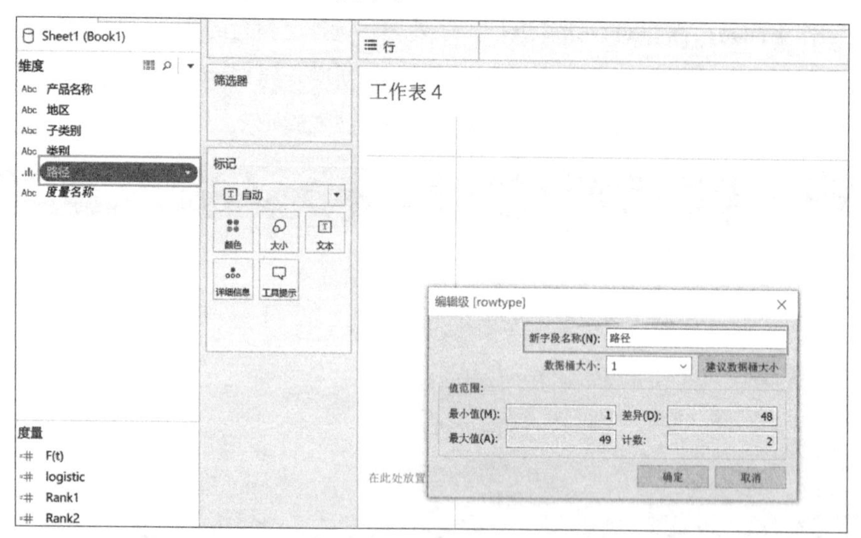

图 5-27 命名和确认参数

步骤 3：在度量中创建以下字段名称，则表 5-1。

表 5-1 度量字段表

度量名称	表达式	含义
t	（index（）–25）/4	具备索引的作用。计算桑基图的基本原理就是利用 Logistic 函数（也叫 Sigmoid 函数），该函数需要通过度量 t 来计算
Logistic	1/（1+EXP（1）^–t）	Logistic 函数
Size	RUNNING_AVG（SUM（[销售额]））	显示数值的大小
Rank 1	RUNNING_SUM（SUM（[销售额]））/TOTAL（SUM（[销售额]））	该计算字段用于计算在总数值中每条连线数值所占的比例，并且以连线粗细大小的样式展现在视图中
Rank 2	RUNNING_SUM（SUM（[销售额]））/TOTAL（SUM（[销售额]））	该计算字段用于计算在总数值中每条连线数值所占的比例，并且以连线粗细大小的样式展现在视图中
F（t）	[Rank1]+（（[Rank 2]–[Rank 1]）*[logistic]）	串联以上创建完成的全部计算字段

在设置度量时会使用到 Sigmoid 函数。

Sigmoid 函数，也称为 S 型生长曲线，是一种常见的 S 型函数。由于其具备反函数单增的性质，被广泛运用于生物学中。例如，在信息科学中，神经网络的阈值函数也常常使用 Sigmoid 函数，可将变量映射到 0 ～ 1 之间。

在桑基图中，设想两边通道是对应相互关联的，但是直线关联并不美观，希望用曲线来表现，且曲线的粗细可以赋予其特定的含义。因此在制作图中，考虑使用 Sigmoid 函数来实现这样的功能，如图 5-28 所示。

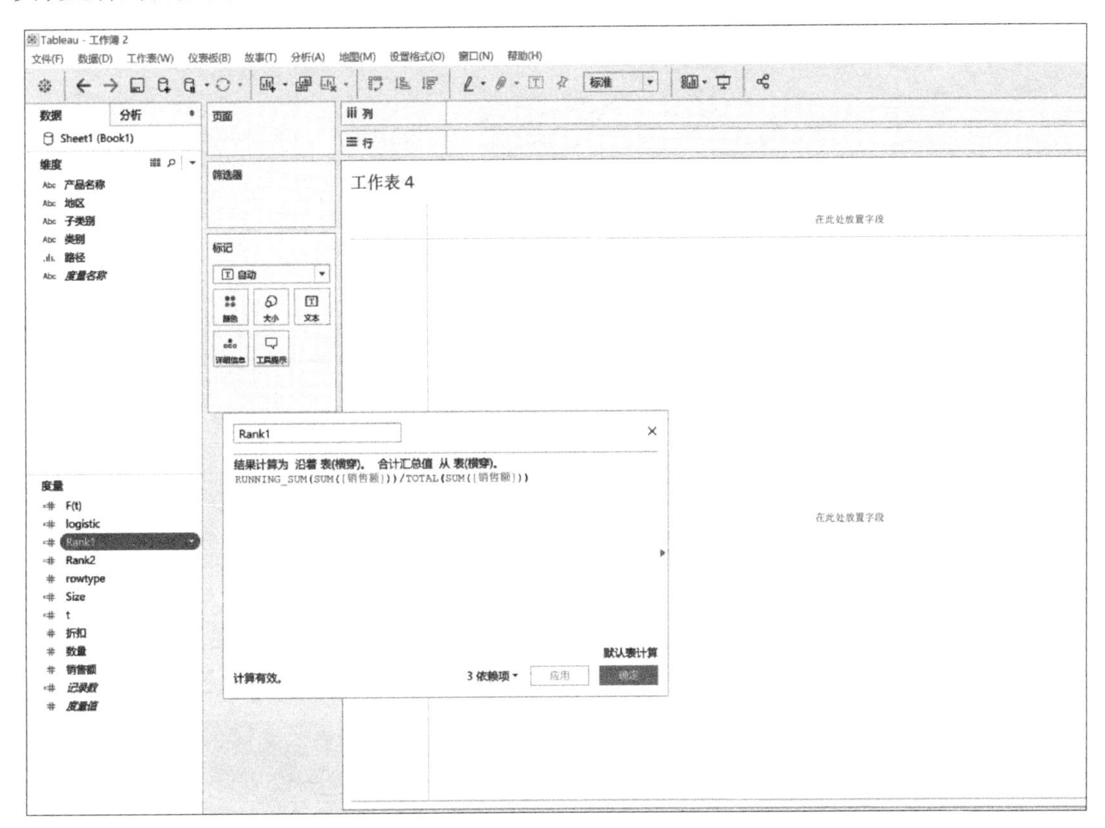

图 5-28　具体创建方法

步骤 4：将 F(t) 拖到行中，t 拖到列中，同时将产品类型、Size、区域、路径分别拖到各自对应的“标记”选项卡位置，如图 5-29 和图 5-30 所示。

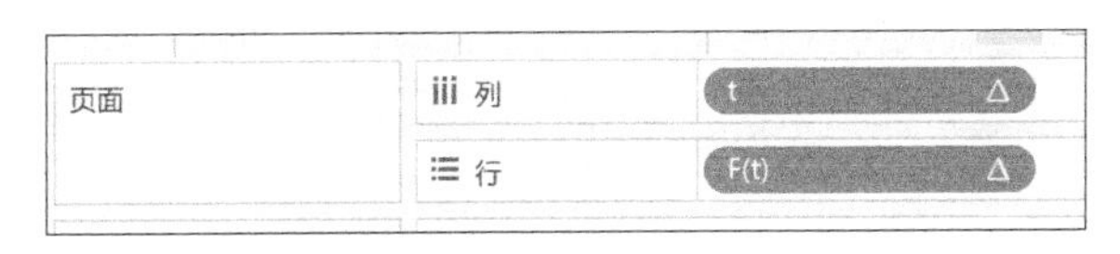

图 5-29　行列设置

因为暂时没有出现图形，还需要在行参数中修改计算依据。

选择 F(t) 并执行“编辑表计算”命令，如图 5-31 所示。将嵌套计算 t 以及 Rank1、Rank 2 都改为特定维度。只需要选择 t 的路径，修改列中的 t 与“标记”选项卡中的 Size 的计算依据为“特定维度 - 路径”。Rank1 为产品类型、区域、路径，Rank2 为区域、产品类型、路径，还需要特别注意修改 Rank2 的顺序，使之与 Rank1 不同，如图 5-32 所示。

制图时可以修改坐标轴，F (t) 对应的坐标范围为 0 到 1，t 对应的坐标范围为 −5 到 5。各函数的大小与颜色可以根据需要调整，都完成后便得到了桑基图的关键 S 型连线，如图 5-33 所示。

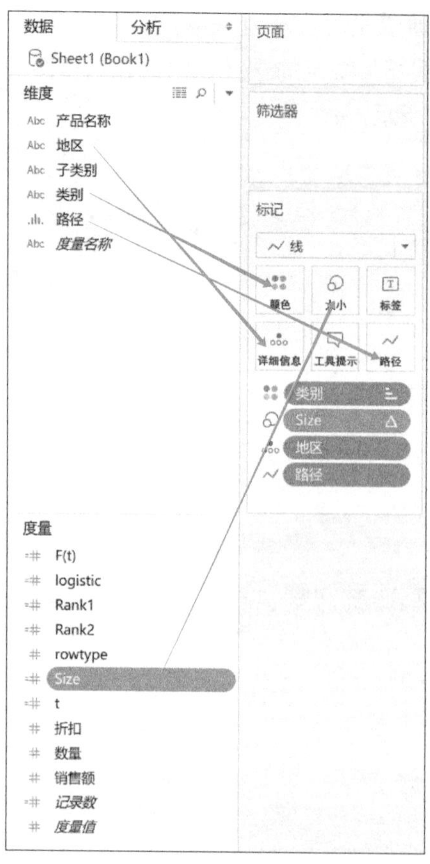

图 5-30　标记卡设置

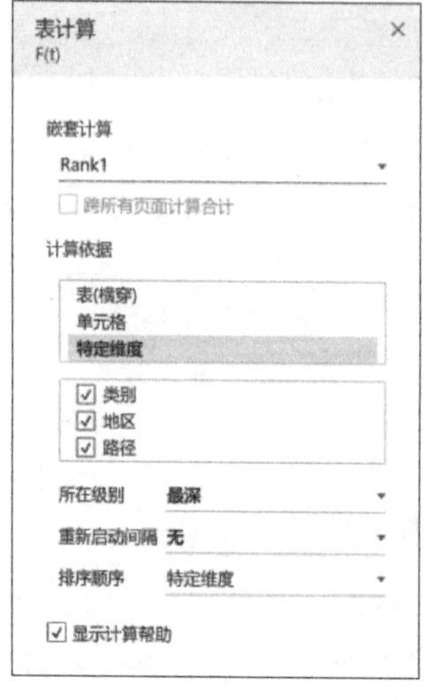

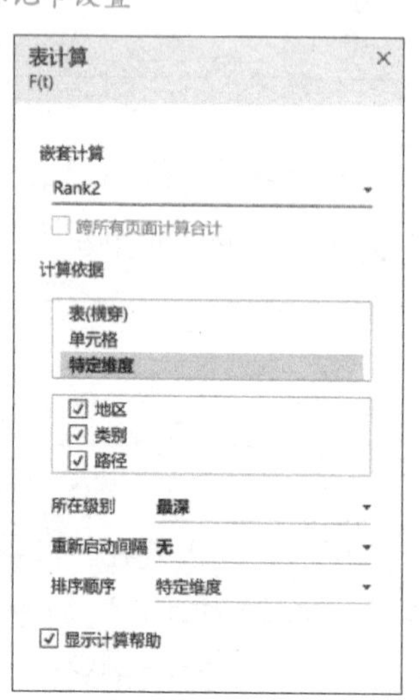

图 5-31　计算依据设定

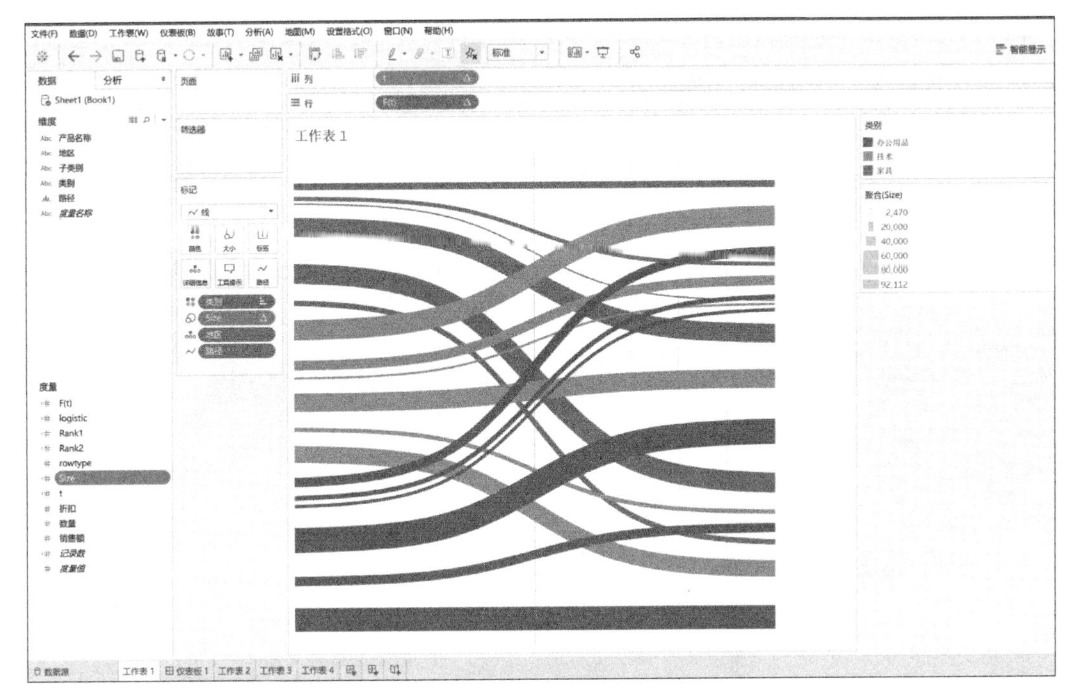

图 5-32 “标记”选项卡设置

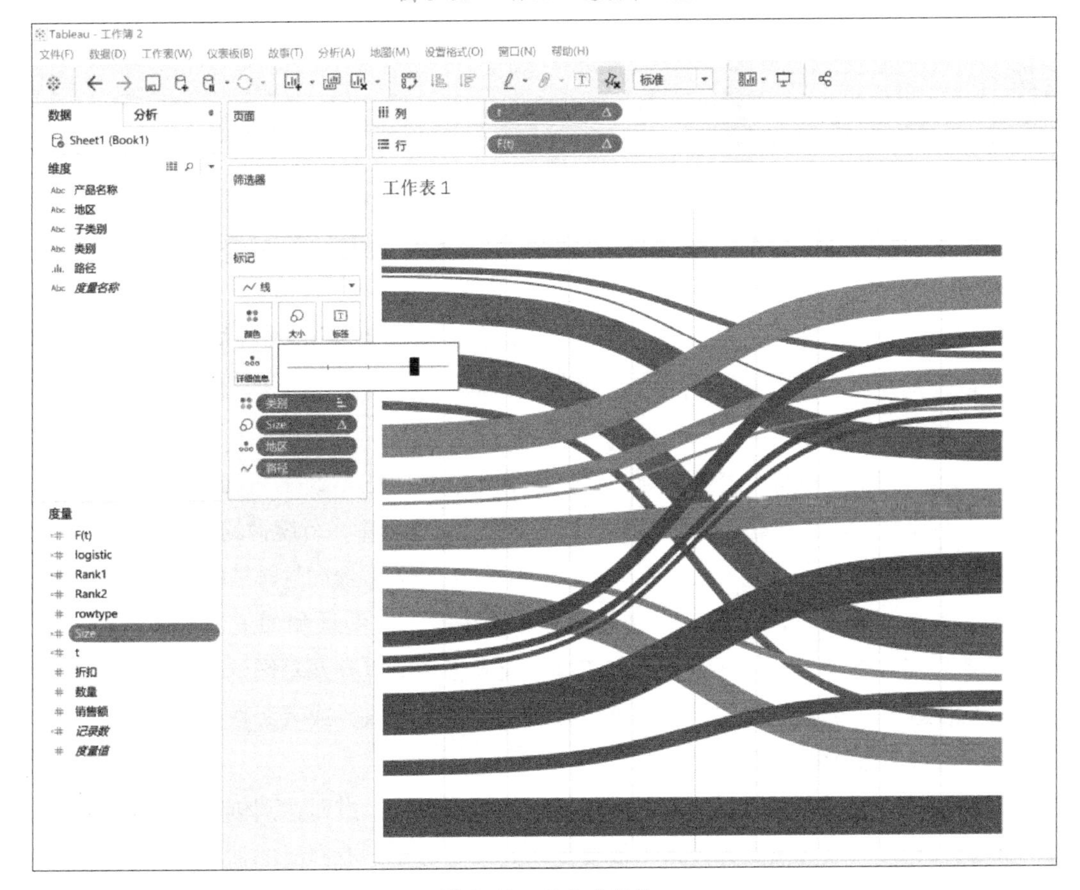

图 5-33 修改坐标轴

把S型连线图与所做的堆叠条进行排版，此时需要注意，该操作需在同一个仪表板中进行，且必须确保S线图已经完成。

下面在仪表板中追加制作类别条目工作表2和地区条目工作表3。分别新建工作表2和工作表3，将类别分别拖至“标记”选项卡中的“颜色”“标签”和“详细信息”，并将销售额拖至“行”功能区中，如图5-34所示。

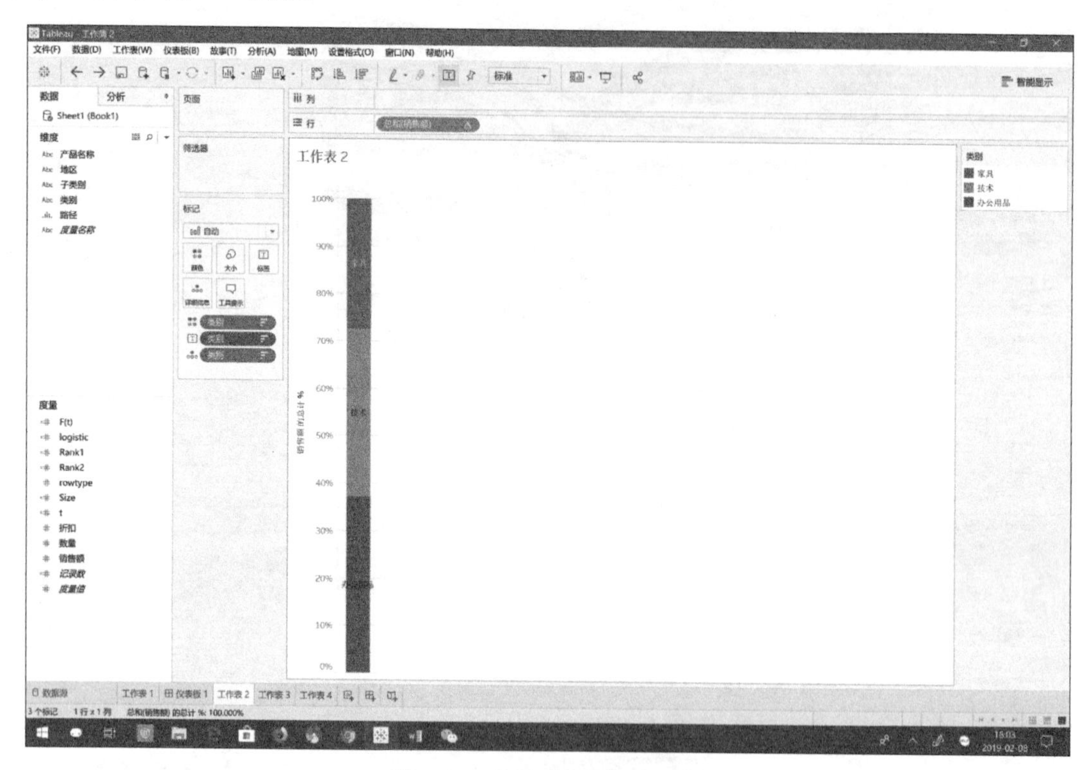

图5-34　设置“标记”选项卡

单击类别右侧的小图标，将数据排序类别设置为降序，如图5-35所示。

将地区分别拖至“标记”选项卡中的“颜色”“标签”和“详细信息”；将销售额拖至“行”功能区中，如图5-36所示。

单击地区右侧的小图标，将数据排序类别设置为降序，如图5-37所示。

这里一定要注意，计算量为销售总额，无论在哪张工作表中，行统计的都是销售总额。通过位置调整、突出显示及仪表盘中的位置布局，可直观看出销售额流向的桑基图，如图5-38所示。

因此创建桑基图有两种方法。一种是对源数据进行二次整理和加工，将其转换为合适的数据格式，在此基础上进行创建。该方法可以较大程度地提升桑基图的创建效率，降低创建桑基图的复杂性。需要注意的是，如果源数据不能直接获取，或者源数据及加工源数据非常大，则必须先对源数据进行处理。

另一种方法是通过各种计算字段的应用直接使用源数据，进而达到创建桑基图的目的。与第一种正好相反，该方法的好处是不需要提前处理源数据，有广泛的适应性，但缺点是创建过程较为复杂，创建效率相对较低。

无论哪种方法，在创建桑基图的过程中，都需要先创建用于视图交互的辅助维度、度量和参数，才可以在Tableau创建的桑基图中，通过视图交互来观察不同维度之间的数据流向情况。

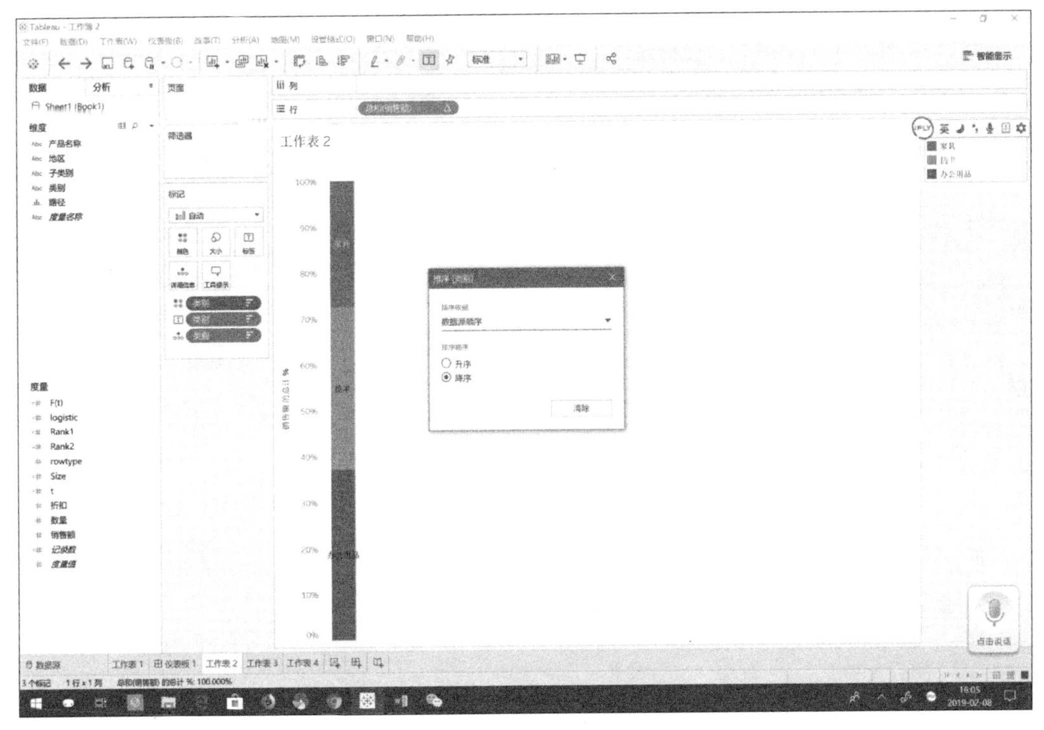

图 5-35　设置降序排列

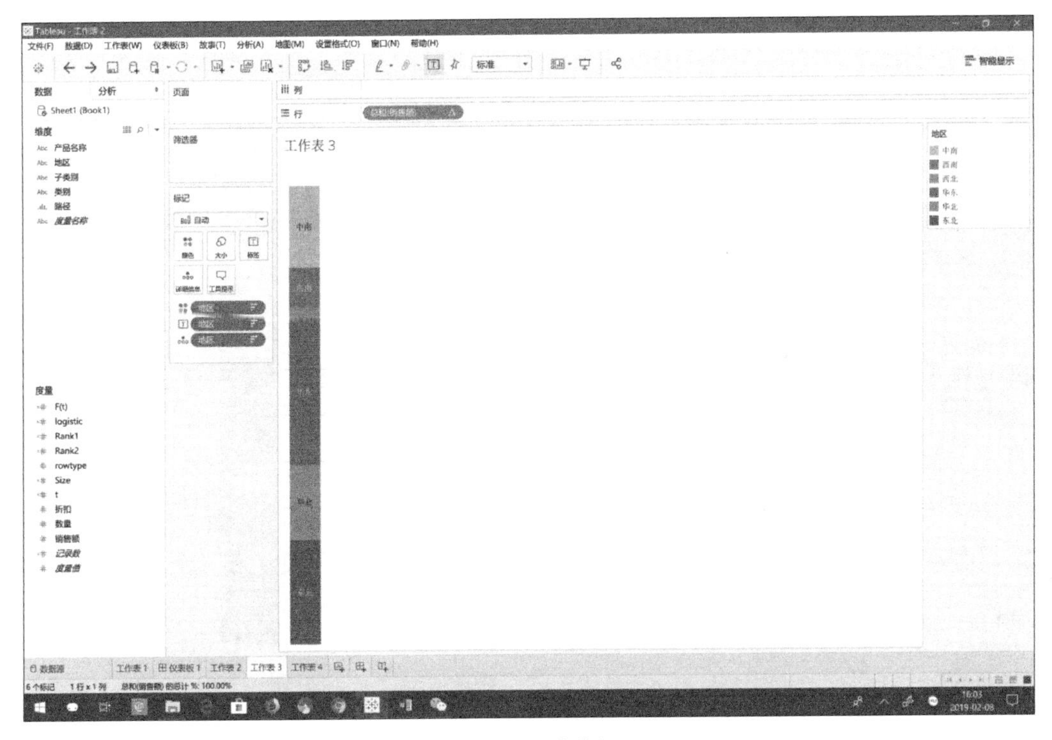

图 5-36　设置行

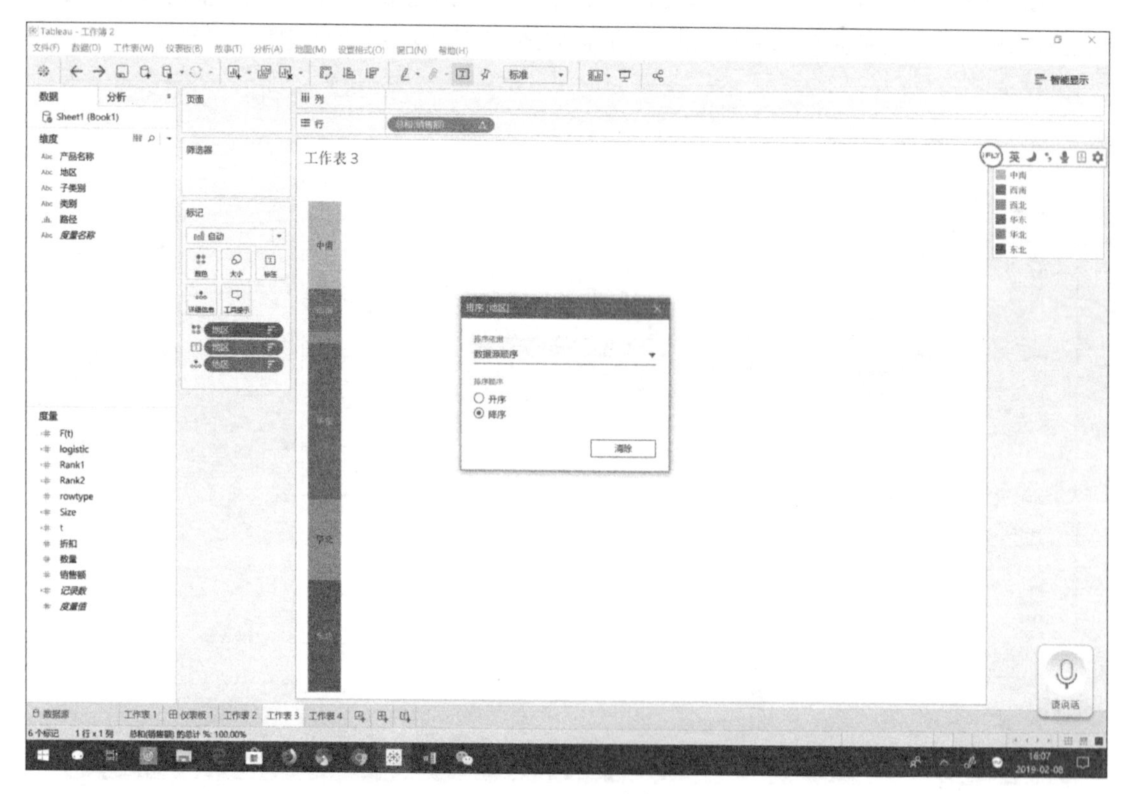

图 5-37 设置降序

图 5-38 桑基图最终效果

5.3 树状图

树状图可以通过具有视觉吸引力的格式提供更多的思路或者解决方法，是一种相对简单的数据可视化形式。Tableau 中的树状图并不是树形结构的图，而是使用树状发散的思想在可嵌套的矩形中显示数据。可使用度量来定义各个树状图中矩形的大小或颜色，使用维度来定义树状图的结构，从而完善树状图。

树状图的基本组件见表 5-2。

表 5-2　树状图的基本组件

标记类型	“自动”或“方形”
颜色	维度或度量
大小	度量
“标签”或“详细信息”	维度

【例 5-4】绘制树状图

本例介绍如何加载数据源并对数据源中指定维度进行树状图的可视化分析，再利用 Tableau 自带的超市数据源进行树状图分析。

步骤 1：将销售额预测拖至“行”功能区中，如图 5-39 所示。

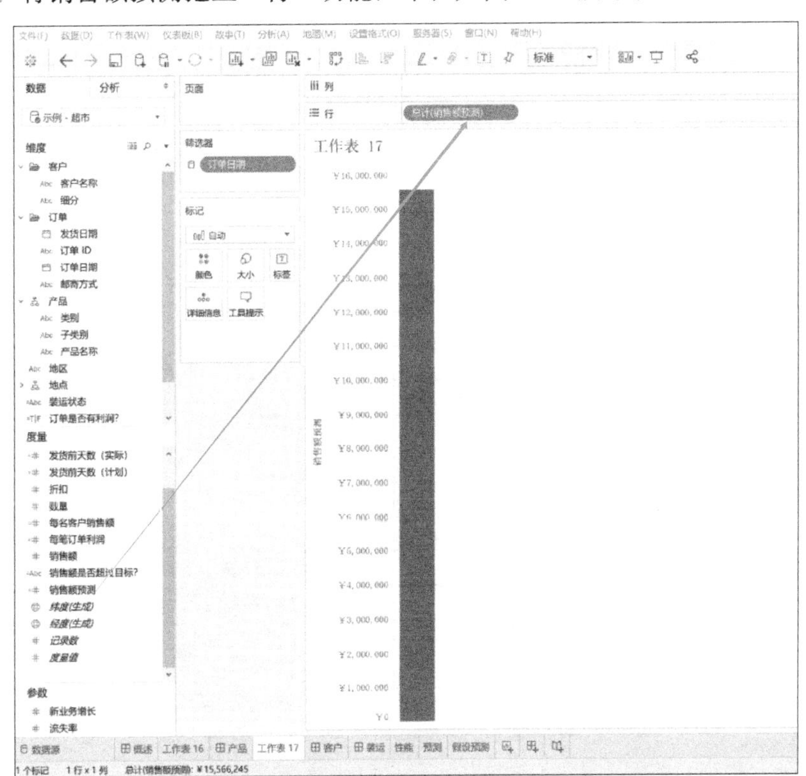

扫码看视频

图 5-39　行设置

步骤 2：将地点拖至“标记”选项卡中，Tableau 中将显示默认图表类型，即条形图，如图 5-40 所示。

步骤 3：从右侧的智能显示中选择树状图，如图 5-41 所示。

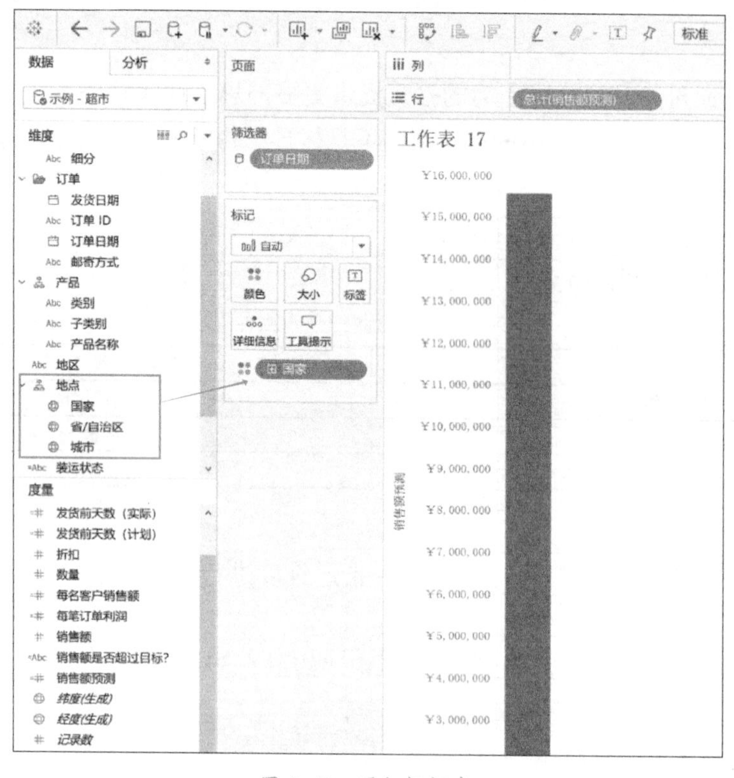

图 5-40　添加标记卡

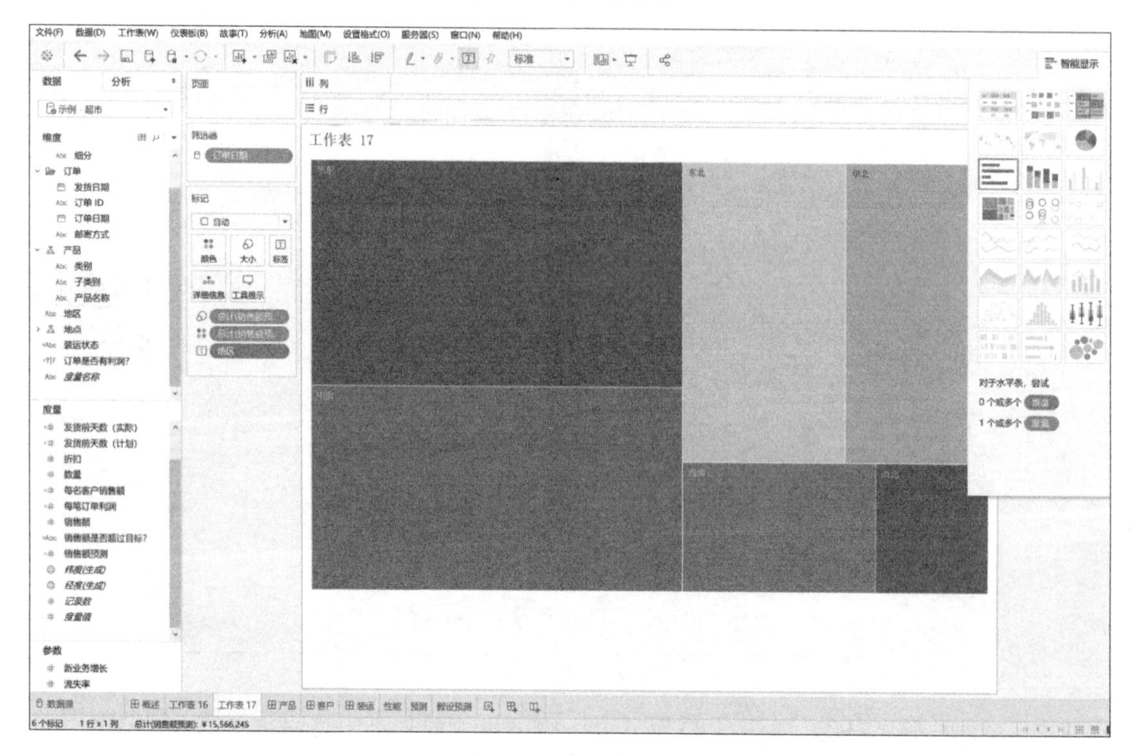

图 5-41　选择树状图

步骤 4：从地点中扩展选择“国家”→“省 / 自治区”→“城市”，如图 5-42 和图 5-43 所示。

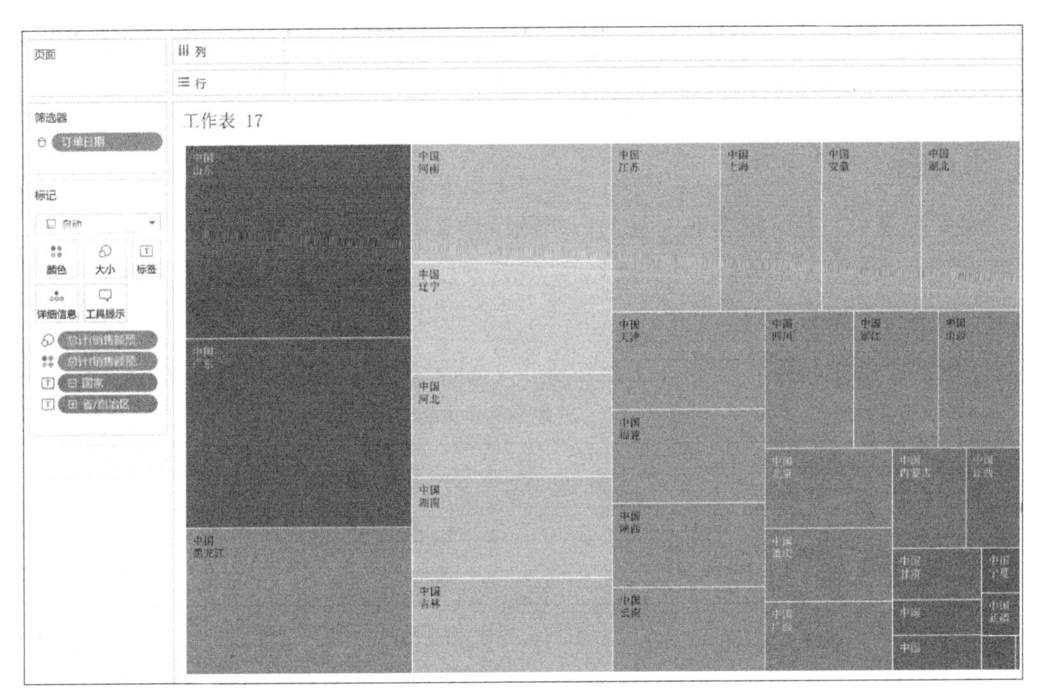

图 5-42　选择地区扩展树状图

在树状图中，使用度量来定义各个树状图中矩形的大小或颜色，如图 5-43 所示。每个类别的总销售额越大，它的框就越大，可见其矩形的大小及其颜色均由“销售预测值”的值决定。

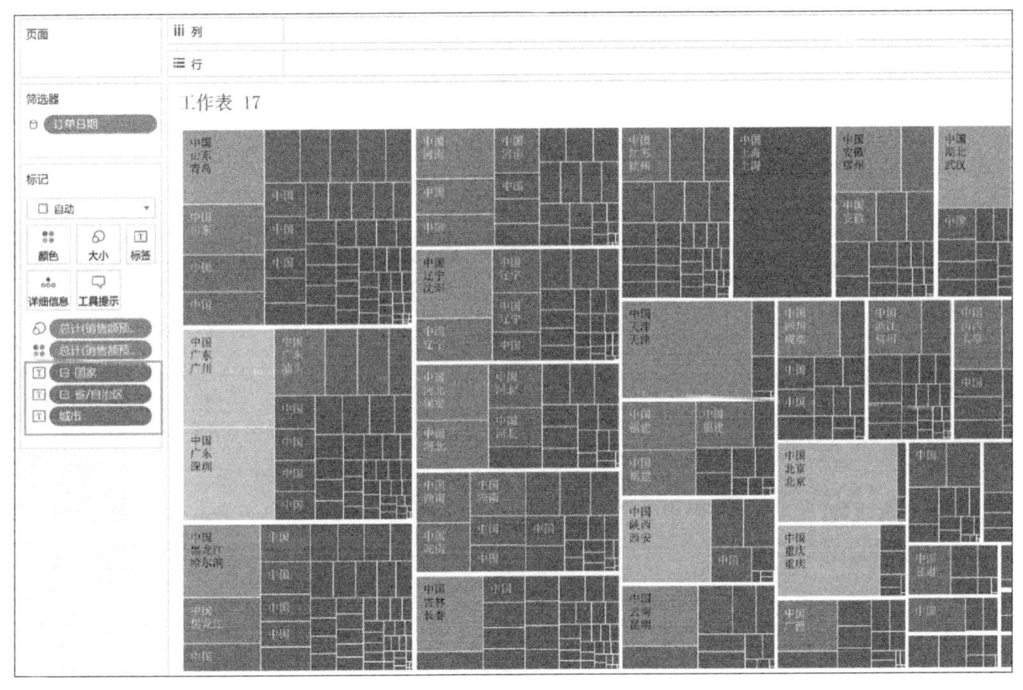

图 5-43　地区扩展细分树状图

对于树状图而言，“大小”和“颜色”是重要元素。可以将度量放在“大小”和“颜色”上，放在任何其他地方则没有效果。虽然树状图可容纳任意数量的维度，但是添加维度只会

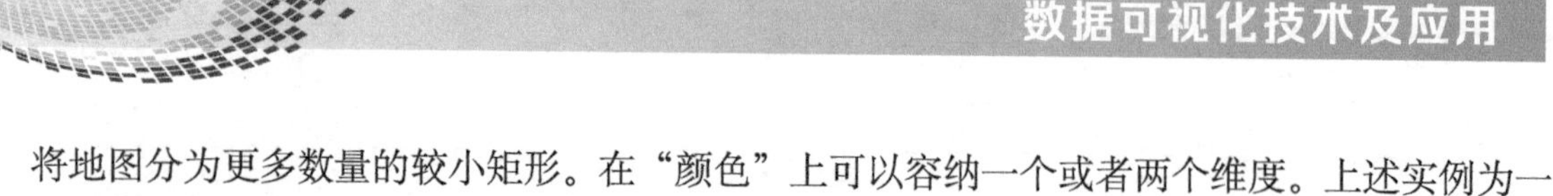

将地图分为更多数量的较小矩形。在“颜色”上可以容纳一个或者两个维度。上述实例为一个度量维度，有兴趣的读者可以继续尝试不同度量。

5.4 气泡图

在商业应用中，有时需要对产品的市场调研结果（如竞品分析、月销量对比等）进行直观展示，此时可使用气泡图。与树状图相类似，气泡图也是使用维度来定义各个气泡，度量则用于定义各个圆的大小和颜色。

气泡图的基本组件见表 5-3。

表 5-3　气泡图的基本组件

标记类型	圆形
详细信息	维度
大小	度量
颜色	维度或度量
标签（可选）	

【例 5-5】 绘制气泡图

本例介绍如何加载数据源并对数据源中指定维度进行气泡图的可视化分析，再利用 Tableau 自带的超市数据源进行气泡图分析。

步骤 1：将销售额预测拖至“行”功能区中，如图 5-44 所示。

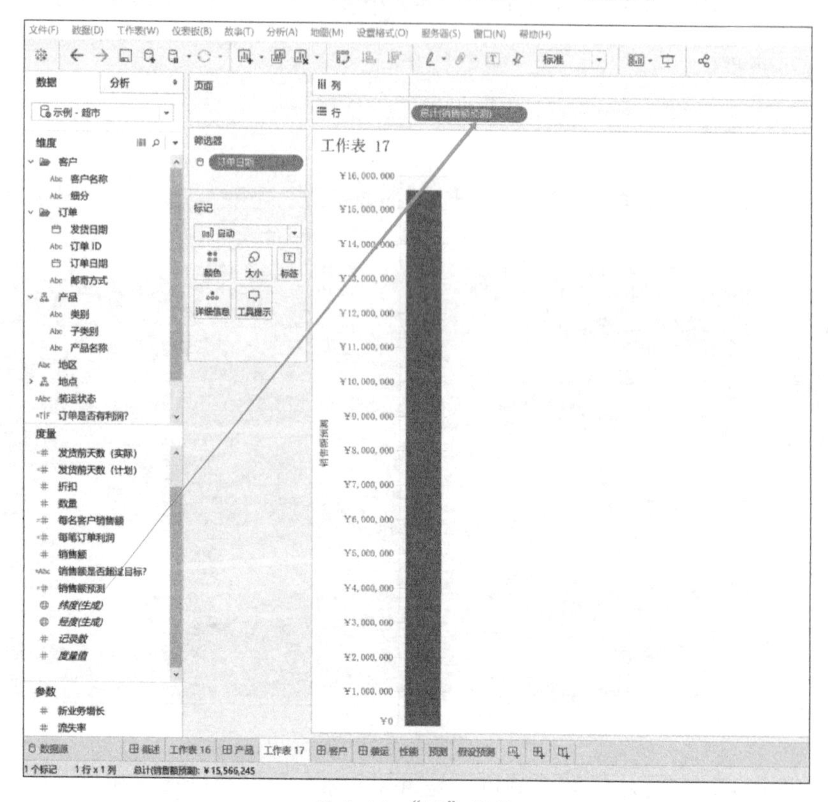

图 5-44　“行”设置

扫码看视频

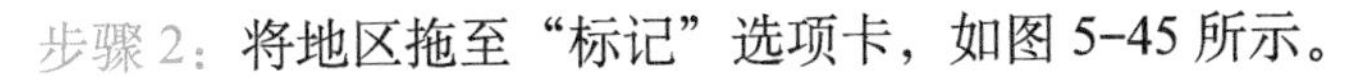

步骤 2：将地区拖至“标记”选项卡，如图 5-45 所示。

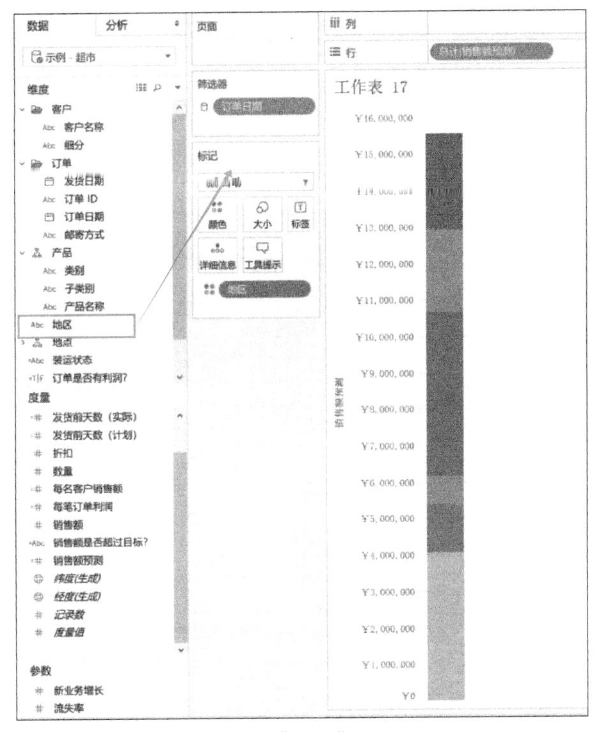

图 5-45 “标记”卡设置

步骤 3：从右侧的智能显示中选择填充气泡，如图 5-46 所示。

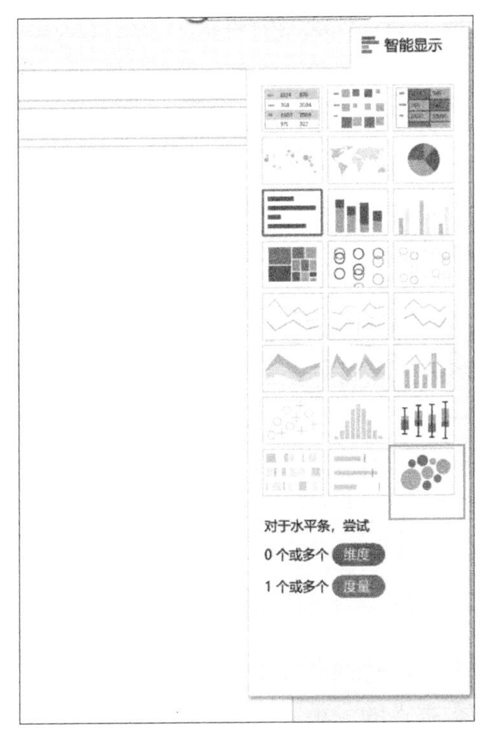

图 5-46 填充气泡

气泡图中圆圈越大，某个地区的销售预测值越高，呈现的效果如图 5-47 所示。

图 5-47　气泡图呈现的效果

如果想要追加其他度量值，如直观观测装运状态，则可以将其添加至“列”功能区中，如图 5-48 所示。

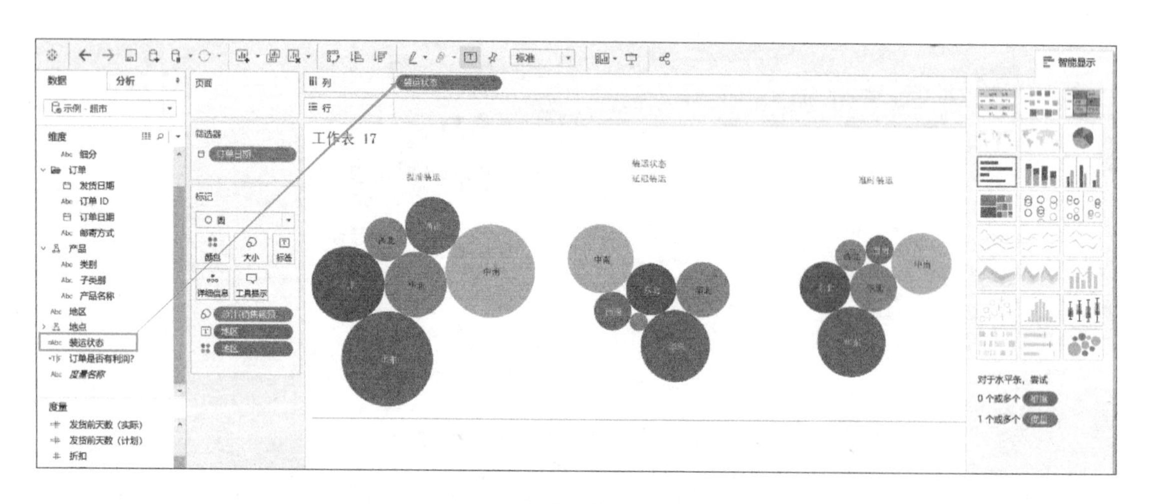

图 5-48　观察填充气泡图装运状态

将气泡图与 XY 散点图对比，两者不同之处在于，气泡图对成组的多个数值进行比较，其中某个数值用于表示气泡数据点的大小，而 XY 散点图则是对成组的两个数值进行比较。

5.5 文字云

将大量的文本，以不同的大小、长短，散乱无序地构成某种外形的方法就是文字云。通过文字云可以自由设定想要的背景、字体、颜色等属性。原文本中的高频度量值也能够通过文字云突出显示。制作一个文字云时先选择需要分类的度量文本，将“统计”度量拖到“标记”选项卡的“属值”上，再将“度量”维度拖到“标记”选项卡的“文本”上，最后将“度量”分类拖到“标记”选项卡的“颜色”上，这样就形成了一个简单的文字云，如图 5-49 所示。

图 5-49　文字云

【例 5-6】 绘制文字云

本例介绍如何加载数据源并对数据源中指定维度进行文字云的可视化分析，再利用 Tableau 自带的超市数据源进行文字云分析。

步骤 1：选择并拖放字符。首先选择两个字段——利润和销售额，然后将利润放到“列”功能区，将销售额放到“行”功能区，如图 5-50 所示。

步骤 2：将维度字段拖到“颜色”上。这里可以拖放任意一个维度的字段到“标记”选项卡的“颜色”中作为示范。例如，将子类别拖到“颜色”上，如图 5-51 所示，呈现结果如图 5-52 所示。

步骤 3：选择“智能显示”中的气泡图。如果没有找到“智能显示”，则可以按 <Ctrl+1> 组合键打开智能显示，如图 5-53 所示。

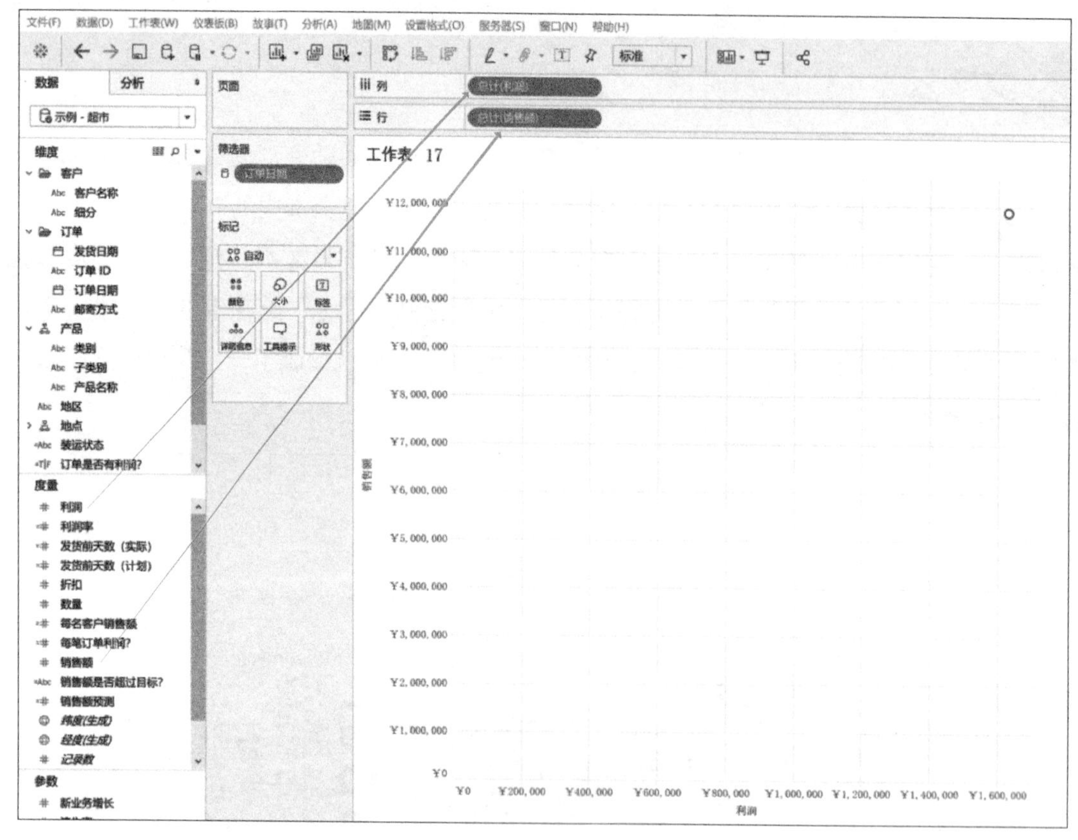

图 5-50 设置“行”和“列”功能区

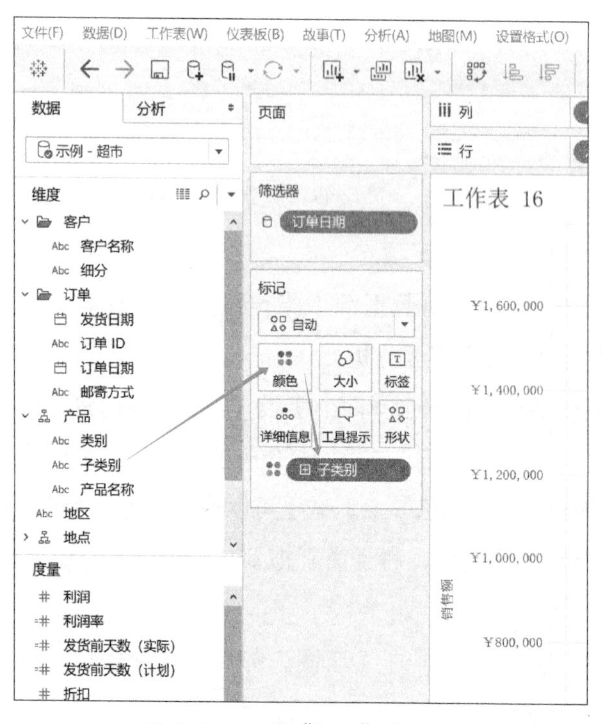

图 5-51 设置“标记”选项卡

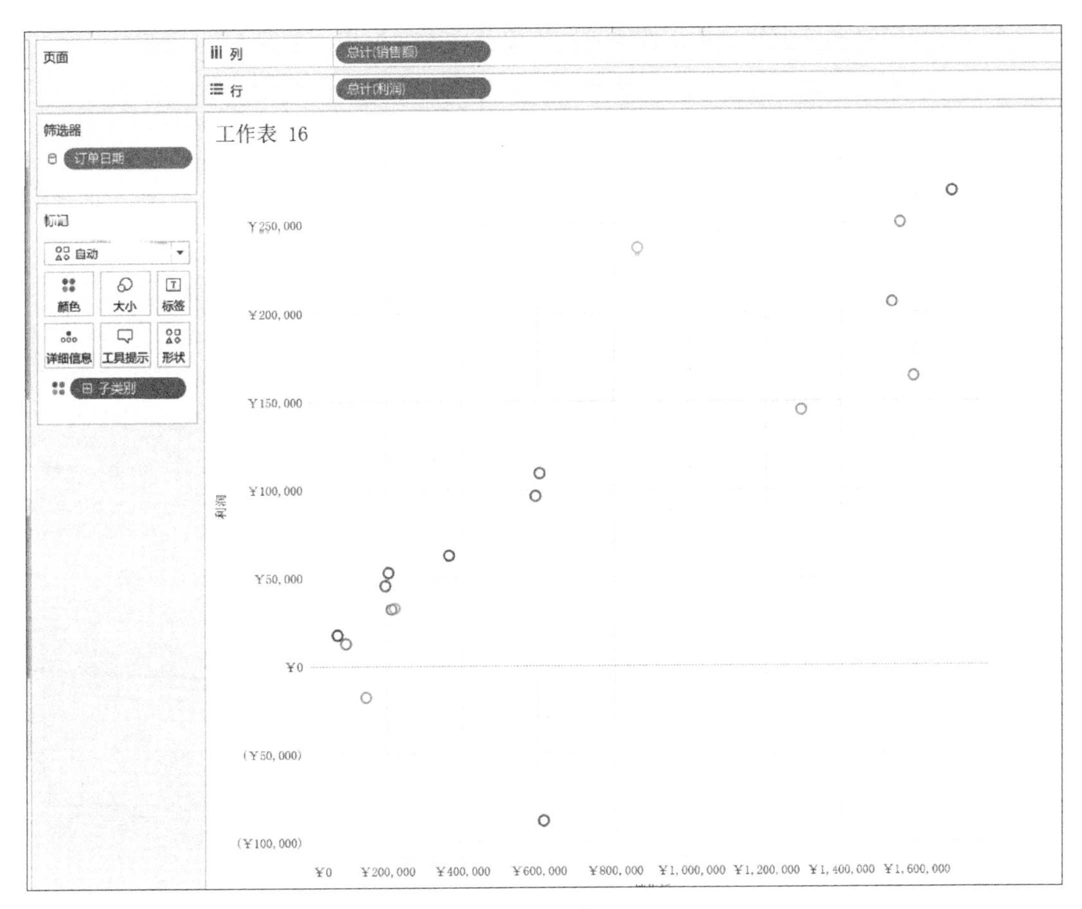

图 5-52　观察图形

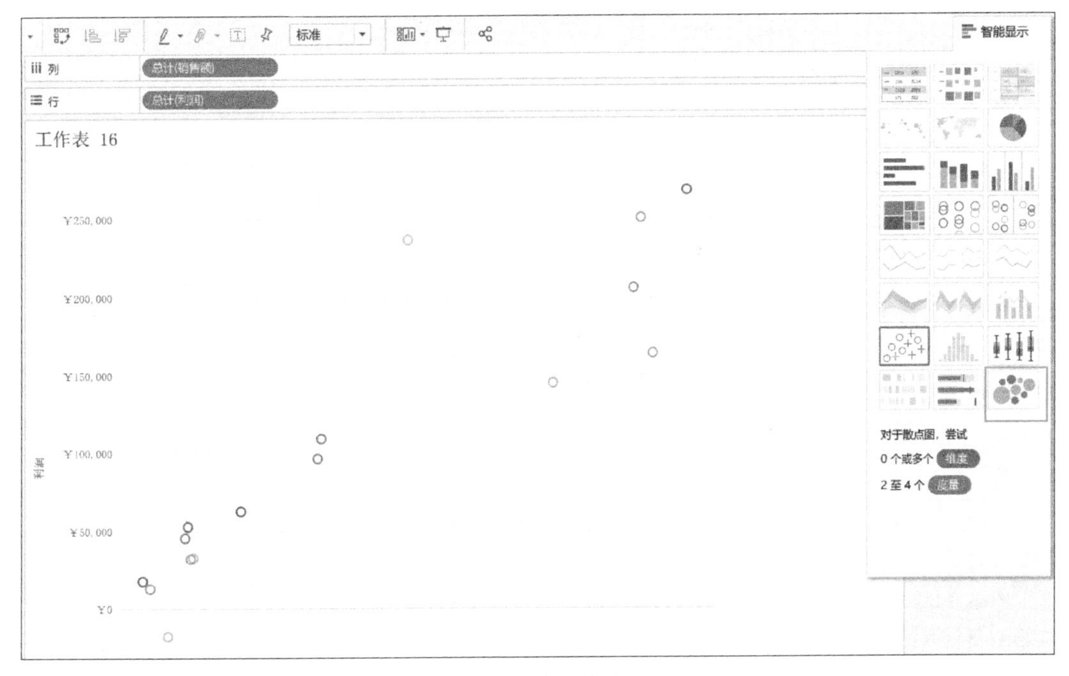

图 5-53　选择气泡图

步骤 4：标记筛选框中的文本。选择筛选框里的文本并标记，如图 5-54 所示。

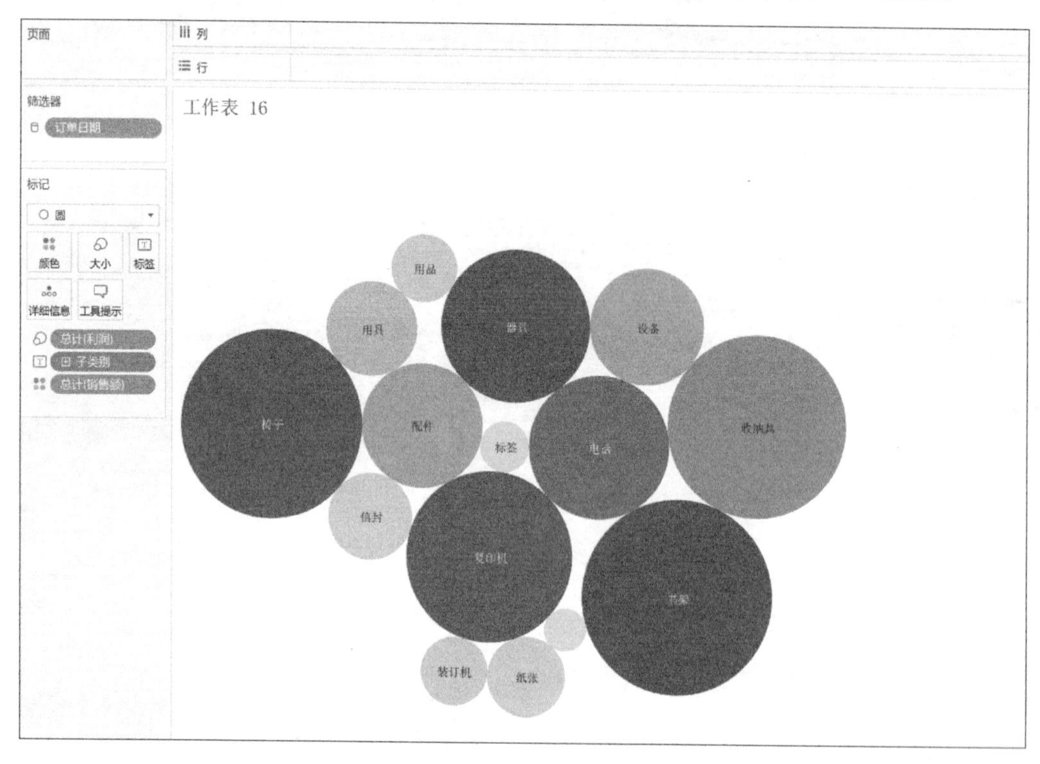

图 5-54　气泡图效果

从“标记”选项卡的下拉菜单中选择文本，如图 5-55 所示。

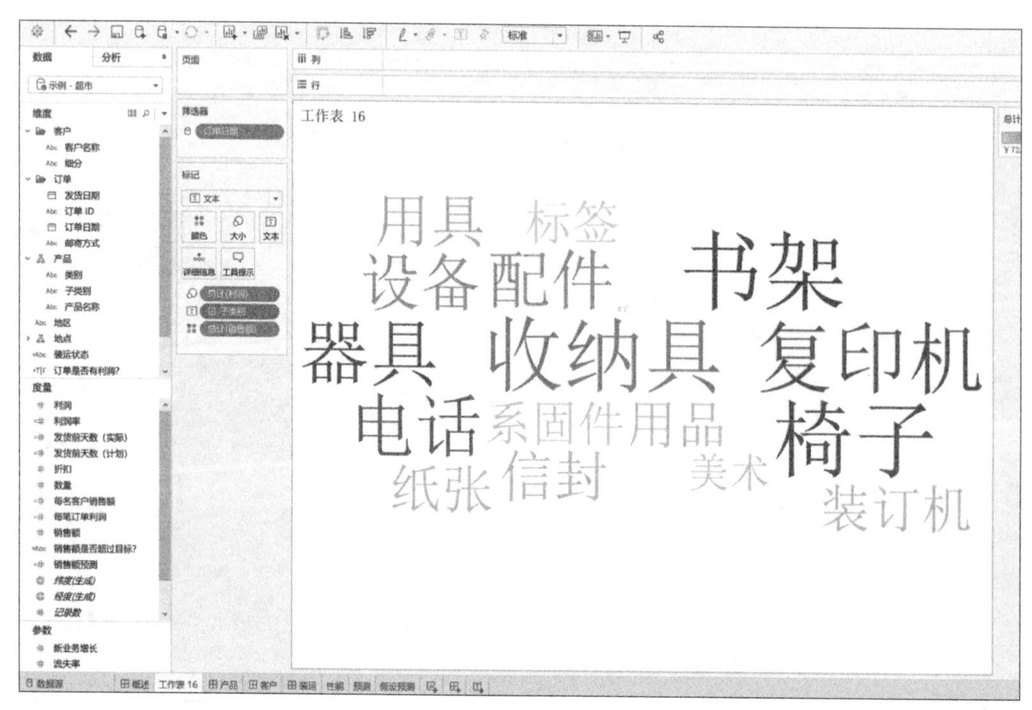

图 5-55　文字云初步效果

可以从颜色中选择不同的色系搭配，如图 5-56 所示。

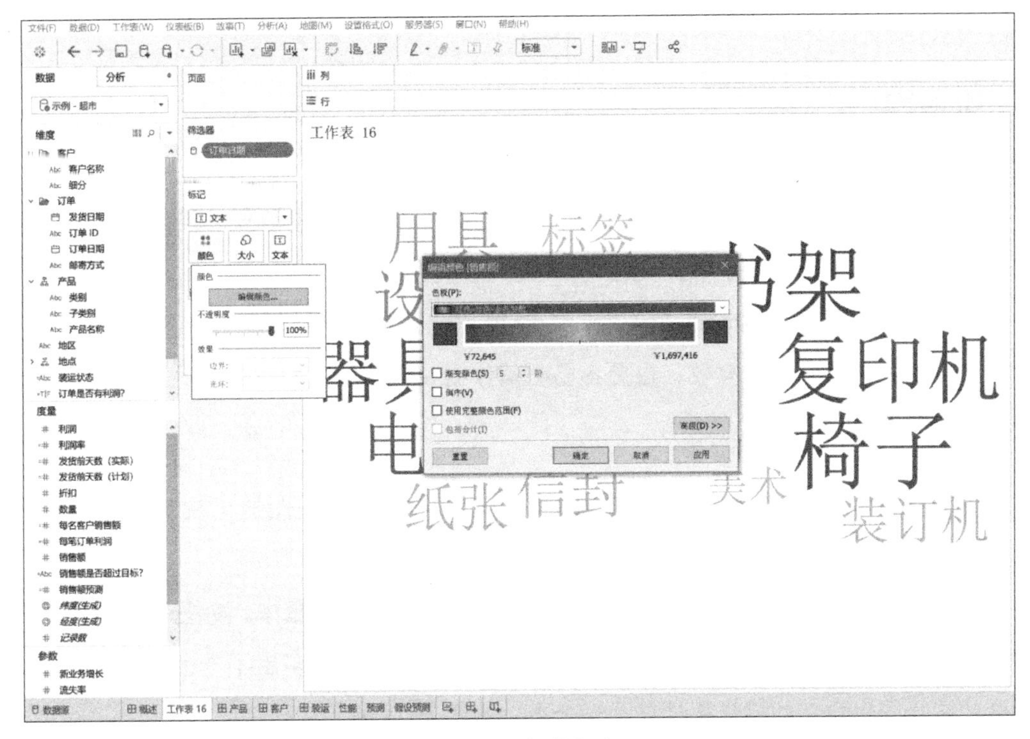

图 5-56　调整颜色

可以明显地发现，字体越大，度量值越大，如图 5-57 所示。

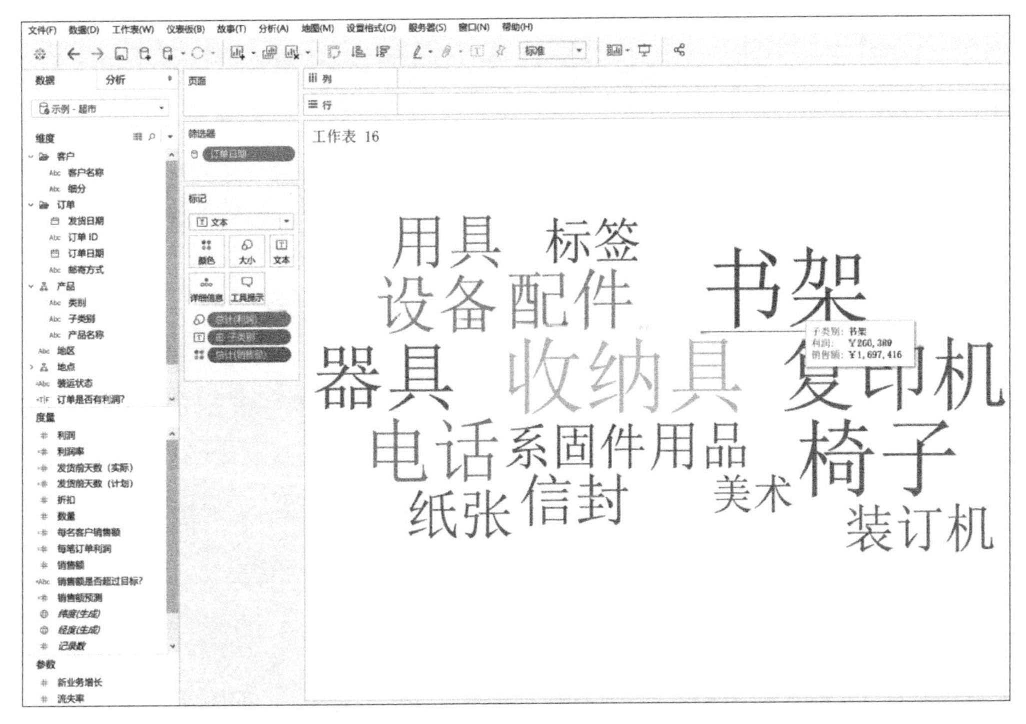

图 5-57　文字云最终效果

这样一个简单的文字云图就完成了。单击图中文字可以查看相应的度量值。

5.6 动态图

近来，越来越多的场景使用了动态图表，因为动态图可以像动画一样播放，仿佛赋予了数据生命，用这种方式展示数据变化的历程会更为直观、生动。

当要分析很多数据点之间的相关性时，使用动态图来观察一系列视图的连续变化，会比盯着一整幅视图去分析更有效，也更容易看清数据点之间的关联。

【例 5-7】 绘制动态图

本例介绍如何加载数据源并对数据源中指定维度进行动态图的可视化分析，再利用 Tableau 自带的超市数据源进行动态图分析。

步骤 1：需要将视图基于某个变化的字段（如日期）拖到页面框中。按住 <Ctrl> 键将“列”功能区中的“年（订单日期）”拖到页面框中，这时视图右边就多出了一个播放菜单，原来视图区的曲线图也只在初始日期处显示一个点，如图 5-58 所示。

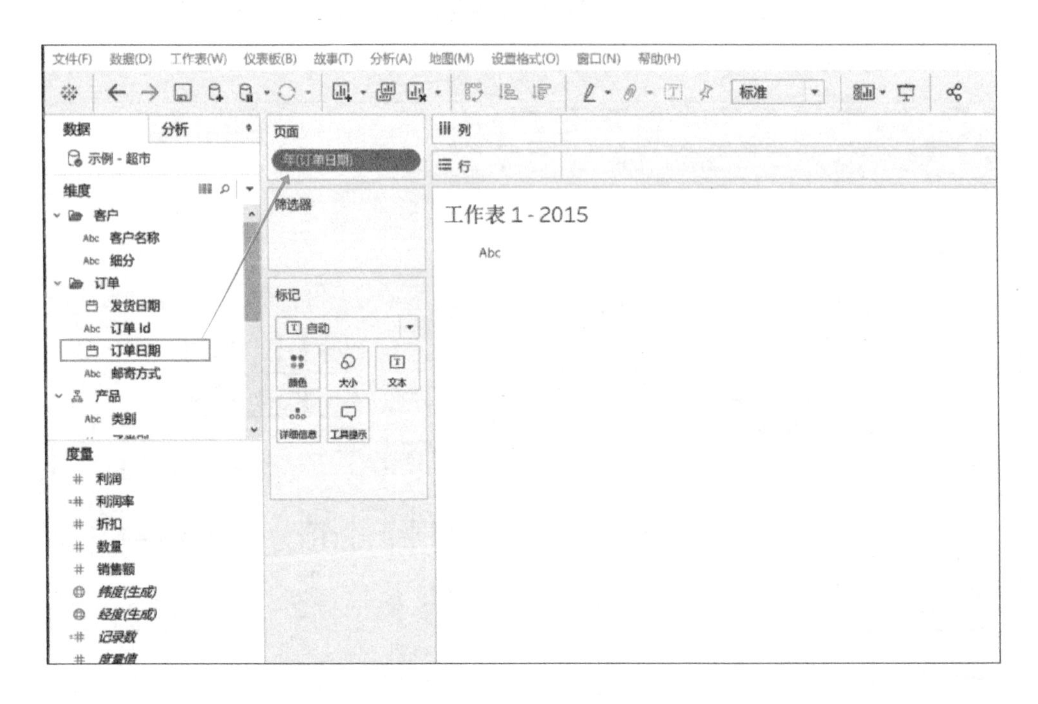

图 5-58 页面准备

步骤 2：将下列字段或者维度分别拖到“行”或“列”功能区，如图 5-59 所示。

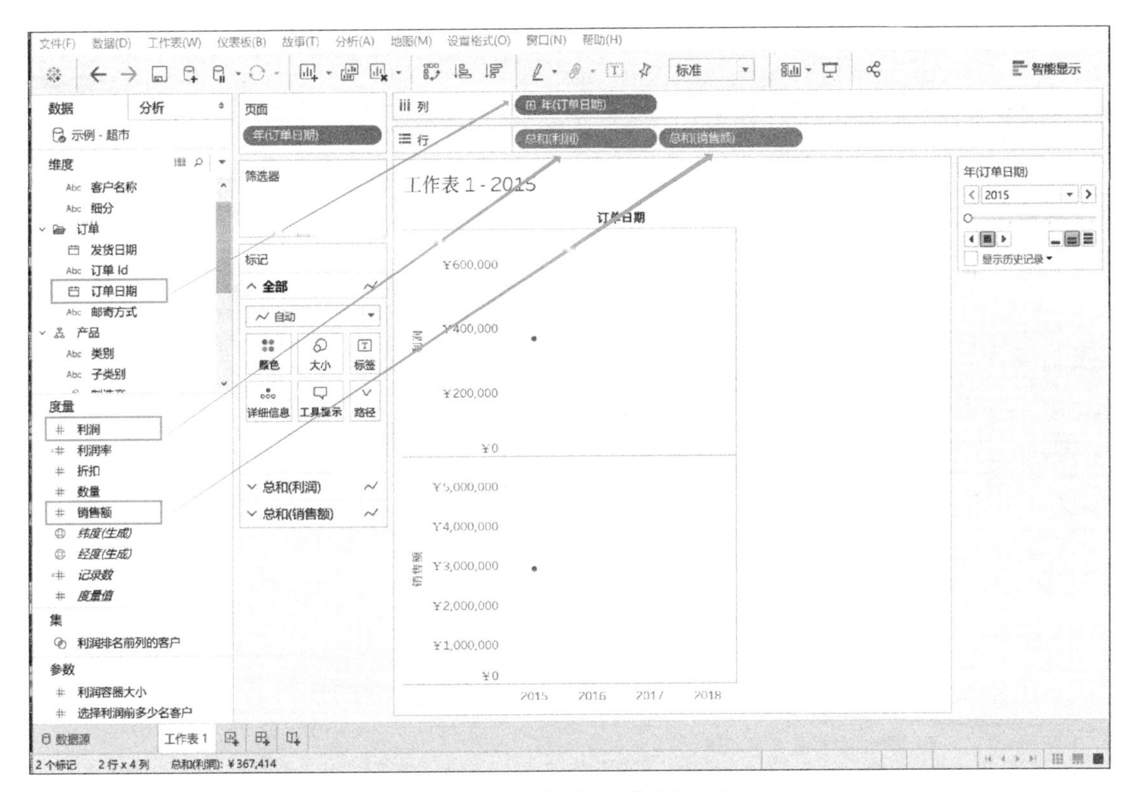

图 5-59 设置“行”和“列”功能区

步骤 3：选择动图播放模式。

Tableau 中的 Page 功能有 3 种播放方式，具体介绍如下。

（1）直接跳到某一特定的页

这里相当于直接跳到某个日期，单击倒三角按钮可以直接选择某个时间，会立即跳至该日期的视图。

（2）手动调整播放进度

利用处于日期下方的滑动条手动将视图滑至某一页。除此之外还有一个比较规范的方法就是单击在下拉菜单按钮两边的“后退”和“前进”按钮，通过这两个选择按钮可以向后或向前翻一页，实现手动调整播放进度的目的。

（3）自动翻页

在下拉菜单下方可以看到两个翻页按钮，分别为向前翻页和向后翻页，单击其中某个即可实现自动向前或向后翻页。向前翻页和向后翻页中间的是暂停按钮，右边的 3 个按钮则是用来调节翻页速度的。

步骤 4：选择右侧的“显示历史记录”，如图 5-60 所示。由于年度的跨越较大，可以将年度的度量值改成月。单击“向前翻页”按钮，观察销售额和利润的动态变化趋势，如图 5-61 所示。

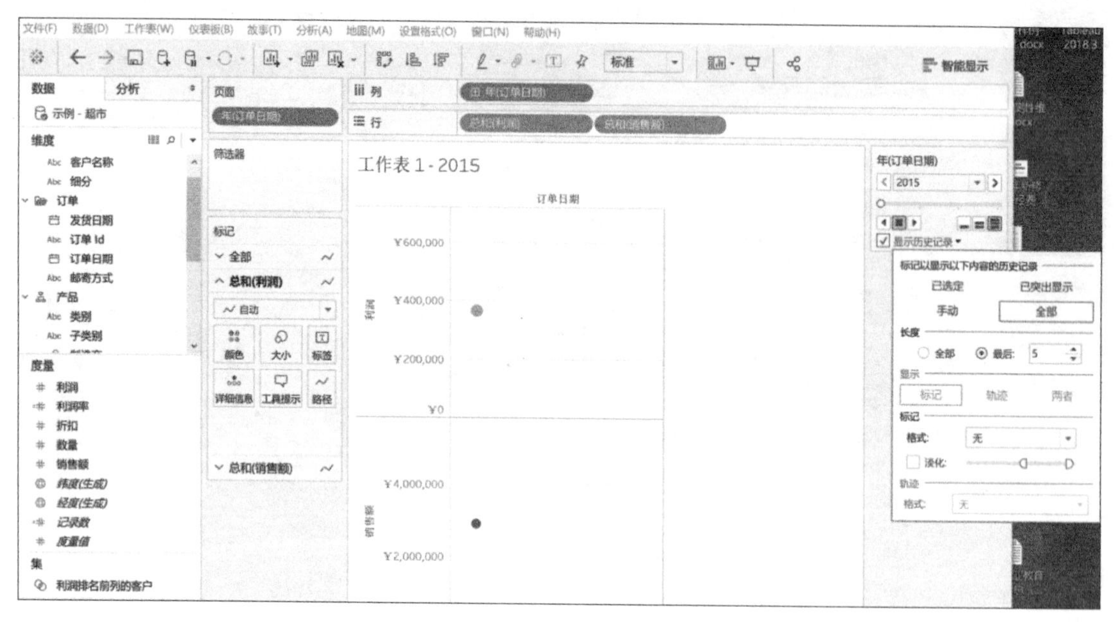

图 5-60　选择历史记录

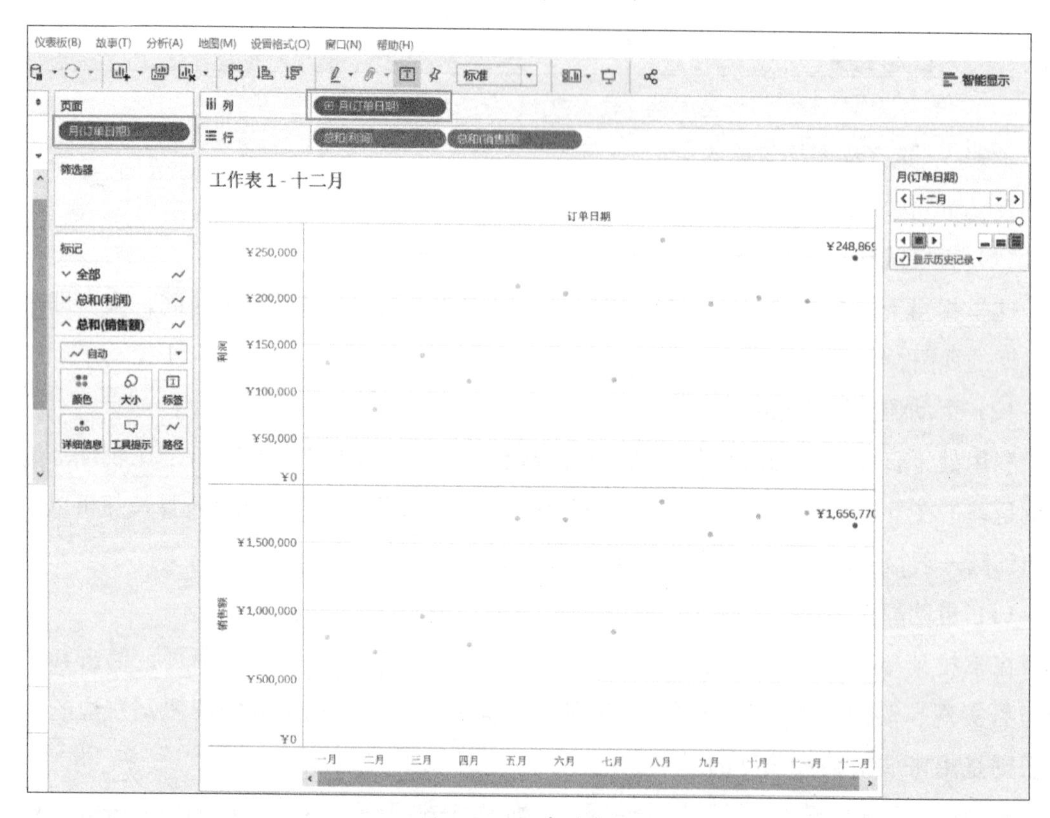

图 5-61　观察动态图

步骤 5：可以大概地观察到销售额和利润随月份的动态变化，读者可以根据自己的业务性质和数据，做出更具特点且生动形象的动态图，从而发现更多隐藏在数据中的信息。

本章小结

本章重点介绍了利用 Tableau 对数据进行桑基图、蝴蝶图、气泡图、文字云等图形分析的基本方法，针对相对复杂的图形，通过具体的实例进行图形分析，并详细讲解了具体的操作步骤。

课后练习

1．在蝴蝶图中的倒序操作是什么?
2．桑基图的来源是什么？代表了什么的流动?
3．桑基图的特点是什么?
4．简述 Sigmoid 函数的操作与使用。
5．树状图是树形结构的图吗？为什么?
6．简述气泡图的基本组件和功能。
7．简述文字云的基本组件和功能。
8．简述动态图中的动图播放模式。
9．根据“示例 - 超市”数据源，绘制其他蝴蝶图。
10．根据“示例 - 超市”数据源，分别绘制其他树状图、气泡图和文字云。
11．根据 2019 年五一黄金周 5 天中每日的出行数据，绘制动态图。

Chapter 6

第6章 数据分析与可视化案例

本章导读

本章利用4个真实场景的案例来讲解数据分析与数据可视化，读者可以按照步骤操作，体会过程。通过本章的学习，读者可以全面掌握Tableau用于数据分析和展示项目的各种特殊使用技巧，建立图形美化、仪表板设计、故事设计、统计的理论框架，并能从实战角度对相应的操作技能和理论框架加以应用。

学习目标

1）知识目标：有目的地进行收集、整理、加工和分析数据，提炼有价值的信息。学会数据分析与可视化案例分析，包括明确分析目的与框架、数据收集、数据处理、数据分析、数据展现和撰写报告6个阶段。

2）技能目标：培养进行数据加工、整理的能力；培养通过分析手段、方法和技巧对准备好的数据进行探索、分析，从中发现因果关系、内部联系和业务规律；同时，借助数据展现手段，能更直观地让数据分析师表述想要呈现的信息、观点和建议。

3）职业素养：主要培养学生利用数据进行分析服务的能力，再将其结果数据利用Tableau展示，最后输出可视化文件或包含可视化文件的网页等。

6.1 资源监控数据分析

本节将通过一个能源行业的例子来研究仪表板设计技术，数据来自某家能源公司控制台的资源监控记录。资源监控记录是指对资源管理进行核算和存储的数据记录，由公司行政部门统一管理数据，并对公司董事会负责。对能源公司的数据分析应着重于地理区域，考虑当地的人力资源、法律问题等。通过 Tableau 软件中的高亮和筛选功能，将地理信息与其他分析信息进行整合，实现企业信息的自动更新。

根据“资源监控 .xls”所给数据，对我国各地区不同时间段的石油累计量进行分析，并将地区与累计石油量、时间作为主要内容，按要求绘制 3 种各自具有鲜明特点的图表。

数据中记录了从 2007 年 4 月 30 日到 2012 年 2 月 29 日我国不同地区的累计石油量、石油削减、油率等 13 个字段，字段结构见表 6-1。

表 6-1 字段结构表

序　号	字 段 名	示　例	序　号	字 段 名	示　例
1	日期	2007/4/30	8	累积石油量（立方米）	58 512
2	断块类型	L	9	石油削减	0.94
3	水库名	M	10	油率（升 / 天）	137 694
4	年份	2008	11	累积水量（立方米）	2 063.82
5	地名编号	4	12	含水量	0.06
6	地名	庆阳	13	水率（升 / 天）	9 063
7	拼音	Qingyang			

本节主要任务包括：

1）制作资源监控记录表的“年度分析”视图。

2）制作资源监控记录表的“地域分析”视图。

3）制作资源监控记录表的“全局分析”视图。

【例 6-1】 制作“年度分析”视图

本例将使用面积图来分析石油的年累积量并通过颜色分类使年度信息更加直观，操作步骤如下。

步骤 1：读入资源监控数据，如图 6-1 所示。

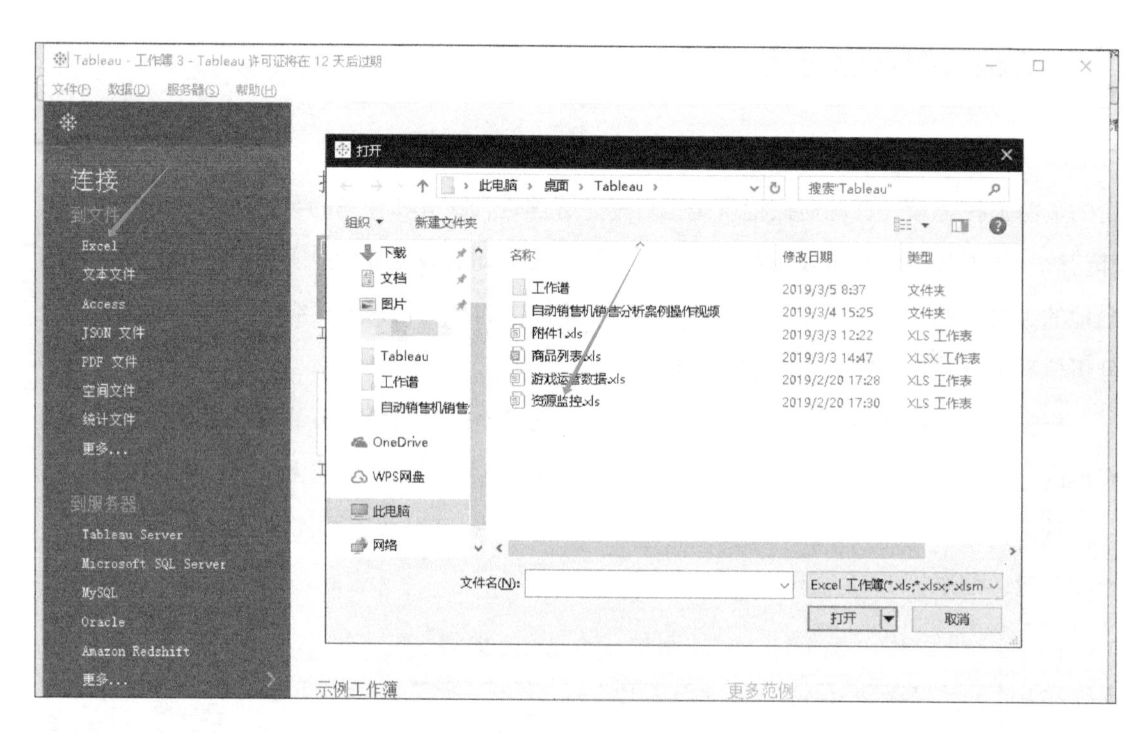

日期	断块类型	水库名	年份	地名编号	地名	拼音	累积石油量（立方米	石油削减	油率（升/天）	累积水量（立方米）
2007/4/30 0:00	L	M	2007	4	庆阳	Qingyang	0		0	0
2007/5/31 0:00	L	M	2007	4	庆阳	Qingyang	0		0	0
2007/6/30 0:00	L	M	2007	4	庆阳	Qingyang	0		0	0
2007/7/31 0:00	L	M	2007	4	庆阳	Qingyang	2703	0.91	89040	278.25
2007/8/31 0:00	L	M	2007	4	庆阳	Qingyang	9540	0.99	219579	314.82
2007/9/30 0:00	L	M	2007	4	庆阳	Qingyang	16377	1	224826	330.72
2007/10/31 0:00	L	M	2007	4	庆阳	Qingyang	22896	0.99	214173	378.42
2007/11/30 0:00	L	M	2007	4	庆阳	Qingyang	28302	0.97	177921	558.09
2007/12/31 0:00	L	M	2007	4	庆阳	Qingyang	33708	1	172197	566.04
2008/1/31 0:00	L	M	2008	4	庆阳	Qingyang	38001	1	143259	567.63
2008/2/28 0:00	L	M	2008	4	庆阳	Qingyang	42135	0.99	146121	591.48
2008/3/31 0:00	L	M	2008	4	庆阳	Qingyang	46269	0.83	129903	1413.51
2008/4/30 0:00	L	M	2008	4	庆阳	Qingyang	50085	0.96	132288	1559.79
2008/5/31 0:00	L	M	2008	4	庆阳	Qingyang	54378	0.95	136422	1793.52
2008/6/30 0:00	L	M	2008	4	庆阳	Qingyang	58512	0.94	137694	2063.82
2008/7/31 0:00	L	M	2008	4	庆阳	Qingyang	62646	0.96	134673	2221.23
2008/8/31 0:00	L	M	2008	4	庆阳	Qingyang	66621	0.94	127836	2494.71
2008/9/30 0:00	L	M	2008	4	庆阳	Qingyang	71391	0.94	155979	2804.76
2008/10/31 0:00	L	M	2008	4	庆阳	Qingyang	76320	0.91	161067	3281.76
2008/11/30 0:00	L	M	2008	4	庆阳	Qingyang	80613	0.93	143577	3580.68
2008/12/31 0:00	L	M	2008	4	庆阳	Qingyang	85065	0.93	144690	3916.17
2009/1/31 0:00	L	M	2009	4	庆阳	Qingyang	89517	0.93	140397	4250.07
2009/2/28 0:00	L	M	2009	4	庆阳	Qingyang	93492	0.94	145485	4501.29
2009/3/31 0:00	L	M	2009	4	庆阳	Qingyang	98103	0.94	147552	4811.34
2009/4/30 0:00	L	M	2009	4	庆阳	Qingyang	102396	0.92	144531	5178.63
2009/5/31 0:00	L	M	2009	4	庆阳	Qingyang	106848	0.94	142146	5477.55
2009/6/30 0:00	L	M	2009	4	庆阳	Qingyang	111141	0.91	140079	5914.8

图 6-1　读入资源监控数据

步骤 2：新建一张工作表，如图 6-2 所示。

将“日期”和“累计石油量”分别拖到“列”和“行”功能区中，如图 6-3 所示。把“日期”的格式设置为“精确日期”，如图 6-4 所示。

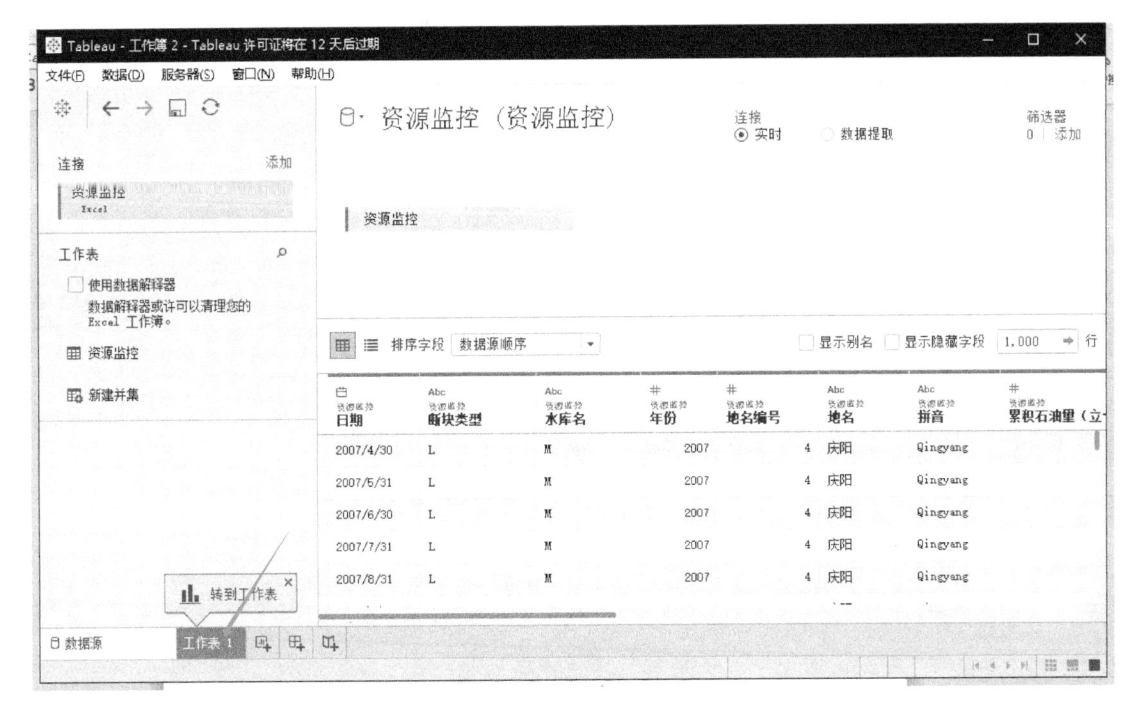

图 6-2　新建工作表

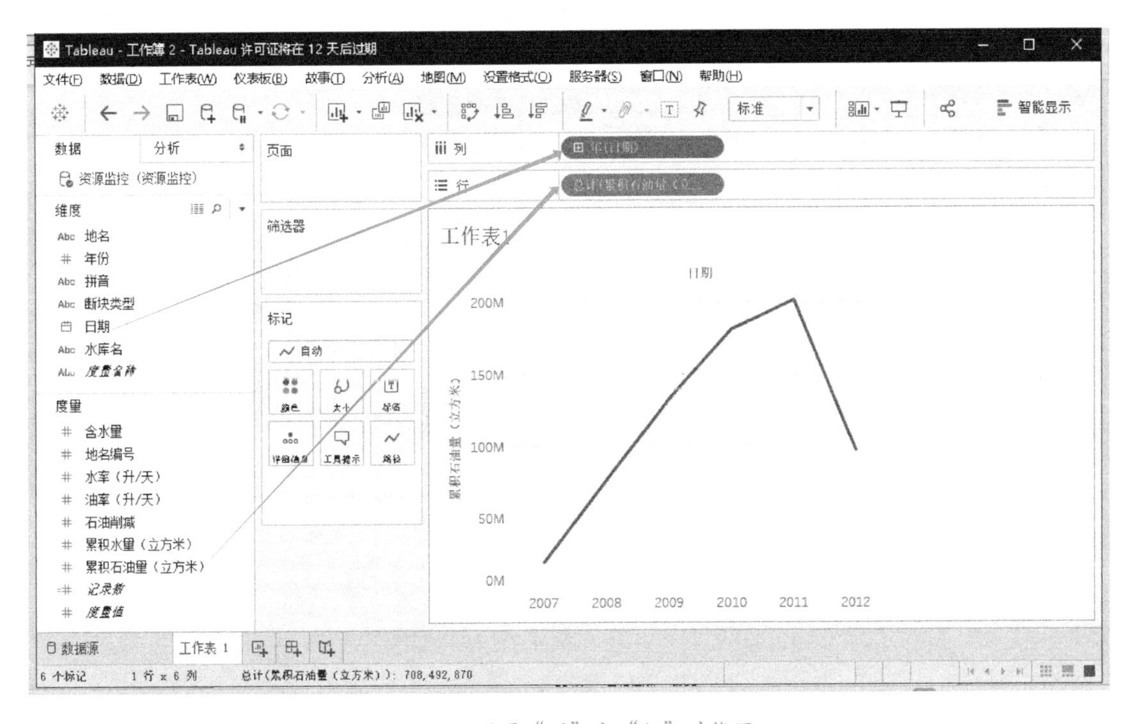

图 6-3　设置“列”和“行”功能区

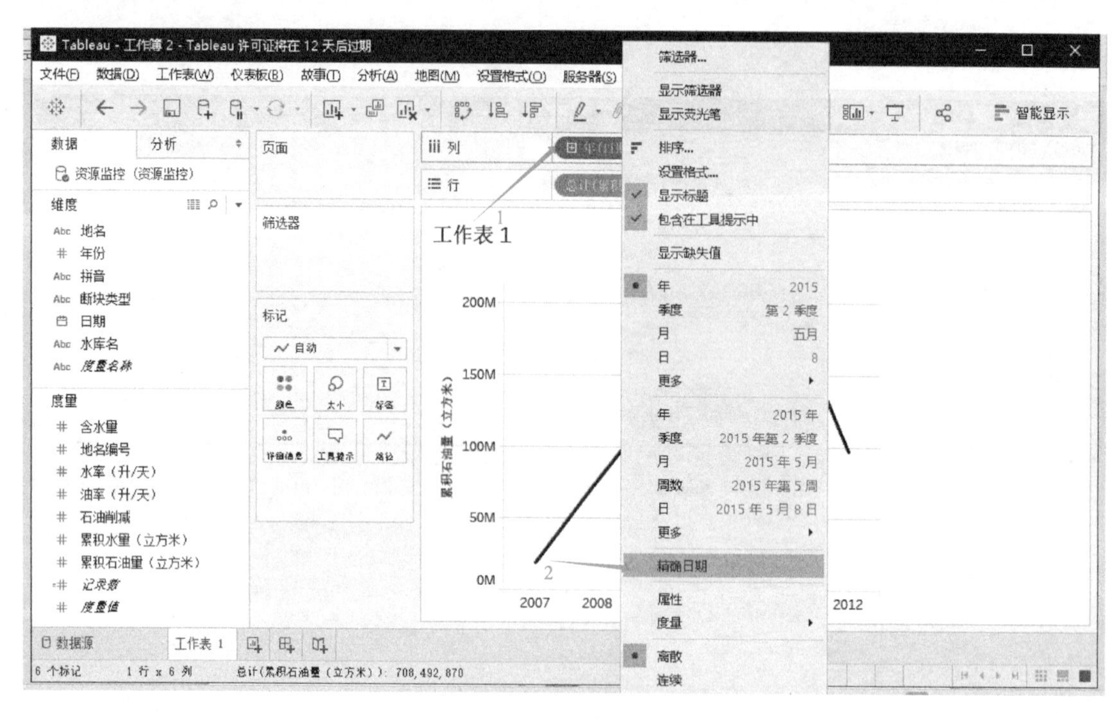

图 6-4 设置精确日期

在“标记”选项卡的下拉菜单中选择“区域”命令，如图 6-5 所示。

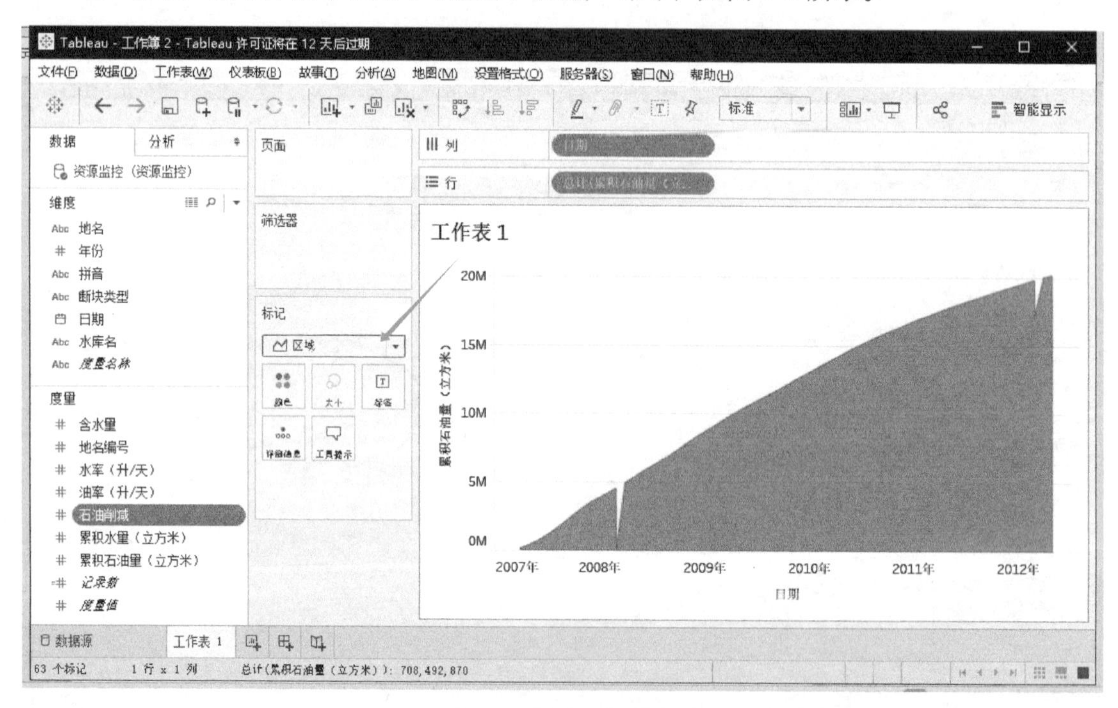

图 6-5 设置标记图像

将“年份”拖到“颜色”上，如图 6-6 所示。

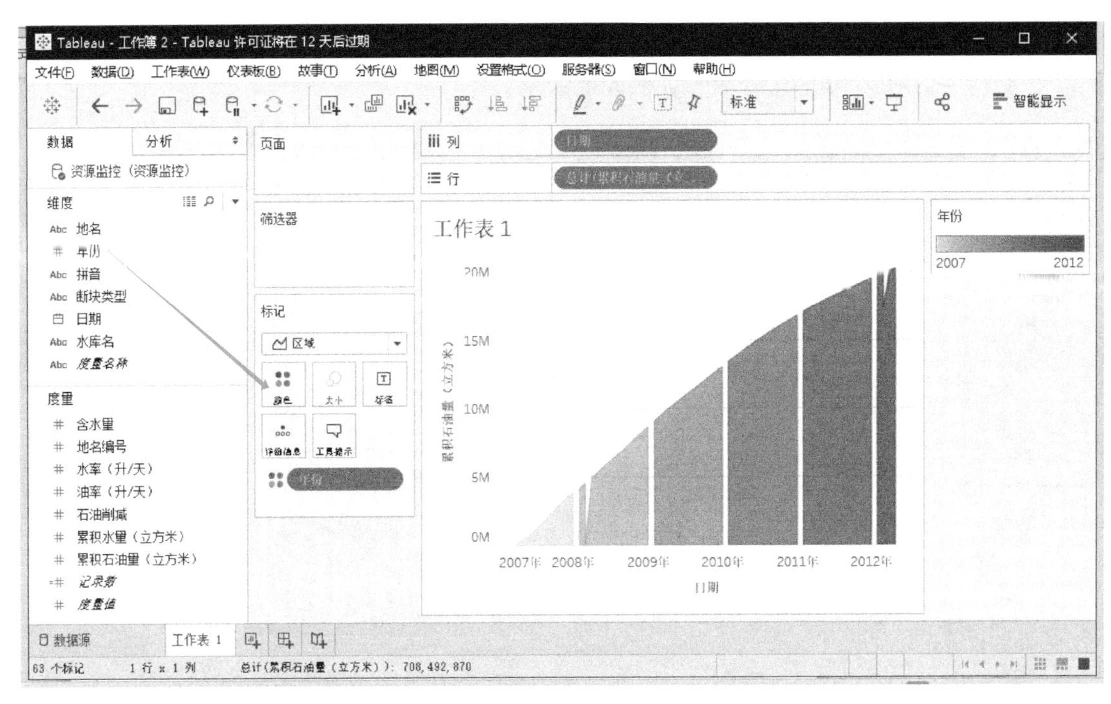

图 6-6　将“年份”拖到“颜色”上

将“地名”拖到“详细信息”上，如图 6-7 所示。

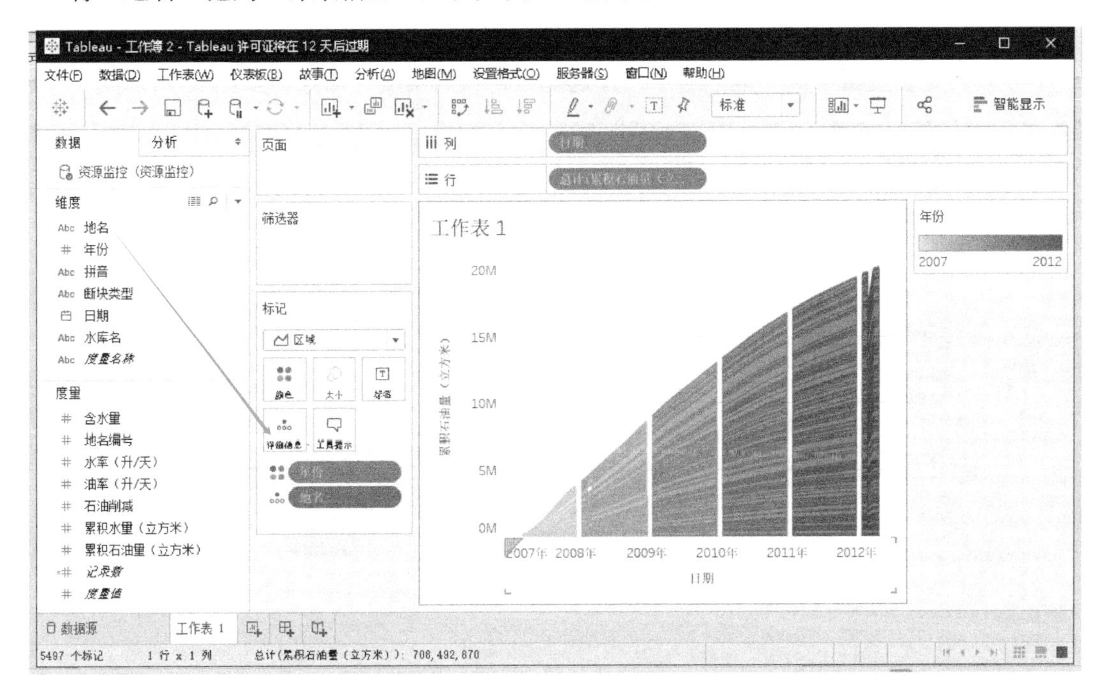

图 6-7　将“地名”拖到“详细信息”上

【例 6-2】 制作“地域分析”视图

本例将使用条形图和彩色滤镜来创建一个更美观的图形，以显示各个位置的累计含油量，操作步骤如下。

步骤 1：打开一个新的工作表，如图 6-8 所示。

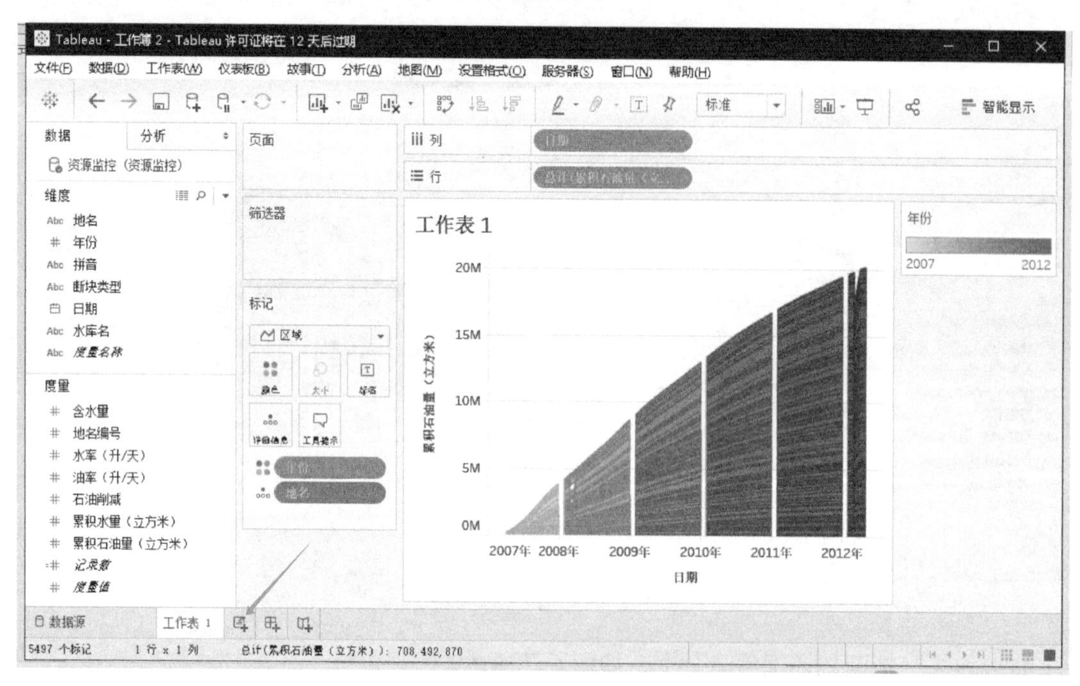

图 6-8　新建工作表

步骤 2：右击度量中的“地名编号”并选择“转换为维度”命令，如图 6-9 所示。

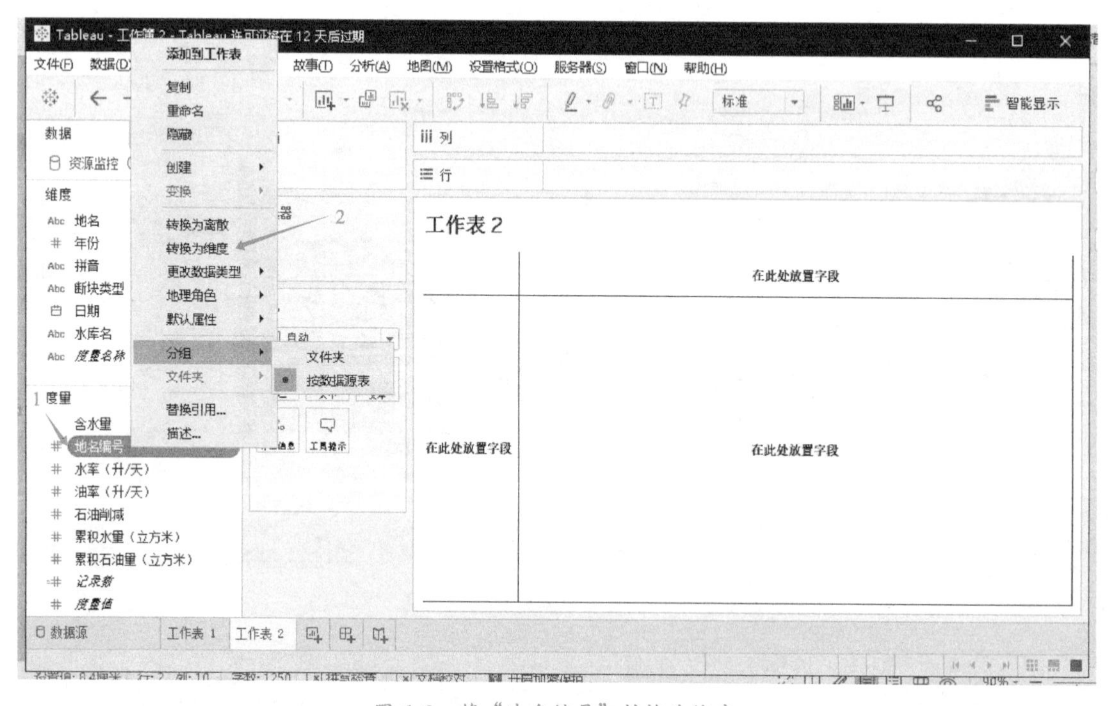

图 6-9　将“地名编号”转换为维度

步骤 3：将“地名编号”“累积石油量”分别拖到“列”和“行”功能区中，如图 6-10 所示。

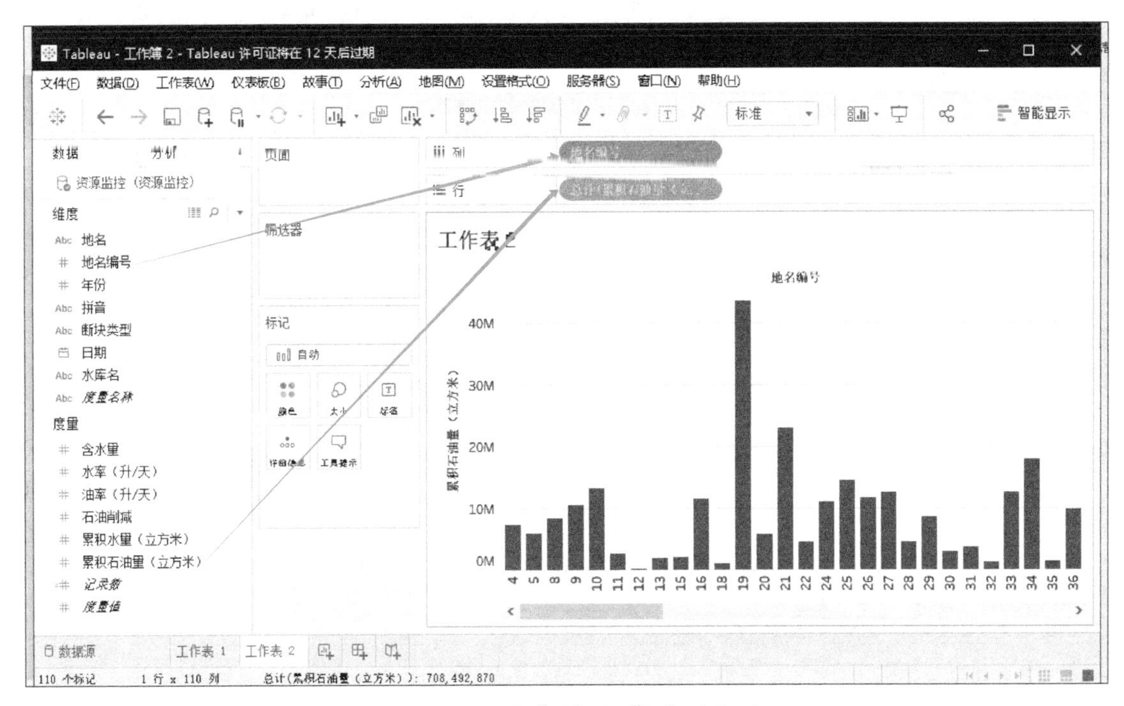

图 6-10　设置“列”和“行”功能区

步骤 4：在“标记”选项卡的下拉菜单中选择“条形图”，如图 6-11 所示。

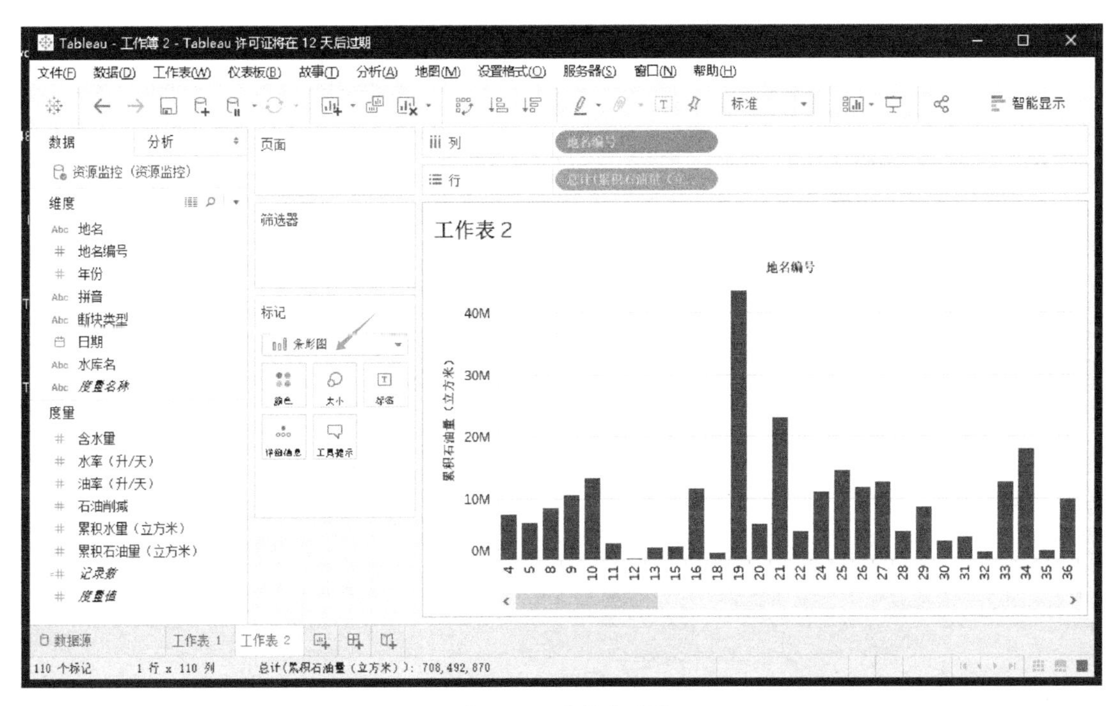

图 6-11　选择条形图

步骤 5：将“地名编号”拖到“颜色”上，如图 6-12 所示。

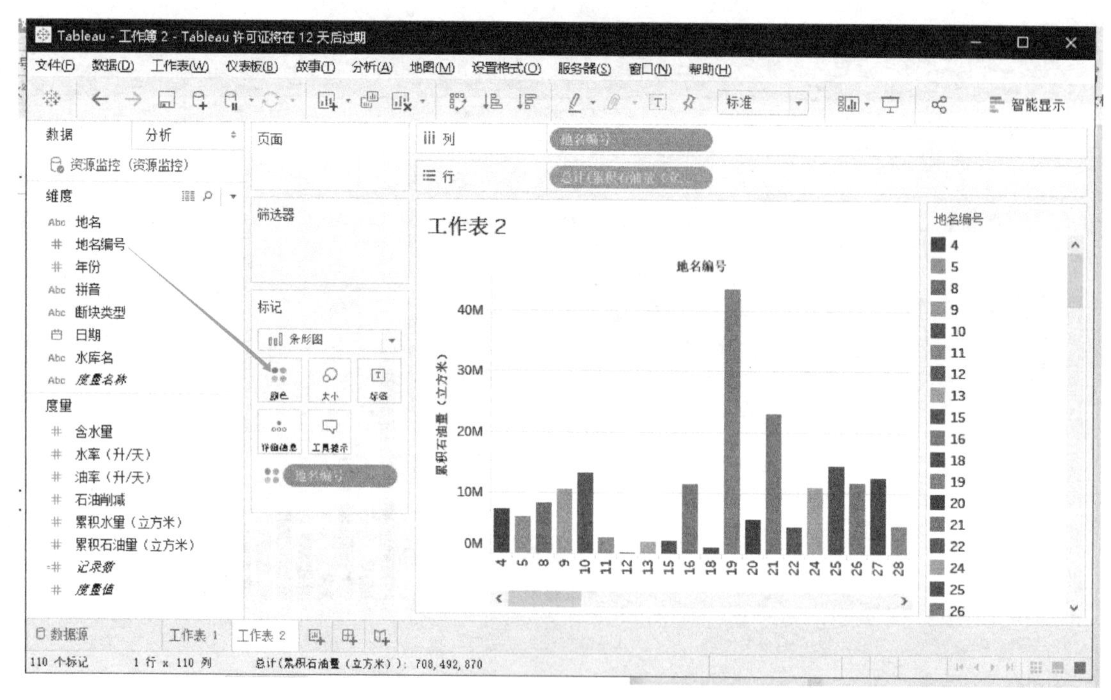

图 6-12　将“地名编号”拖到“颜色”上

添加一条均值参考线。右击纵坐标区域，选择“添加参考线”命令，具体设置如图 6-13 和图 6-14 所示。

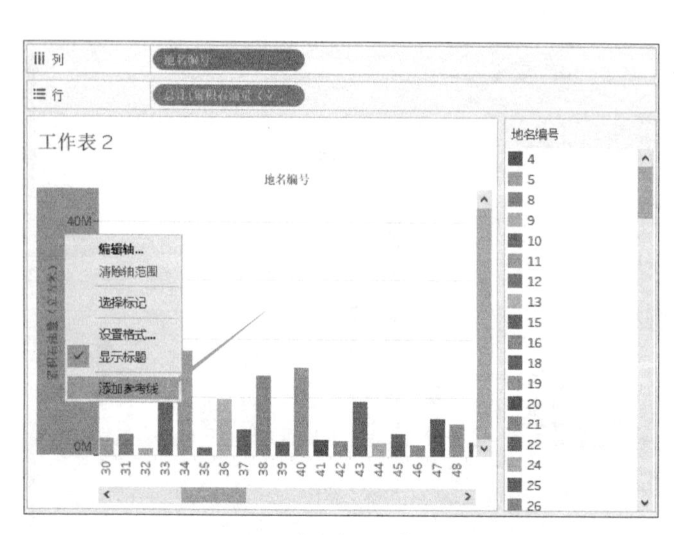

图 6-13　“地域分析”条形图

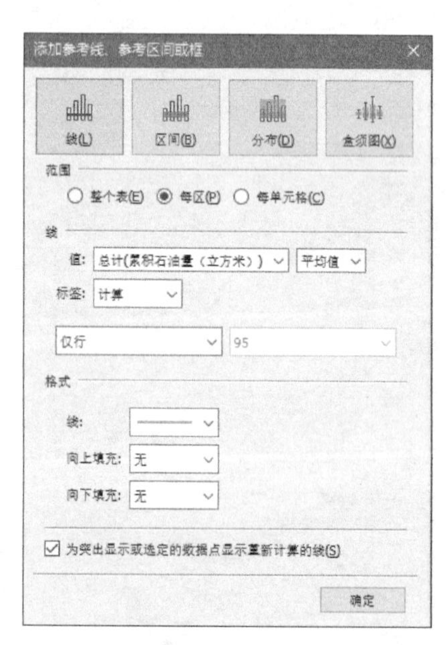

图 6-14　添加参考线

设置完成后单击“确定”按钮，得到的“地域分析”视图如图 6-15 所示。

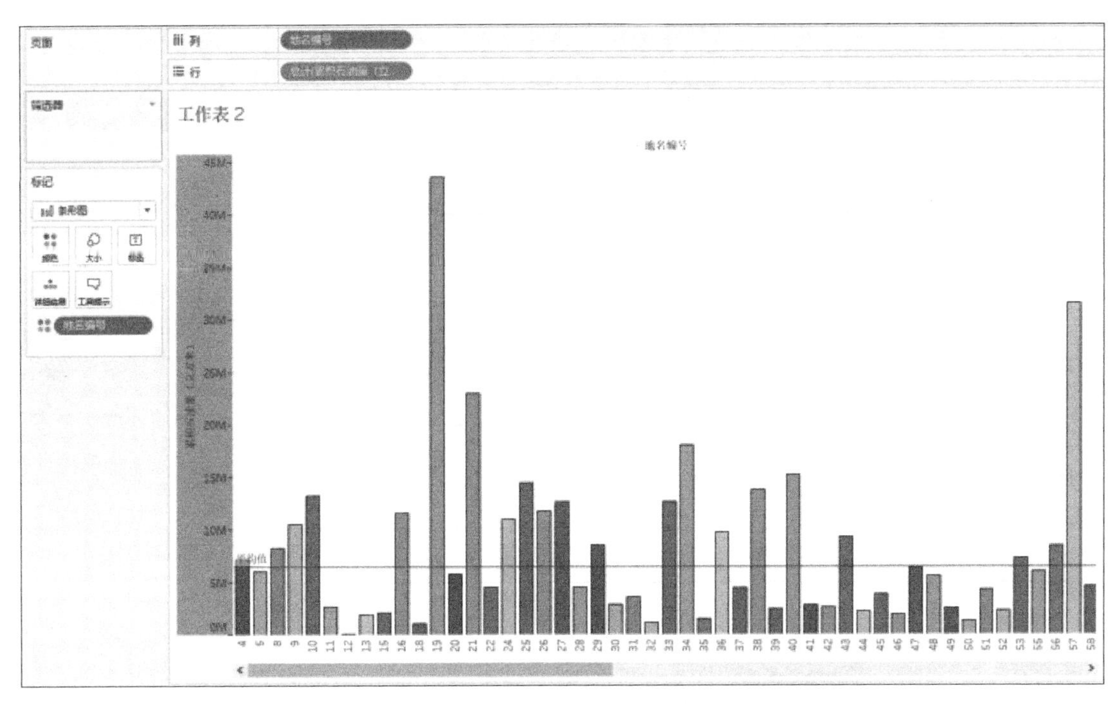

图 6-15 “地域分析”视图

【例 6-3】 制作“全局分析”视图

本例将通过地图来直观地展示该公司在各地的累积石油量，其操作如下。

步骤 1：新建一张工作表，如图 6-16 所示。

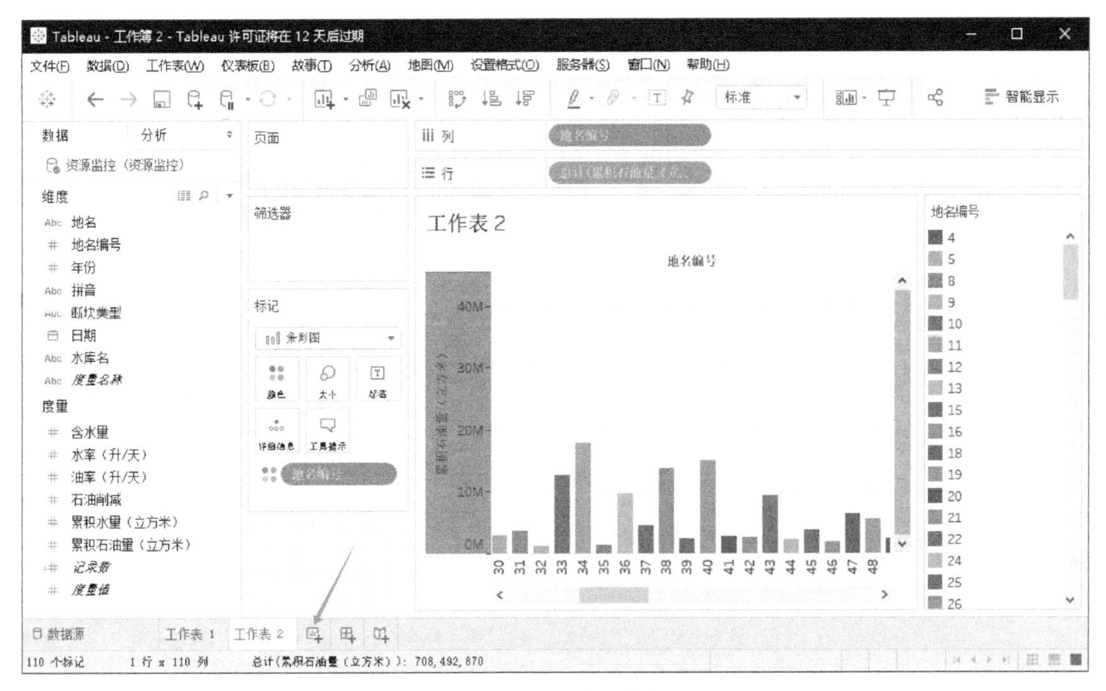

图 6-16 新建工作表

步骤 2：右击维度中的“地名”并选择“地理角色”→“城市”命令，如图 6-17 所示。

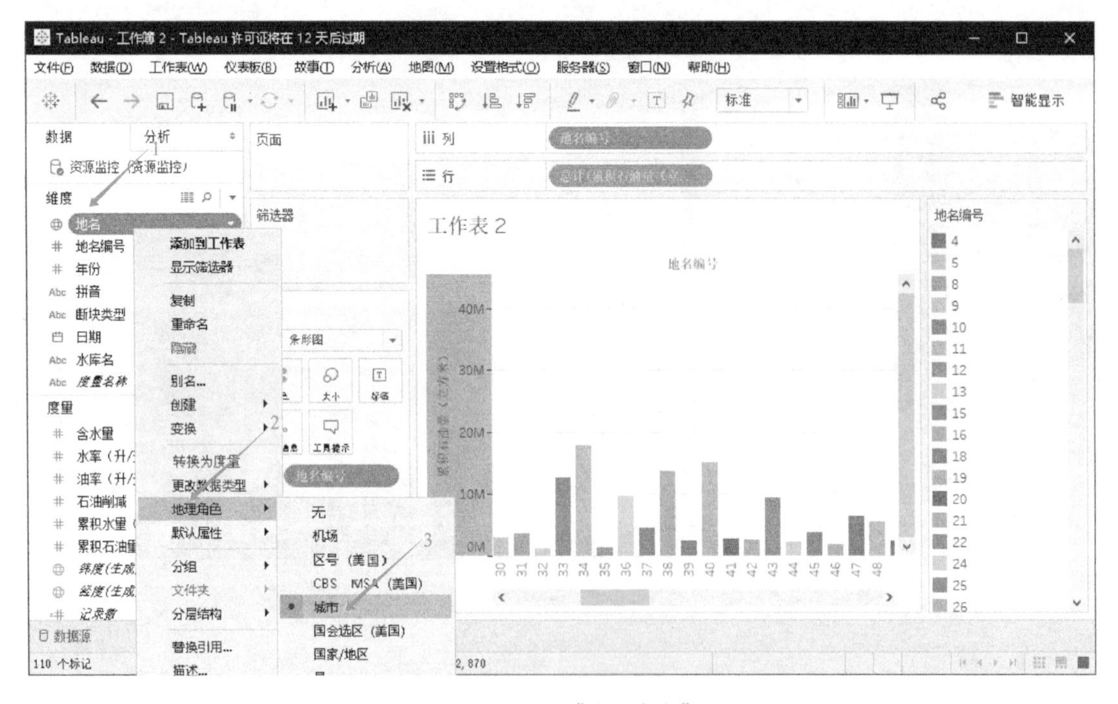

图 6-17 设置“地理角色”

步骤 3：将“经度”“纬度”分别拖到“列”和“行”功能区中，在“标记”选项卡的下拉菜单中选择“圆”，如图 6-18 所示。

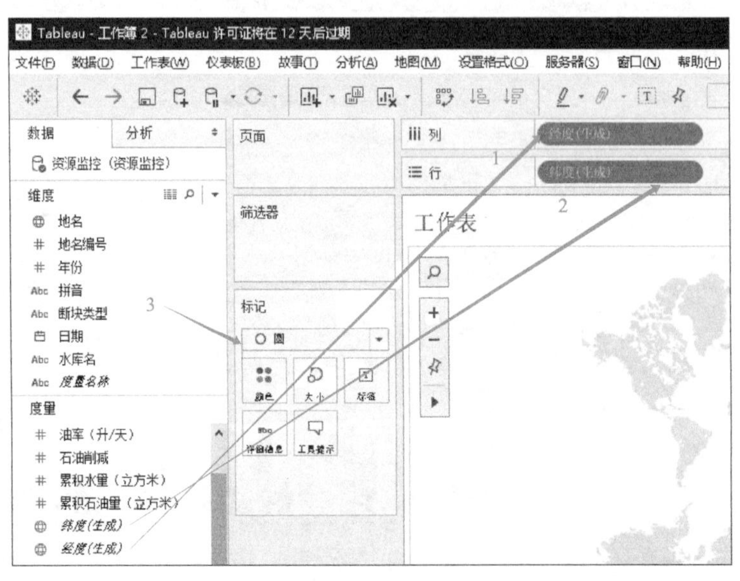

图 6-18 设置“列”和“行”功能区

将“地名编号”和“累积石油量”分别拖到“颜色”和“大小”上，如图 6-19 所示。

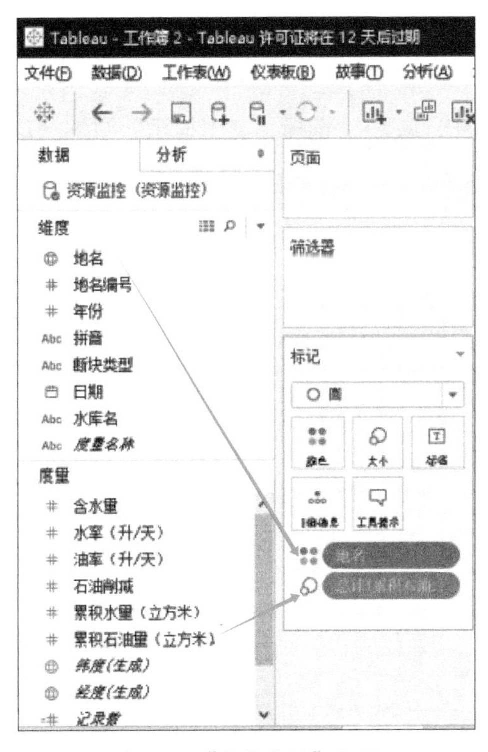

图 6-19 “全局分析”视图

【例 6-4】 制作资源监控动态仪表板

完成上述步骤后创建一个新的仪表板，并开始对资源进行动态监控。多个不同的视图将动态显示在一个视图中，通过链接突出显示和筛选设置，将增加视图的交互和可见性。步骤如下。

步骤 1：将前面制作的 3 张工作表放入仪表板中，并适当调整其位置及大小。

步骤 2：单击“全局分析”视图右上角的倒三角按钮，选择“用作筛选器”命令。

步骤 3：选择菜单栏中的“仪表板”→“操作”命令，弹出图 6-20 所示的对话框，为仪表板内的视图添加筛选器和突显关联工作，使仪表板更具有交互性。

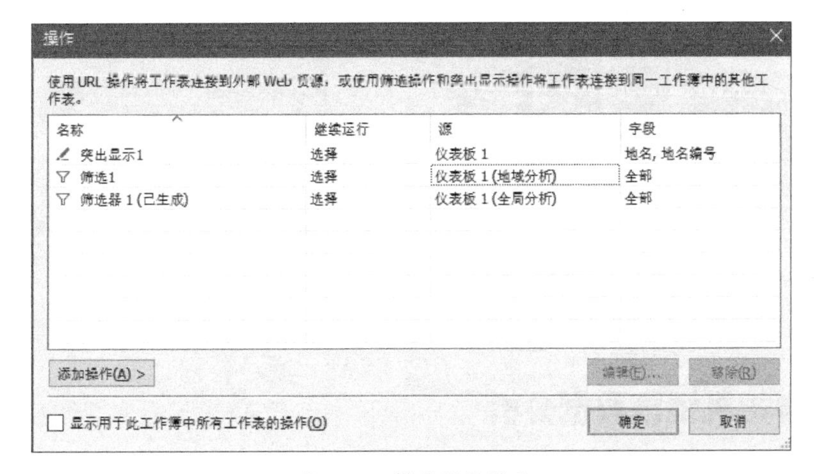

图 6-20 操作设置界面

步骤 4：单击“添加动作”按钮，选择“筛选器”添加筛选功能，具体位置如图 6-21 所示。

步骤 5：单击“添加动作”按钮，选择“突出显示”添加突出效果，如图 6-22 所示。

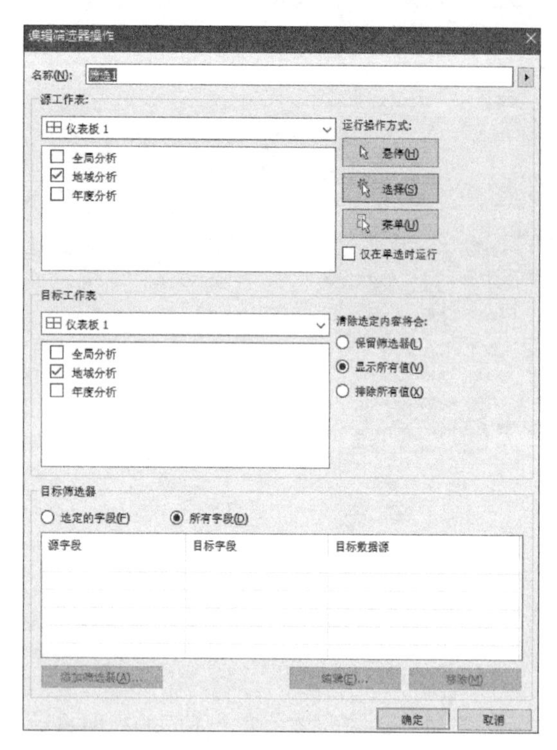

图 6-21　添加筛选器动作

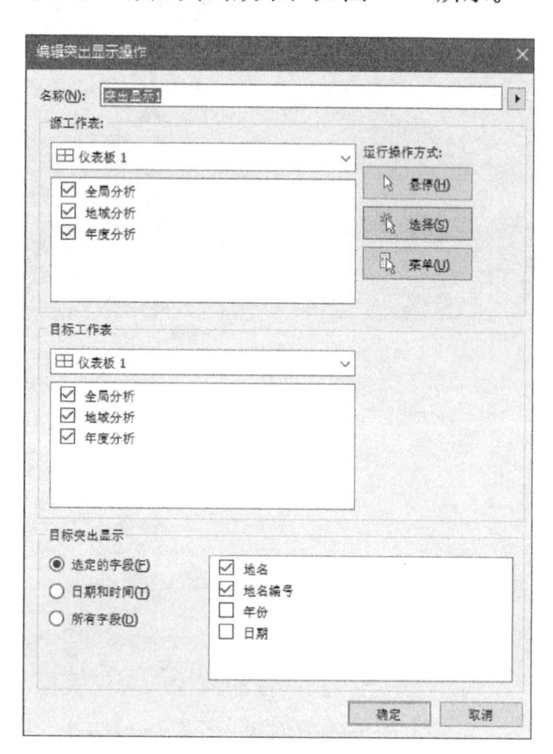

图 6-22　编辑突出显示动作

步骤 6：调整视图颜色，使仪表板更加生动形象，最后结果如图 6-23 所示。

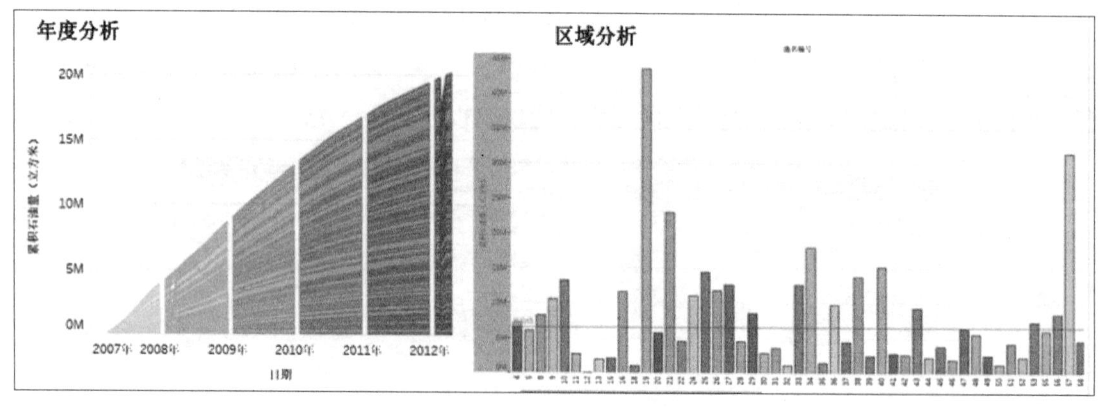

图 6-23 “资源监控动态仪表板”效果图

6.2 自动售货机销售数据分析

自动售货机以线上经营的理念提供线下的便利服务，以小巧、自助的经营模式节省人工成本，让实惠、高品质的商品触手可及，成为当下零售经营的又一主流模式。自动售货机内商品的供给频率、种类选择、供给量、站点选择等是自动售货机经营者需要重点关注的问题。因此，科学的商业数据分析能够帮助经营者了解用户需求、掌握商品需求量、为用户提供精准贴心的服务，它是使经营者掌握经营方向的重要手段，对自动售货机这一营销模式的发展有着非常重要的意义。

根据自动售货机的经营特点，对经营指标数据、商品营销数据及市场需求进行分析，完成对销量、库存、盈利 3 个方面各项指标的计算，按要求绘制对应图表并预测每台售货机的销售额。

某商场在不同地点安放了 5 台自动售货机，编号分别为 A、B、C、D、E，提供了从 2017 年 1 月 1 日至 2017 年 12 月 31 日每台自动售货机的商品销售数据。数据字段包含订单号、设备 ID、应付金额、实际金额、商品、支付时间、地点、状态和提现 9 个字段，见表 6-2。

表 6-2 自动售货机销售数据表字段

序号	字段名	示例	序号	字段名	示例
1	订单号	DD201708167493663618499909784	6	支付时间	2017-1-1 0:53
2	设备 ID	E43A6E078A07631	7	地点	D
3	应付金额	4.5	8	状态	已出货未退款
4	实际金额	4.5	9	提现	已提现
5	商品	68g 好丽友巧克力派 2 枚			

本节主要任务包括：

1）分析 4 月每台售货机交易额与订单量之间的关系。

2）比较并分析数据源中每台售货机的销售额。

3）分析每台售货机每月的销售额。

4）分析每台销售机总销出产品占比。

扫码看视频

【例 6-5】 分析 4 月每台售货机交易额与订单量之间的关系

两个度量数据之间的关系可以用散点图来表示。

【注意】：散点图是指在回归分析中数据点在直角坐标系平面上的分布图，散点图表示因变量随自变量而变化的大致趋势。

此处绘制散点图来体现交易额与订单量之间的关系，如图 6-24 所示。

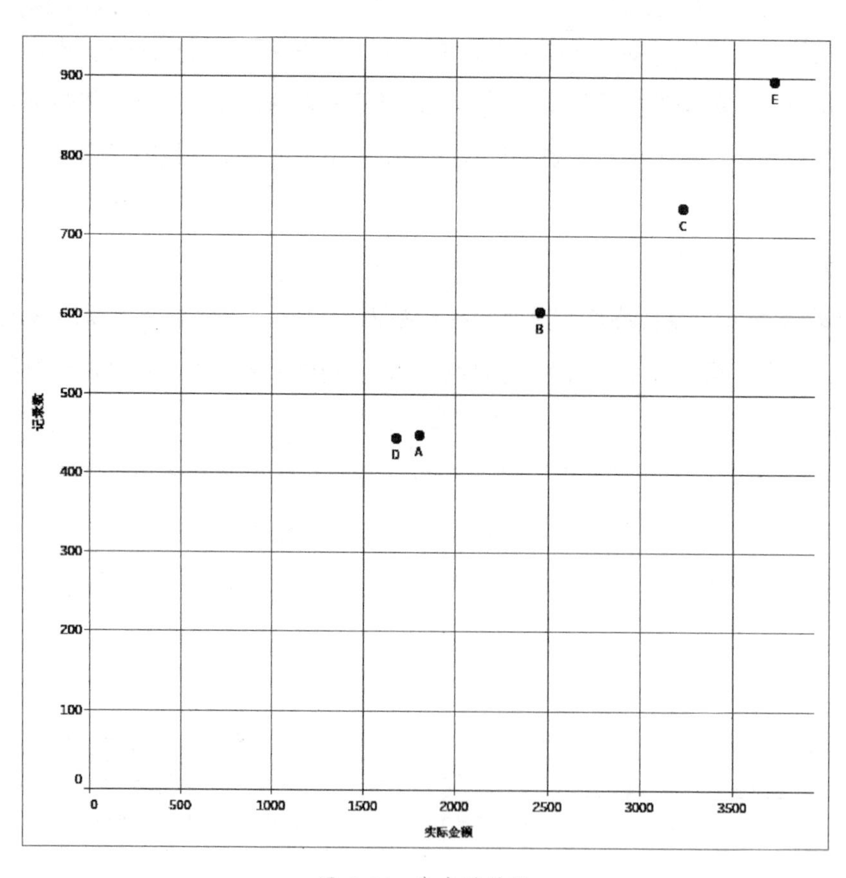

图 6-24　散点效果图

步骤 1：连接数据集。在“连接”面板中选择“Excel”，然后在对话框中选择文件“自动售货机销售数据 .xls”，连接到此数据集，如图 6-25 和图 6-26 所示。

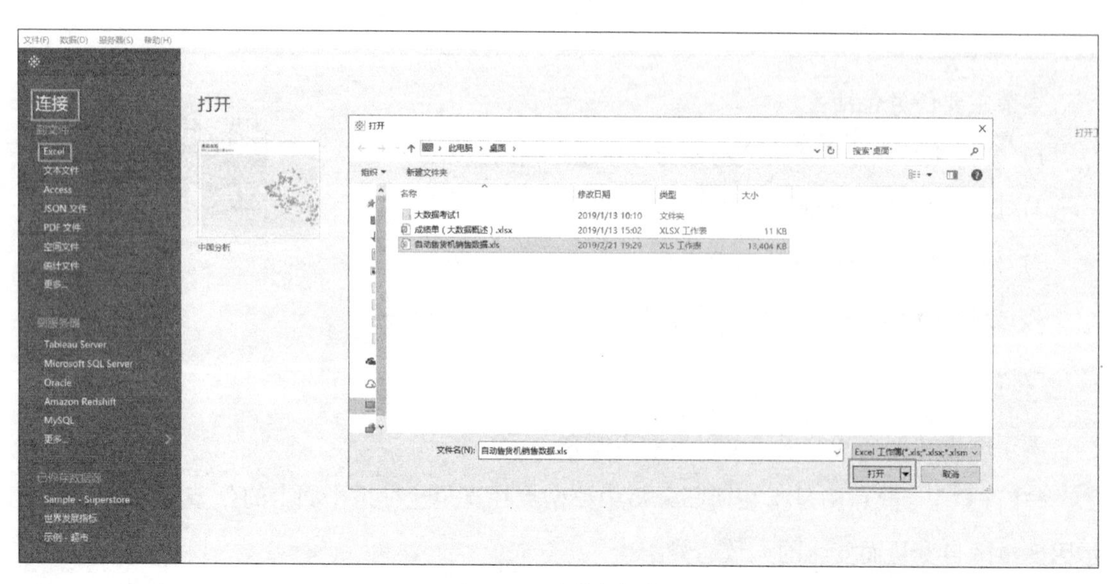

图 6-25　连接数据集

Abc 附件1 订单号	Abc 附件1 设备ID	# 附件1 应付金额	# 附件1 实际金额	Abc 附件1 商品	附件1 支付时间	Abc 附件1 地点	Abc 附件1 状态	Abc 附件1 提现
DD201708167493663...	E43A6E078A07631	4.500	4.500	68g好丽友巧克力派2枚	2017/1/1 0:53:00	D	已出货未退款	已提现
DD201708167493663...	E43A6E078A04172	3.000	3.000	40g双汇玉米热狗肠	2017/1/1 1:33:00	A	已出货未退款	已提现
DD201708167493578...	E43A6E078A06874	5.500	5.500	430g泰奇八宝粥	2017/1/1 8:45:00	E	已出货未退款	已提现
DD201708167493683...	E43A6E078A04228	5.000	5.000	48g好丽友替愿香烤原味	2017/1/1 9:05:00	C	已出货未退款	已提现
DD201708167493759...	E43A6E078A04134	3.000	3.000	600ml可口可乐	2017/1/1 9:41:00	B	已出货未退款	已提现
DD201708101629425...	E43A6E078A04134	4.500	4.500	营养快线	2017/1/1 9:41:00	B	已出货未退款	已提现
DD201708167493663...	E43A6E078A04228	7.000	7.000	330ml伊利畅意乳酸菌...	2017/1/1 10:02:00	C	已出货未退款	已提现
DD201708167493663...	E43A6E078A04228	8.000	8.000	160g盼盼手撕面包	2017/1/1 11:33:00	C	已出货未退款	已提现
DD201705261449161...	E43A6E078A04134	3.000	3.000	茉莉蜜茶	2017/1/1 11:56:00	B	已出货未退款	已提现
DD201708101629144...	E43A6E078A04228	2.000	2.000	鸭翅	2017/1/1 11:56:00	C	已出货未退款	已提现
DD201708167493061...	E43A6E078A07631	5.000	5.000	85g统一老坛酸菜牛肉面	2017/1/1 12:53:00	D	已出货未退款	已提现
DD201708167493061...	E43A6E078A04228	3.000	3.000	40g双汇玉米热狗肠	2017/1/1 12:55:00	C	已出货未退款	已提现
DD201708311440351...	E43A6E078A04228	3.000	3.000	怡宝	2017/1/1 18:42:00	C	已出货未退款	已提现
DD201708167493596...	E43A6E078A06874	5.000	5.000	500ml农夫果园 (芒果+...	2017/1/1 18:59:00	E	已出货未退款	已提现
DD201708167493596...	E43A6E078A06874	5.000	5.000	150g洽洽原香瓜子	2017/1/1 19:11:00	E	已出货未退款	已提现

图 6-26　打开数据集

步骤 2：进入工作区。选择“工作表 1”进入 Tableau 的工作区，左侧为数据源的数据字段，如图 6-27 所示。

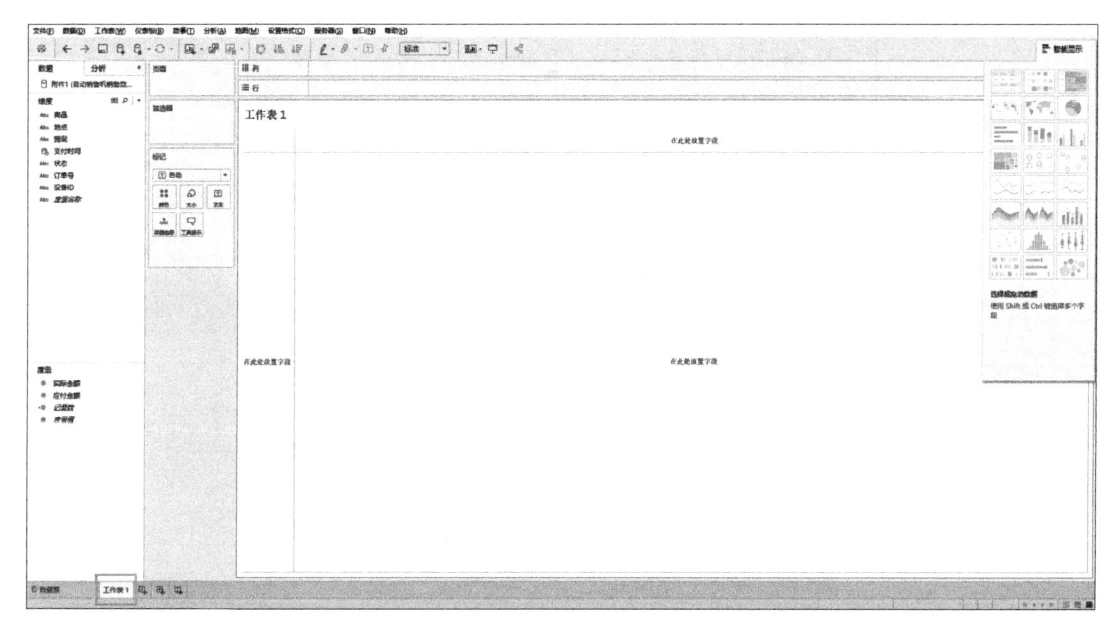

图 6-27　进入工作区

步骤 3：筛选月份。筛选 4 月份的订单记录，使用 Tableau 的筛选器功能，将维度字段“支付时间”拖到“筛选器”，然后选择“月”→“四月”并单击完成筛选，如图 6-28 和图 6-29 所示。

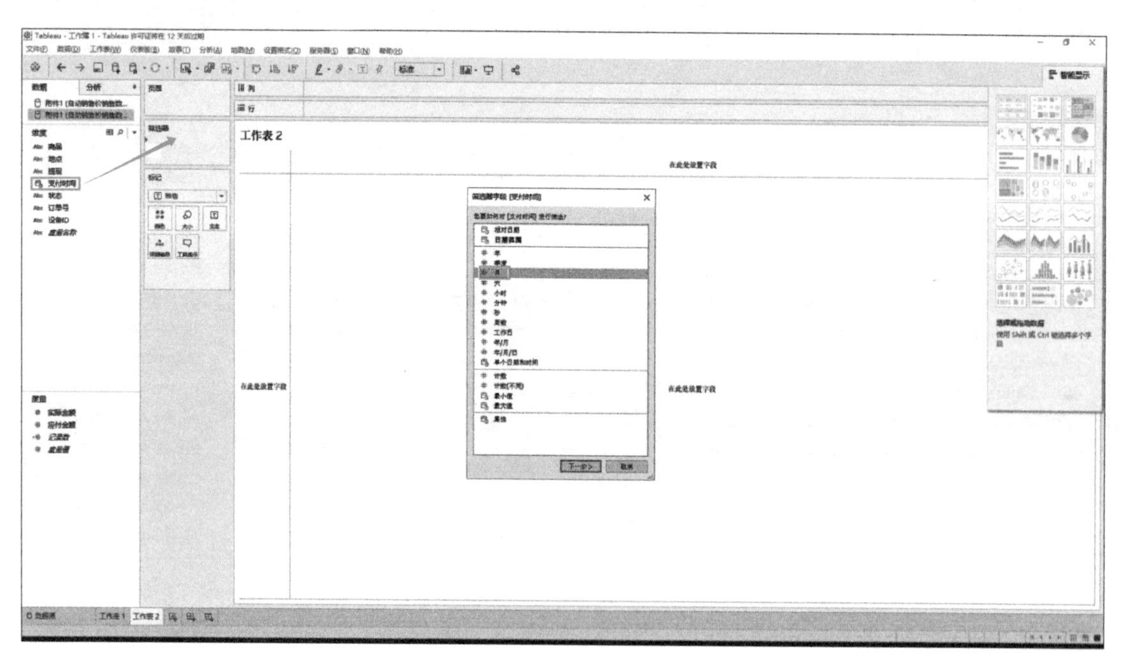

图 6-28　选择“筛选器”

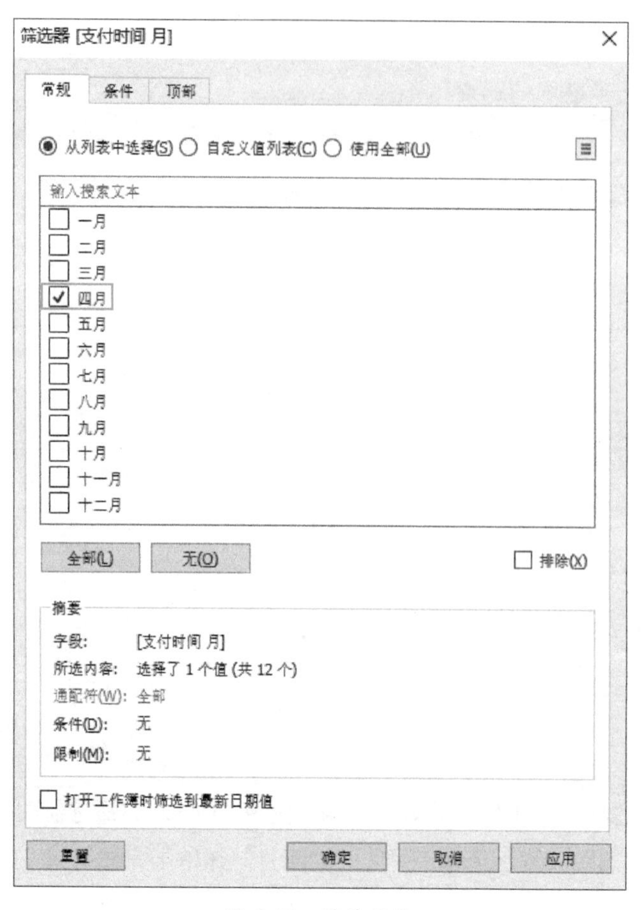

图 6-29　筛选月份

步骤 4：设置绘图数据。将“度量”中的“实际金额”拖至“列”功能区作为列数据，将“记录数”（即订单量）拖至“行”功能区作为行数据。将实际金额和记录数作为横、纵坐标可以表示出这两个度量数据之间的关系性。将实际金额和订单量作为总计，Tableau 会自动调用 sum 函数求和，如图 6-30 所示。

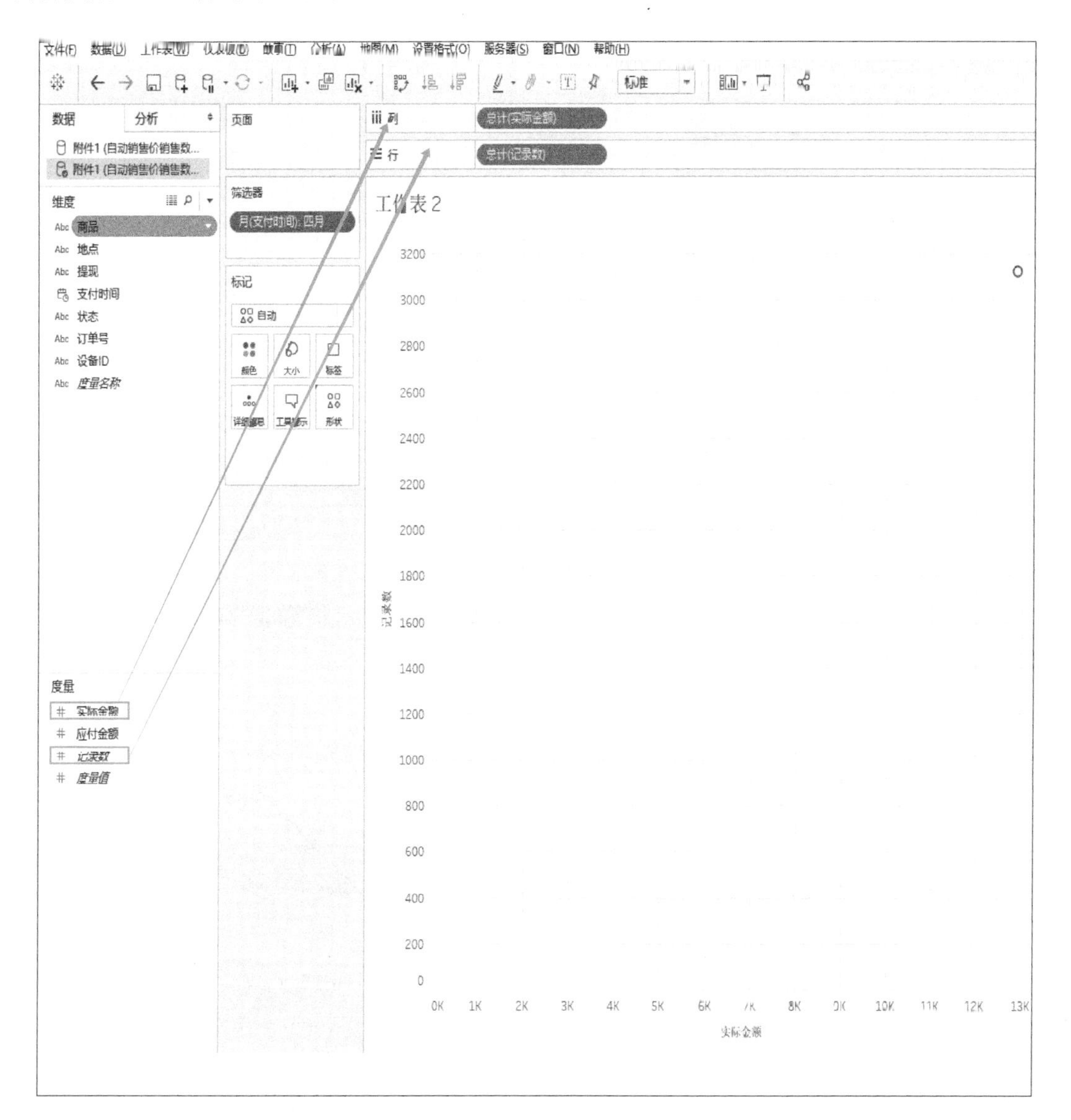

图 6-30 设置绘图数据

提示：Tableau 读取数据源时会自动生成一个度量字段“记录数”，此字段是数据的记录条数，在本例中因为数据源为订单数据，所以记录数即为订单量。

横、纵坐标轴标签是散点图的基本要素，本例中实际金额作为列，订单量作为行，则标签用来区分各点，作为点的唯一标记，此处应用“地点”字段作为标签。

将维度字段“地点”（即自动售货机的唯一编号）拖至“标记”选项卡中的“标签”上，

生成散点图，如图 6-31 所示。

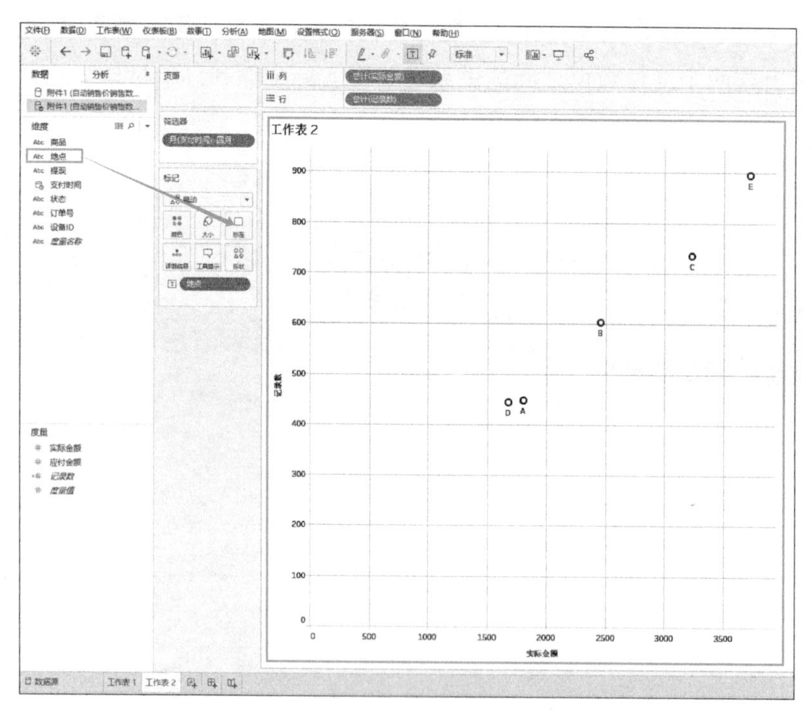

图 6-31　散点图

步骤 5：显示趋势线。右击图表，选择“趋势线”→“显示趋势线”命令，显示出散点的趋势线，如图 6-32 所示。

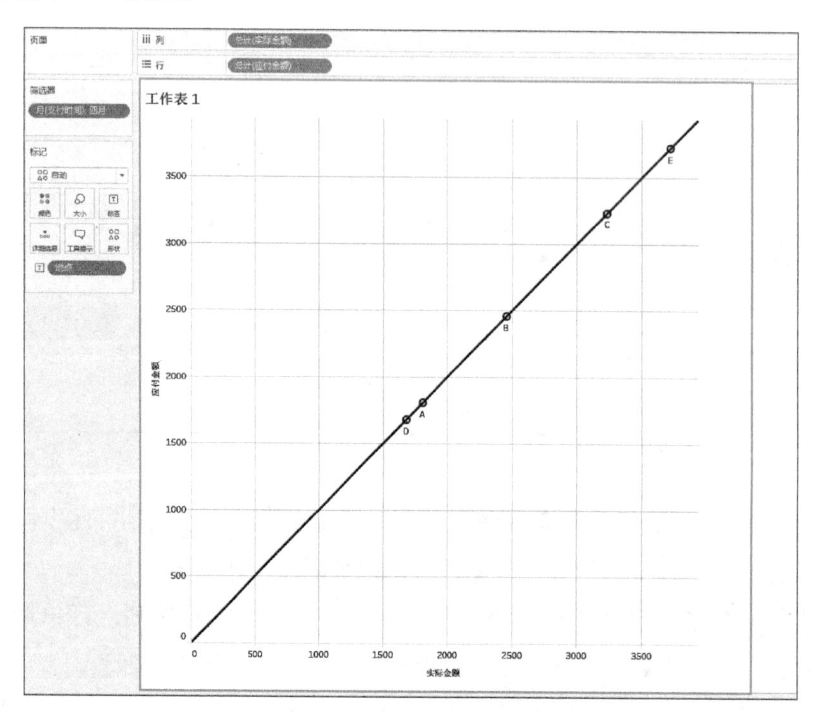

图 6-32　显示趋势线

步骤 6：编辑工作表标题。双击“工作表 1”，在对话框中编辑工作表标题为“销售额与订单量散点关系图”，如图 6-33 所示。

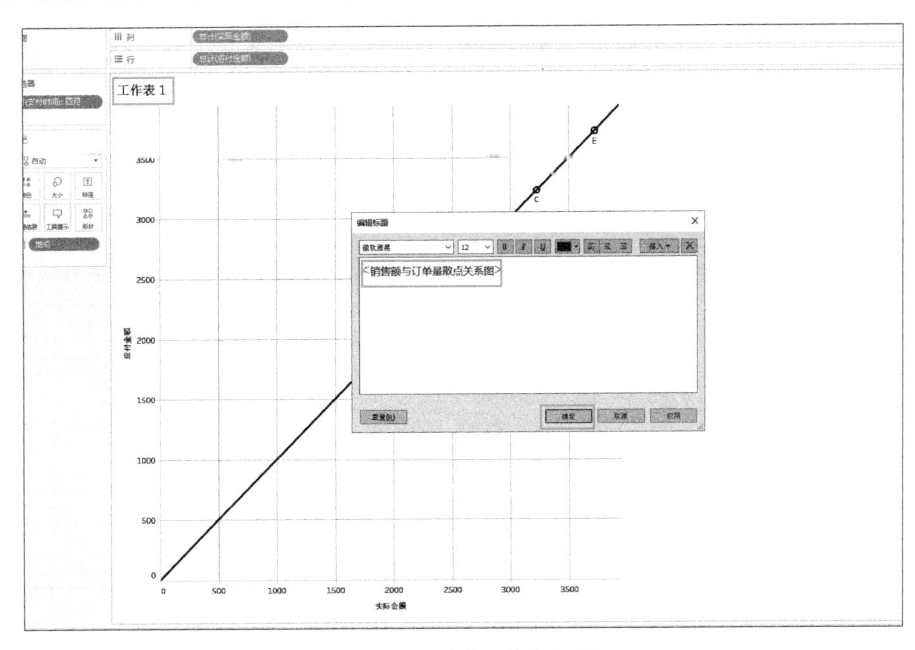

图 6-33 设置工作表标题

最终的散点关系图如图 6-34 所示。经过分析可得出结论：自动售货机的销售额与订单量成正比，且 E、C 的销售表现最好。

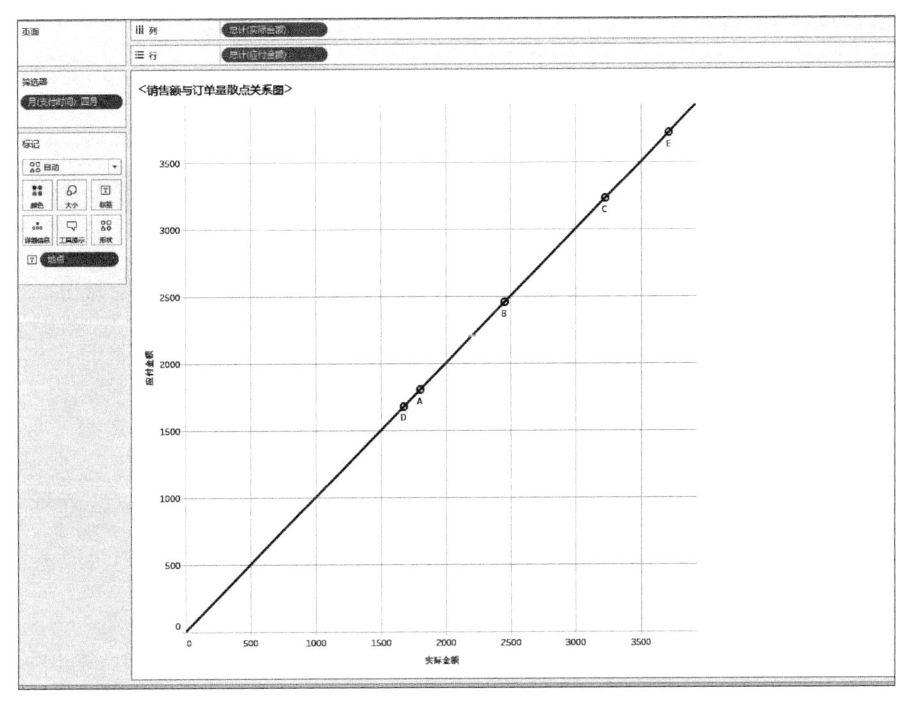

图 6-34 散点关系图

【例 6-6】 比较并分析数据源中每台售货机的销售额

要比较每台售货机之间的销售额，只需要两个数据字段“地点”和“实际金额”。售货机编号为“地点”，销售额为“实际金额”，所以以“地点”为 x 轴，“实际金额”为 y 轴绘制条形图，用来展示每台售货机之间销售额的比较情况。

条形图（Bar Chart）：是一种以长方形的长度为变量的统计报告图，由一系列高度不等的纵向条纹表示数据分布的情况，用来比较两个或两个以上的价值（不同时间或者不同条件），只有一个变量，通常用于较小的数据集分析。柱状图也可以横向排列或用多维方式表达。

步骤 1：新建工作表，如图 6-35 所示。

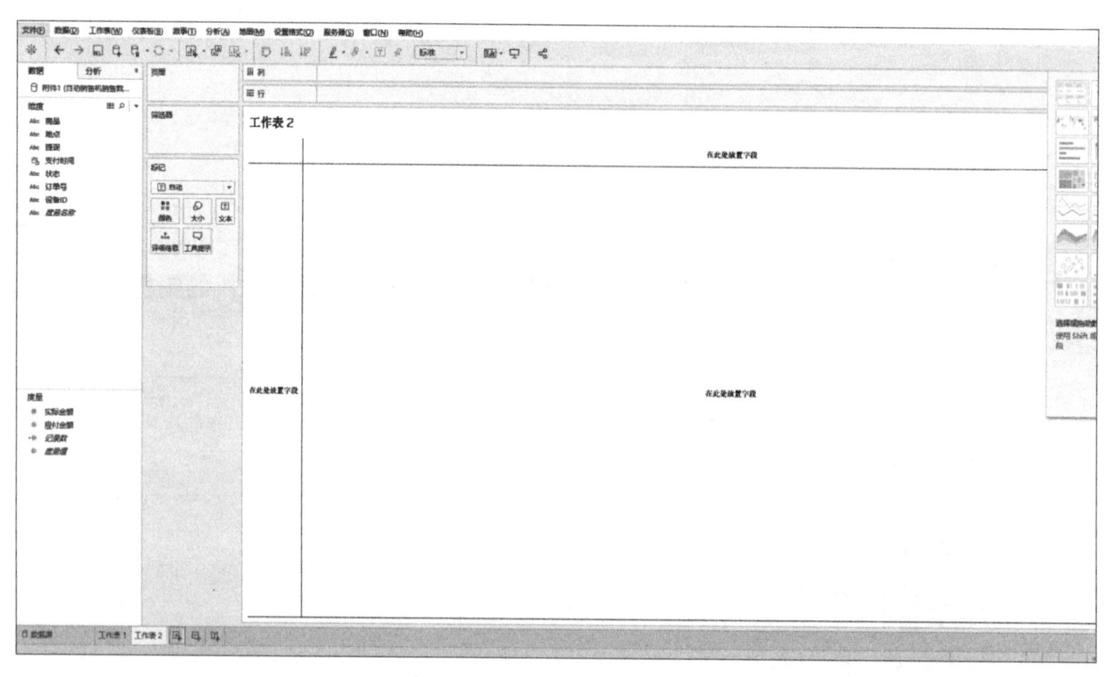

图 6-35　新建工作表

步骤 2：绘制条形图。将“维度”中的“地点”拖至“列”功能区，“度量”中的“实际金额”拖至“行”功能区。

Tableau 会自动生成柱状图并对“实际金额”默认求和，如图 6-36 所示。在柱状图中可以直观地看出每台售货机的总销售额的对比情况，可以看出 E 售货机的销售额最高，说明其销售情况最好。

为了更加直观地表示销售机的销售排名情况，可以根据实际金额对柱状图进行排序。

步骤 3：设置排序。在“列”功能区右击，然后单击“排序”命令，如图 6-37 所示。

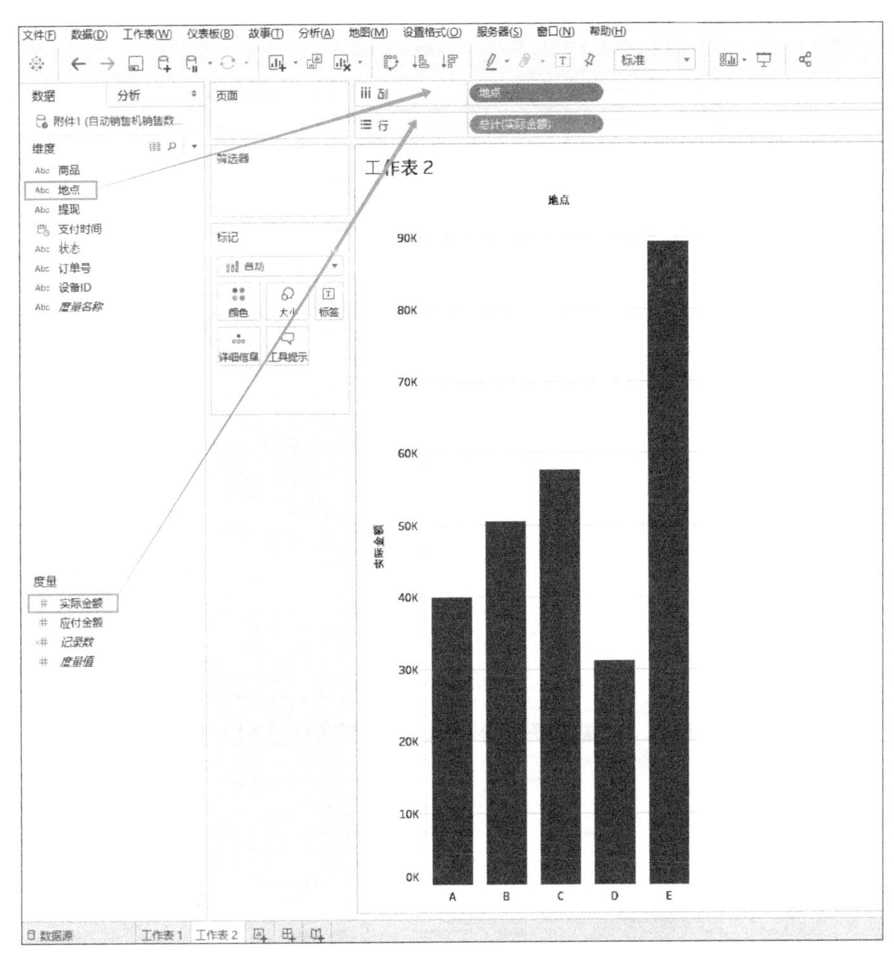

图 6-36 绘制条形图

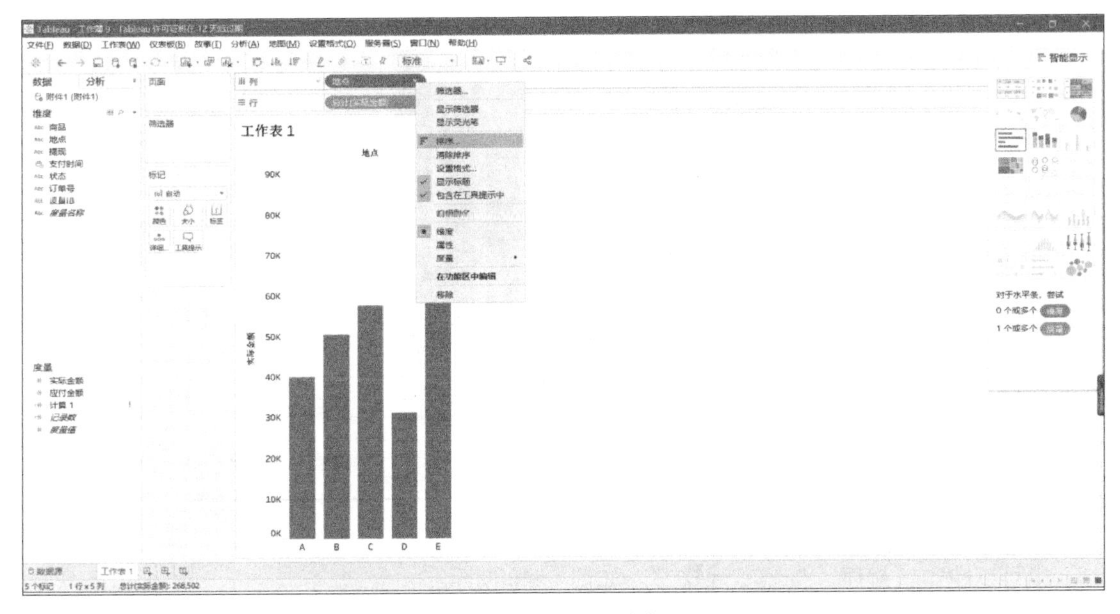

图 6-37 设置排序

可以选择排序顺序和排序依据，如图 6-38 所示。排序后效果图如图 6-39 所示。

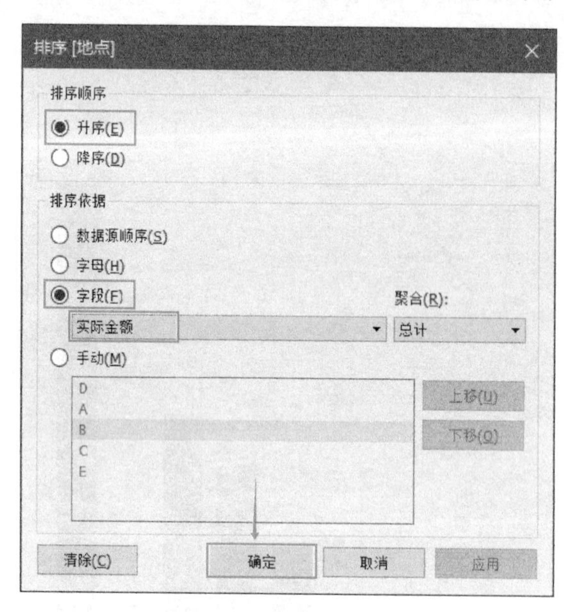

图 6-38　选择排序依据图

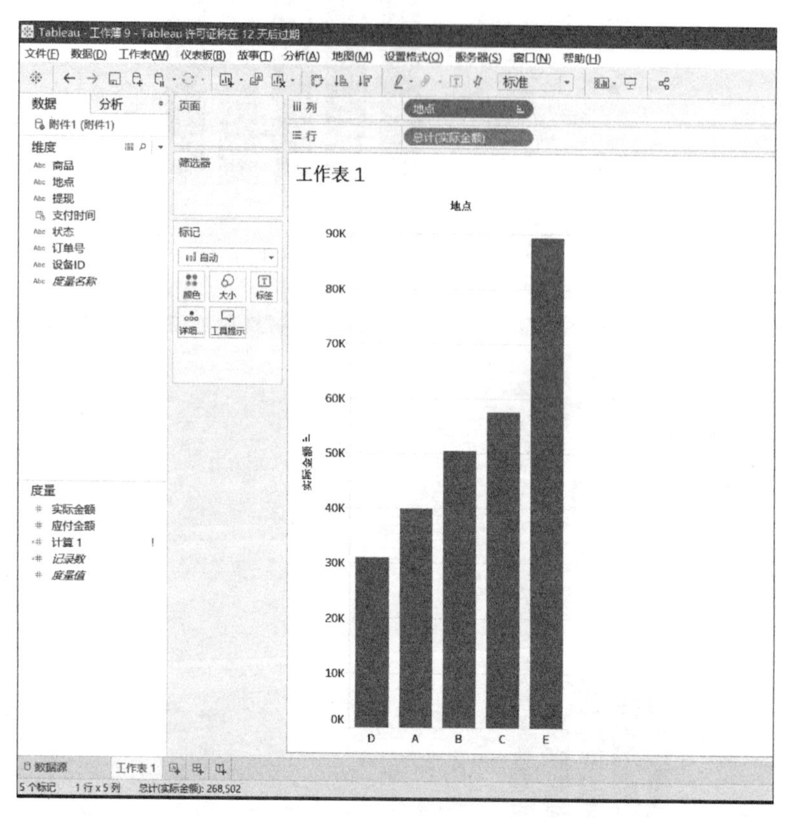

图 6-39　排序后效果图

也可以单击“排序”按钮实现排序，如图 6-40 所示。

设置好工作表标题，最终实现效果如图 6-41 所示。

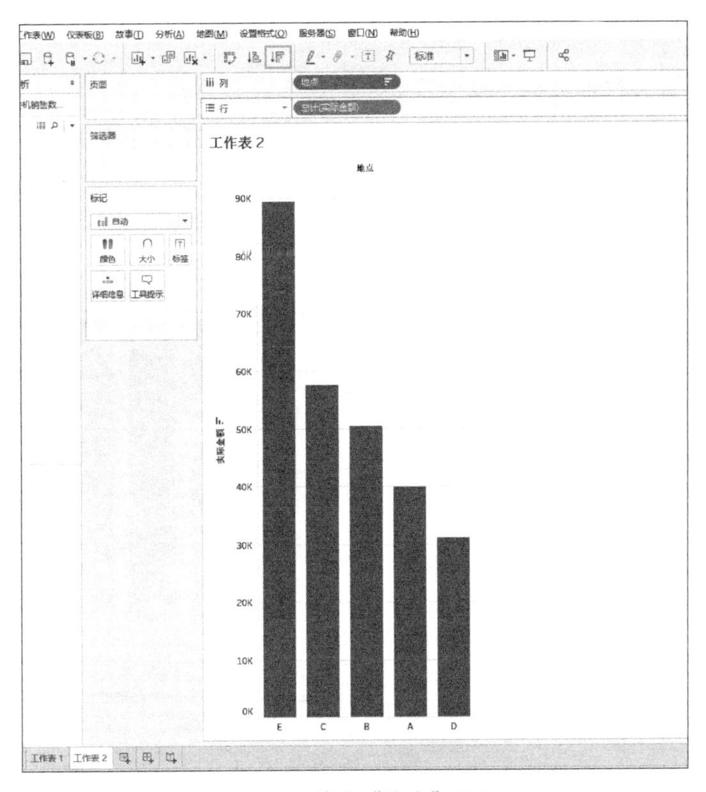

图 6-40　单击“排序”按钮

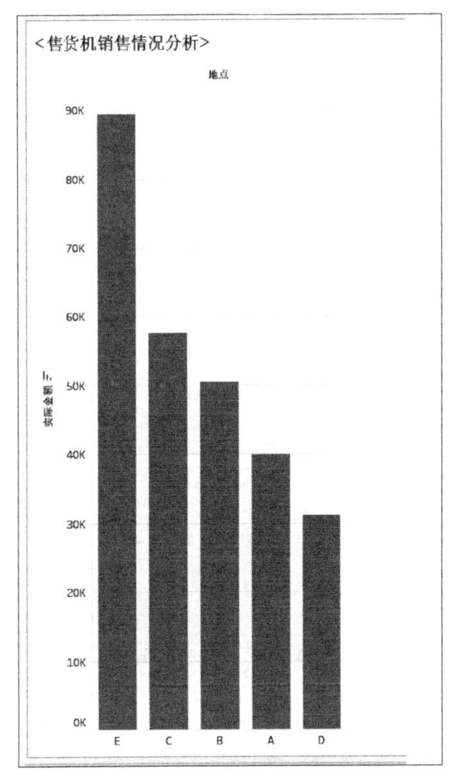

图 6-41　售货机销售情况分析

【例 6-7】 分析每台售货机每月的销售额

例 6-6 中分析了每台售货机的总销售额，但是不可避免地需要分析每个月的销售情况，因此本例把月份也加入到销售情况图中进行分区。可以直接把支付时间进行分割，进而提取出月份数据，实现业务需求，具体步骤如下。

步骤 1：复制工作表 2。右击工作表 2 并复制，生成一个工作表 2 的副本——工作表 3，如图 6-42 所示。

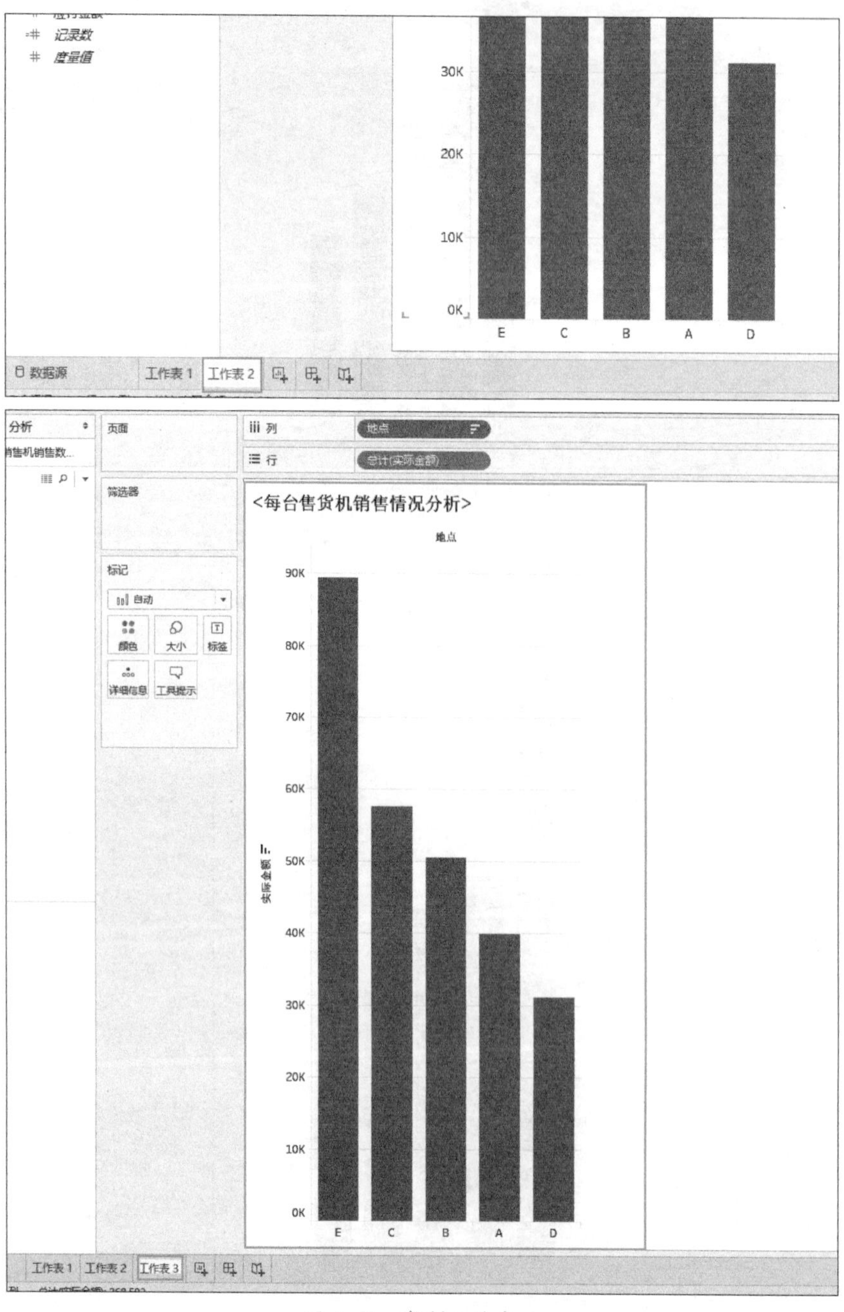

图 6-42 复制工作表 2

步骤 2：设置分区条件。要设“月份”为分区条件，需将“纬度”中的“支付时间”字段拖至“行”功能区中，可以发现默认是以年为单位的，如图 6-43 所示。

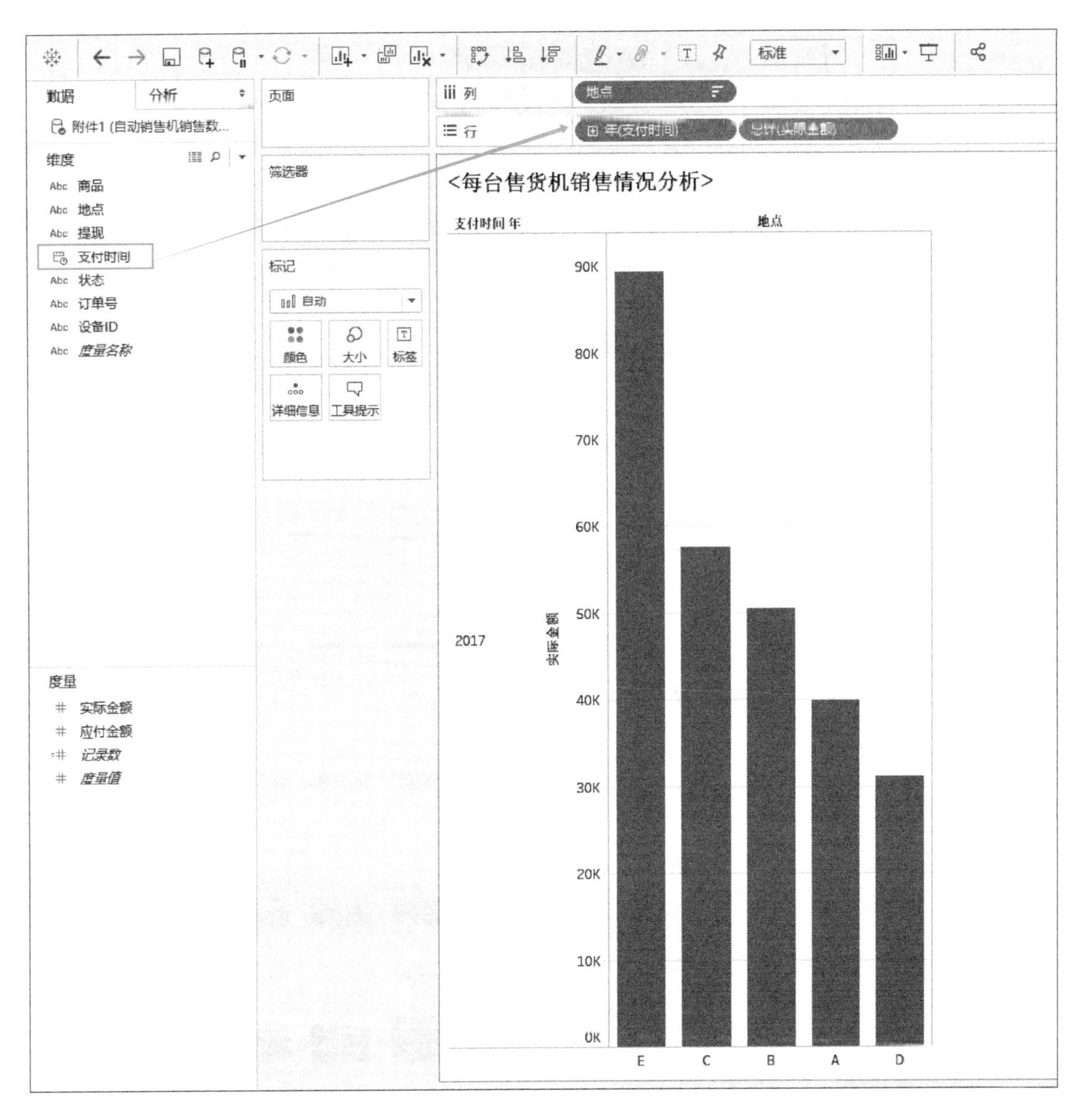

图 6-43 设置时间分区

右击“年”标签并选择“月”，生成的效果图如图 6-44 所示。

设置标题为“每台售货机每月销售分析”，最终形成效果图如图 6-45 所示。

可以得出：六月、九月、十月和十一月的销售情况突出，E 售货机在九月和十一月的销售量有所增长。从图中可以清晰看出每台售货机每月的增长趋势，有利于经营家把控每个售货机的商品量和投放量，并针对销量落后的地区做出相应的应对措施。

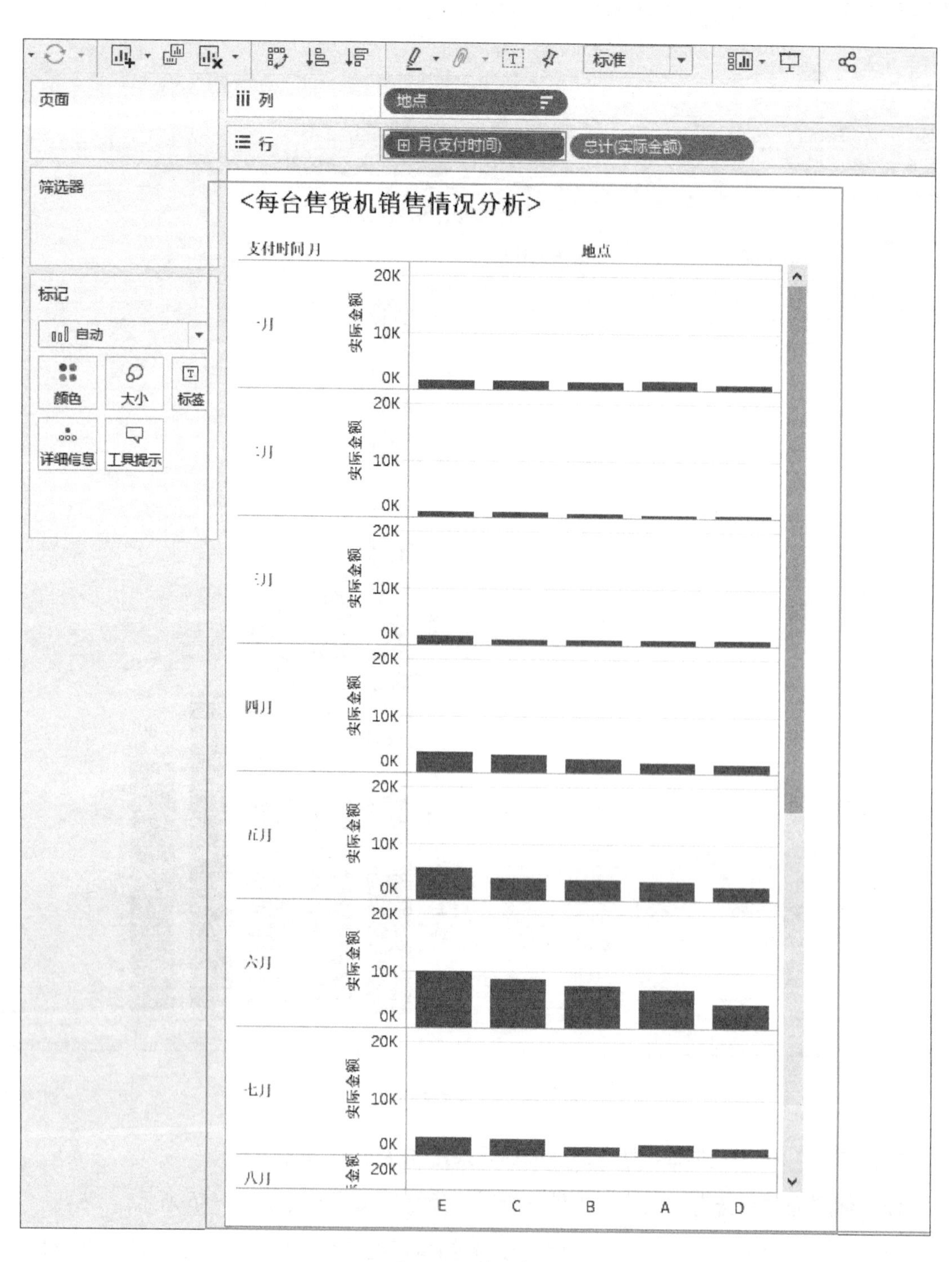
页面
iii 列
地点
☰ 行
月(支付时间)
总计(实际金额)
标准
筛选器
标记
自动
颜色
大小
标签
详细信息
工具提示
<每台售货机销售情况分析>
支付时间月
地点
一月
二月
三月
四月
五月
六月
七月
八月
实际金额
20K
10K
0K
E
C
B
A
D

图 6-44　按月分区

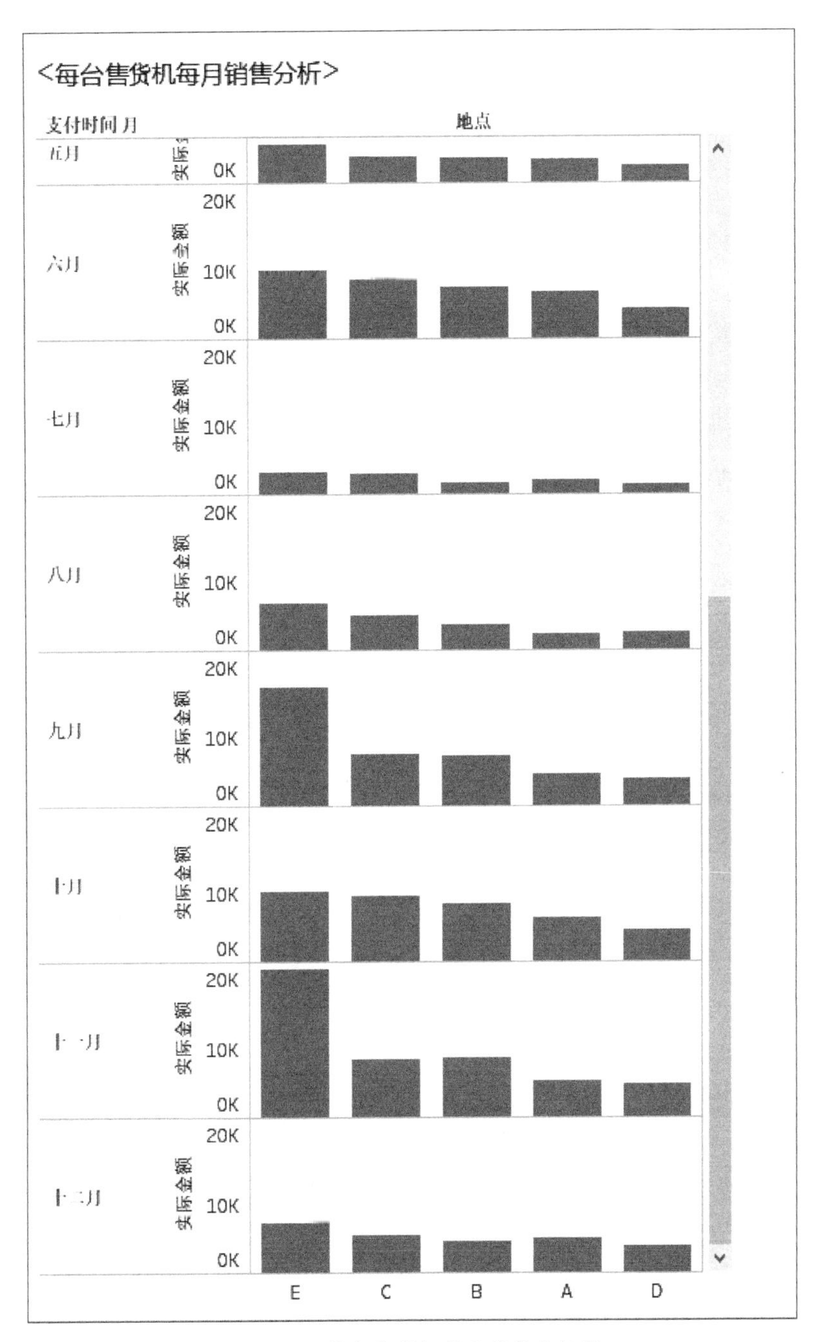

图 6-45 每台售货机每月销售分析图

【例 6-8】 每台售货机总销出产品占比分析

比例、占比分析等数据分析一般用饼图展示，通过 Tableau 可以轻松地绘制一个饼图。

仅排列在工作表的一列或一行中的数据可以绘制到饼图中。饼图显示一个数据系列（数据系列：在图表中绘制的相关数据点，这些数据源自数据表的行或列。图表中的每个数据系列具有唯一的颜色或图案并在图表的图例中表示。可以在图表中绘制一个或多个数据系列，但饼图中只有一个数据系列。）中各项与总和的比例。饼图中的数据点（数据点：在图表中绘制的单个值，这些值由条形、折线、饼图或圆环图的扇面、圆点和其他被称为数据标记的图形表示。相同颜色的数据标记组成一个数据系列。）显示占整个饼图的百分比。

饼图能够很直观地体现占比情况，下面将“记录数”作为度量，“地点”作为数据标签来绘制饼图。

新建一个工作表 4，在“标记”的下拉菜单中选择“饼图”，将度量字段“记录数”拖至“大小”上，将维度字段“地点”拖至“颜色”和“标签”上。

“地点”即为售货机编号，“记录数”即为销出产品量，即订单量。生成以“地点”为标签的订单量占比情况分析图，如图 6-46 所示。

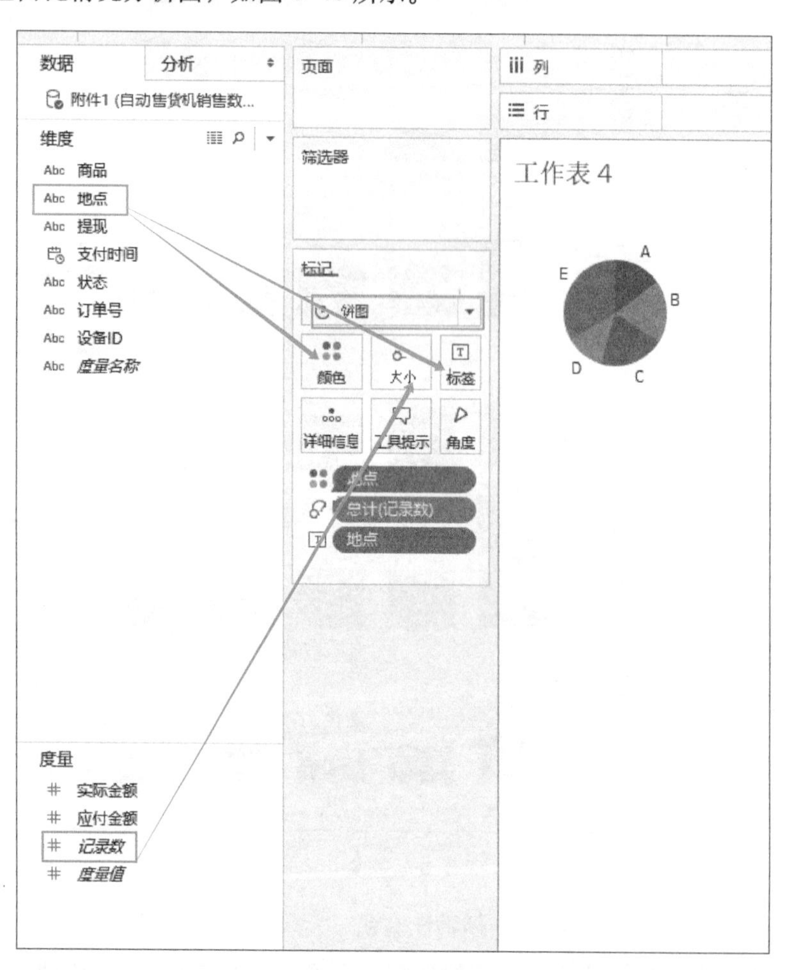

图 6-46　绘制饼图

重命名标题为“每台售货机总销出产品占比分析”，如图 6-47 所示。

可以明确地看出 E 售货机的订单量占比最大，5 个售货机的占比排行依次为：E、C、B、A、D。

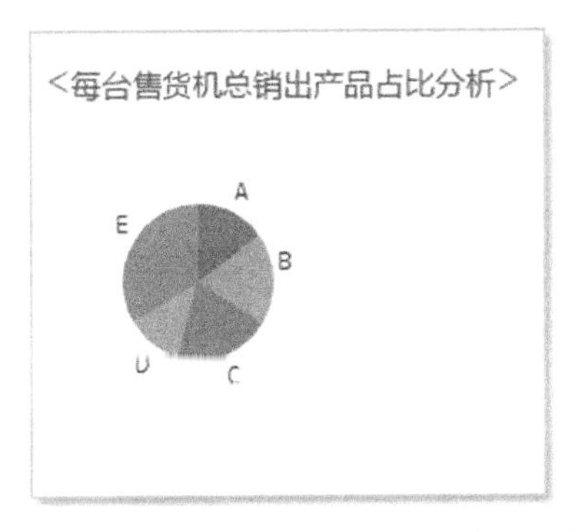

图 6-47　每台售货机总销出产品占比分析

【例 6-9】销售分析仪表板

仪表板是若干视图的集合，能同时比较各种数据。举例来说，如果有一组每天审阅的数据，可以创建一个一次性显示所有视图的仪表板，而不是导航到单独的工作表。

和工作表一样，可以通过工作簿底部的标签来访问仪表板。工作表和仪表板中的数据是相连的；当修改工作表时，包含该工作表的任何仪表板也会随之更改，反之亦然。工作表和仪表板都会随着数据源中的最新可用数据一起更新。

下面综合之前的工作表来制作一个仪表板，使整个可视化项目简洁化。

步骤 1：新建仪表板。单击窗口下方按钮新建一个仪表板，如图 6-48 所示。

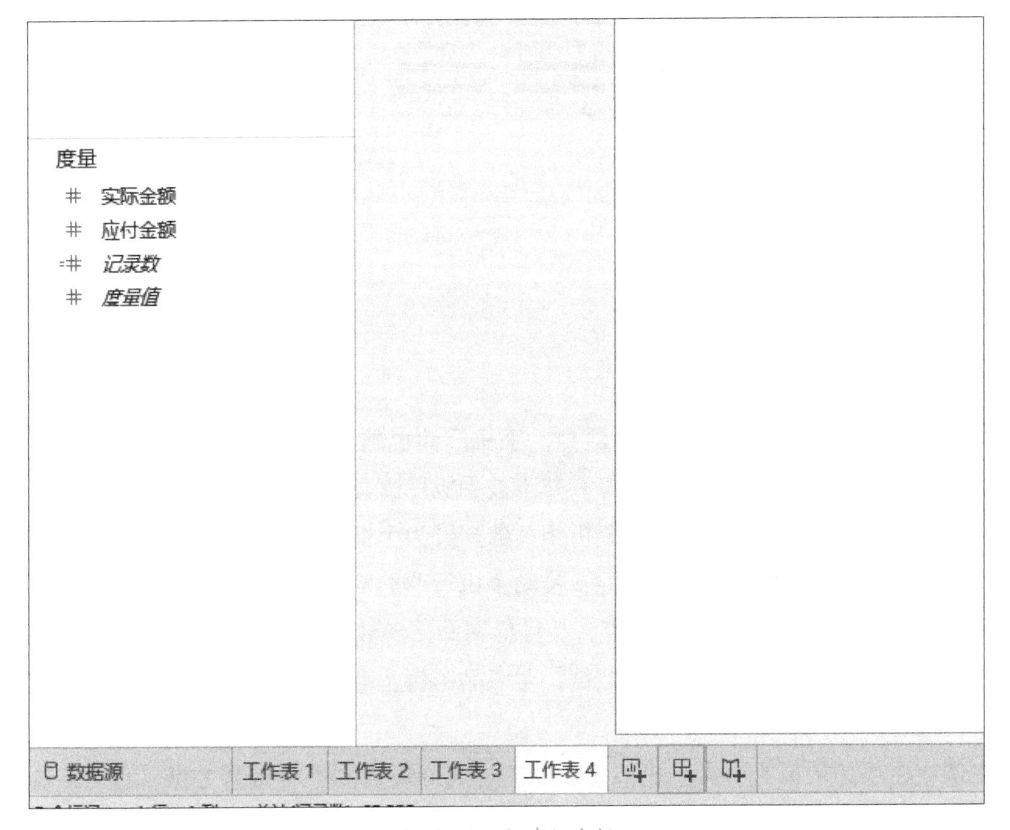

图 6-48　新建仪表板

步骤 2：绘制仪表板。将左侧的工作表拖至右侧的空白区域内，按需要调整好位置大小，如图 6-49 所示。

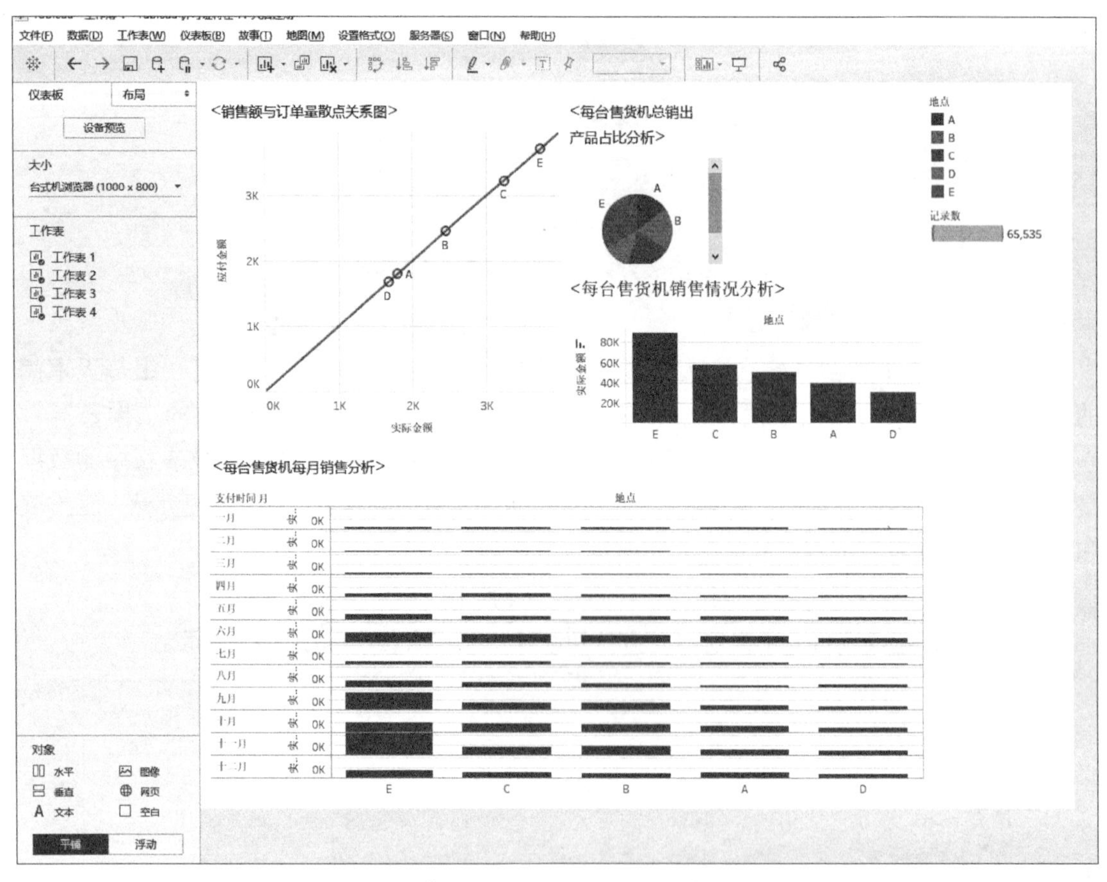

图 6-49 “自动售货机销售数据分析”仪表板

6.3 手机销售数据分析

近年来随着手机行业的竞争日趋激烈，手机厂商也越来越关注用户体验。但是，关于手机的数据（如销售数据、评价数据等）并不被手机厂商直接掌握，而是分布在不同的电商平台中。因此，从电商平台上采集和分析相关数据成为手机厂商了解用户需求痛点、掌握经营方向的重要手段，也对优化用户体验、推动手机行业的发展有着非常重要的意义。

本节主要学习 Tableau 的聚合计算，从目标网站采集数据，并对数据进行预处理，转化为便于分析的结构化数据。依据这些数据，对商品销售及市场需求进行分析，并将分析结果进行可视化展示。

案例中使用的数据为各大手机专营店在同一时间段内的手机销售数据，包含店铺、手机型号、品牌、价格和销量 5 个字段，字段结构见表 6-3。

表 6-3 手机销售数据字段结构

序号	字段名	示例
1	手机型号	诺基亚（NOKIA）130DS 移动联通 2G 老人手机 老年人手机双卡双待学生备用功能机黑色
2	店铺	众盛手机专营店
3	品牌	诺基亚（NOKIA）
4	价格	179.00
5	销量	4 100

本节主要任务包括：

1）进行数据读取。

2）绘制品牌销量对比条形图。

3）绘制品牌销量大小气泡图。

4）绘制品牌单机销售额排行散点图。

扫码看视频

【例 6-10】 数据读取

要分析所有品牌销售额，对同一个品牌机在某一段时间内的销量求和之后进行排行。需要分析数据源中的“品牌”和“销量”数据，首先要进行数据读取，如图 6-50 所示。

Abc Sheet1 型号	Abc Sheet1 店铺	Abc Sheet1 品牌	Abc Sheet1 价格	Abc Sheet1 销量
诺基亚（NOKIA） 130...	众盛手机专营店	诺基亚（NOKIA）	179.00	4100
守护宝 (上海中兴) ZTE ...	光捷达手机专营店	守护宝	218.00	1400
Apple 苹果 iPhone7 P...	佳沪手机旗舰店	Apple	5758.00	6600
小米（MI） 小米4A 红...	众盛手机专营店	小米（MI）	628.00	13000
Apple 苹果 iPhone X...	聚捷联盛手机旗舰店	Apple	8288.00	7400
小米（MI） 红米5plus...	聚捷联盛手机旗舰店	小米（MI）	980.00	6700
Apple 苹果 iPhone7 ...	佳沪手机旗舰店	Apple	3788.00	16000
vivo Z1i 新一代全面屏...	vivo京东自营官方旗舰店	vivo	1898.00	10000
华为（HUAWEI） 荣...	佳沪手机旗舰店	华为（HUAWEI）	899.00	11000
康佳（KONKA） M2 ...	康佳手机京东自营官方...	康佳（KONKA）	79.00	5700
小米（MI） 小米8 手...	易道手机专营店	小米（MI）	2649.00	8000
中兴（ZTE） 中兴 BA5...	众盛手机专营店	中兴（ZTE）	428.00	8900
酷派（Coolpad） 873...	众盛手机专营店	酷派（Coolpad）	459.00	5900
华为（HUAWEI） 华...	众盛手机专营店	华为（HUAWEI）	1258.00	9600

图 6-50 数据源

新建文件，在打开的界面中选择“链接到数据”→“Excel”命令，也可以用这种方式链接其他文件，如图 6-51 所示。

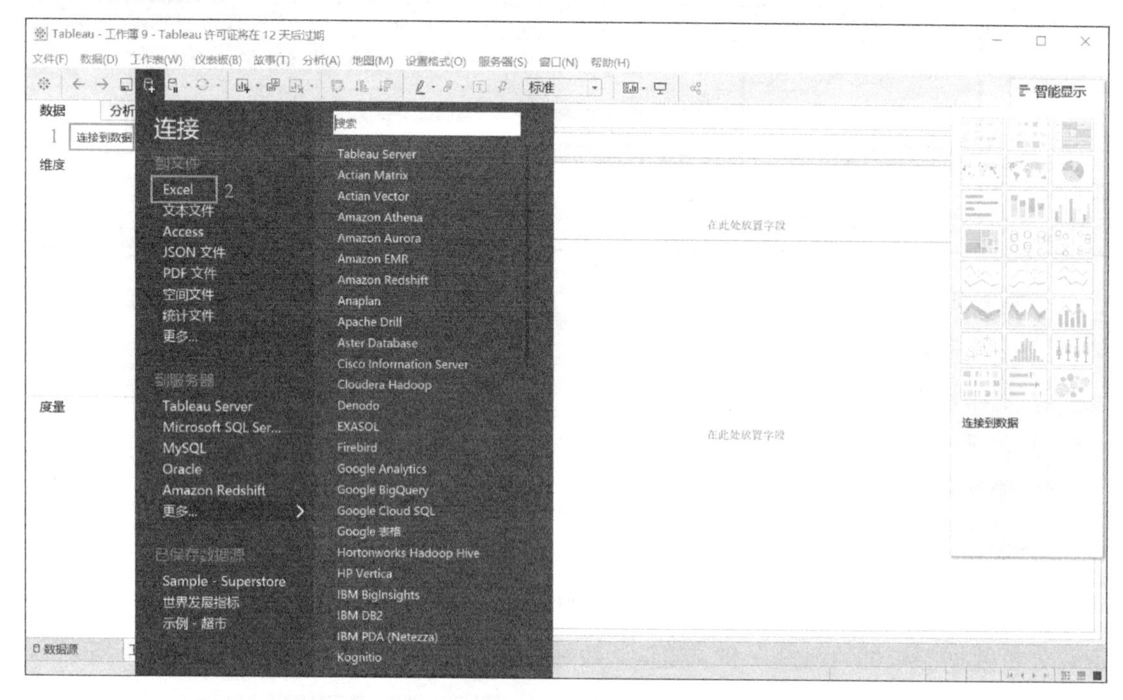

图 6-51　打开数据集

打开 Excel 文件，如图 6-52 所示，打开的数据详情如图 6-53 所示。

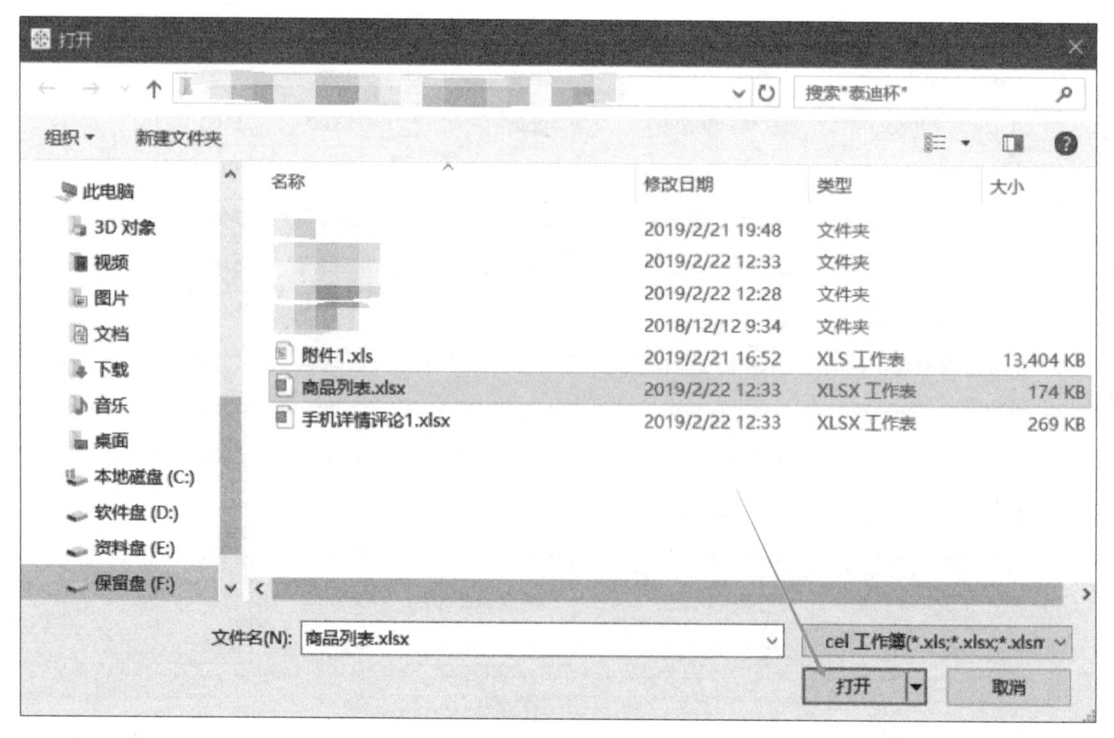

图 6-52　打开数据表

型号	店铺	品牌	价格	销量
诺基亚（NOKIA） 130DS 移动联通2G 老人手机 老年人手机双卡双待学生备用功能机 黑色	众盛手机专营店	诺基亚（NOKIA）	179.00	4100
守护宝 (上海中兴) ZTE tech L660 移动/联通2G 翻盖老人手机 学生备用功能机 灰色联通/移动版	光捷达手机专营店	守护宝	218.00	1400
Apple 苹果 iPhone7 Plus 手机 黑色 全网通 128GB	佳沪手机旗舰店	Apple	5758.00	6600
小米（MI） 小米4A 红米4A 智能老年人手机 双卡双待 玫瑰金 移动全网通4G(2G RAM+16G ROM)	众盛手机专营店	小米（MI）	628.00	13000
Apple 苹果 iPhone X手机 深空灰色 全网通256G版	聚捷联盛手机旗舰店	Apple	8288.00	7400
小米（MI） 红米5plus手机 【领卷立减】 黑色 全网通 （4GB+64GB）	聚捷联盛手机旗舰店	小米（MI）	980.00	6700
Apple 苹果 iPhone7 手机 黑色 全网通 32GB	佳沪手机旗舰店	Apple	3788.00	16000
vivo Z1i 新一代全面屏AI双摄手机 4GB+128GB 炫慕红 移动联通电信全网通4G手机 双卡双待	vivo京东自营官方旗舰店	vivo	1898.00	10000
华为（HUAWEI） 荣耀7C畅玩7C手机 铂光金 全网通3GB+32GB	佳沪手机旗舰店	华为（HUAWEI）	899.00	11000
康佳（KONKA）M2 夜空蓝 直板 按键 超长待机 移动联通2G 老人手机 学生备用功能机	康佳手机京东自营官方旗舰店	康佳（KONKA）	79.00	5700
小米（MI） 小米8 手机 黑色 全网通 6GB+128GB	易道手机专营店	小米（MI）	[illegible]	8000
中兴（ZTE） 中兴 BA520（A520） 移动4G 智能老人手机 双卡双待 玄武灰 高配版（2GRAM+16GROM）	众盛手机专营店	中兴（ZTE）	428.00	8900
酷派（Coolpad） 8737A 移动4G+ 全网通智能老人手机 双卡双待 锐志金 （2GRAM+16G ROM）	众盛手机专营店	酷派（Coolpad）	459.00	5900
华为（HUAWEI） 华为 Nova 移动全网通4G 智能手机 双卡双待 香槟金（白）(4G RAM+64G ROM)	众盛手机专营店	华为（HUAWEI）	1258.00	9600
8848 钛金手机 M3尊享版【热卖爆款 立省5000元】 智能商务手机 全网通4G 双卡双待	8848手机官方旗舰店	8848	9999.00	4500
华为（HUAWEI） 华为Mate10 手机 亮黑色 全网通(6GB+128GB)高配版	佳沪手机旗舰店	华为（HUAWEI）	3088.00	7100
华为（HUAWEI） 荣耀9青春版 全面屏手机 幻夜黑 全网通（4G RAM+64G ROM）尊享版	博海宇通手机旗舰店	华为（HUAWEI）	1599.00	6800
Apple 苹果6 iPhone6 手机 金色 全网通 (32GB)	佳沪手机旗舰店	Apple	1988.00	13000
诺基亚（NOKIA） 230DS 移动双卡双待2G备用直板手机老人手机 银白色（双卡）	京联通达旗舰店	诺基亚（NOKIA）	369.00	9600
联想 Lenovo S5全面屏双摄 4G+64G 全网通4G手机 双卡双待 烈焰红	联想手机京东自营官方旗舰店	联想	1199.00	16000
诺基亚（NOKIA） 105 手机 老人机 学生机 老人手机 经典 新款黑色	京联通达旗舰店	诺基亚（NOKIA）	133.00	14000
天语（K-TOUCH）N1 移动/联通2G 双卡双待 按键直板 老人手机 学生备用功能机 金色	天语手机京东自营官方旗舰店	天语（K-TOUCH）	99.00	15000
纽曼（Newman）C9 电信天翼老人手机 三防老年手机超长待机 大音量备用机 直板按键功能机 电信橙	弗瑞尔手机专营店	纽曼（Newman）	199.00	9000
小格雷 S0学生手机智能儿童学习手机游戏管控 16G 移动联通电信全网通4G手机 双卡双待 白色	小格雷官方旗舰店	小格雷	799.00	2100
诺亚信（NOAIN） 3310 老人手机 直板按键备用手机 移动联通2G 双卡双待 大字大声老人机 深蓝色	诺亚信手机旗舰店	诺亚信（NOAIN）	99.00	9000

图 6-53　打开的数据详情

单击“工作表 1”进入绘图区，如图 6-54 所示。下面就可以通过绘制不同类型的图来对数据进行分析。

图 6-54　进入绘图区

【例 6-11】 绘制品牌销量对比条形图

步骤 1：将“品牌”拖至“行”功能区，将“记录数”（即销量）拖至“列”功能区，绘制出没有排序的条形图，如图 6-55 所示。

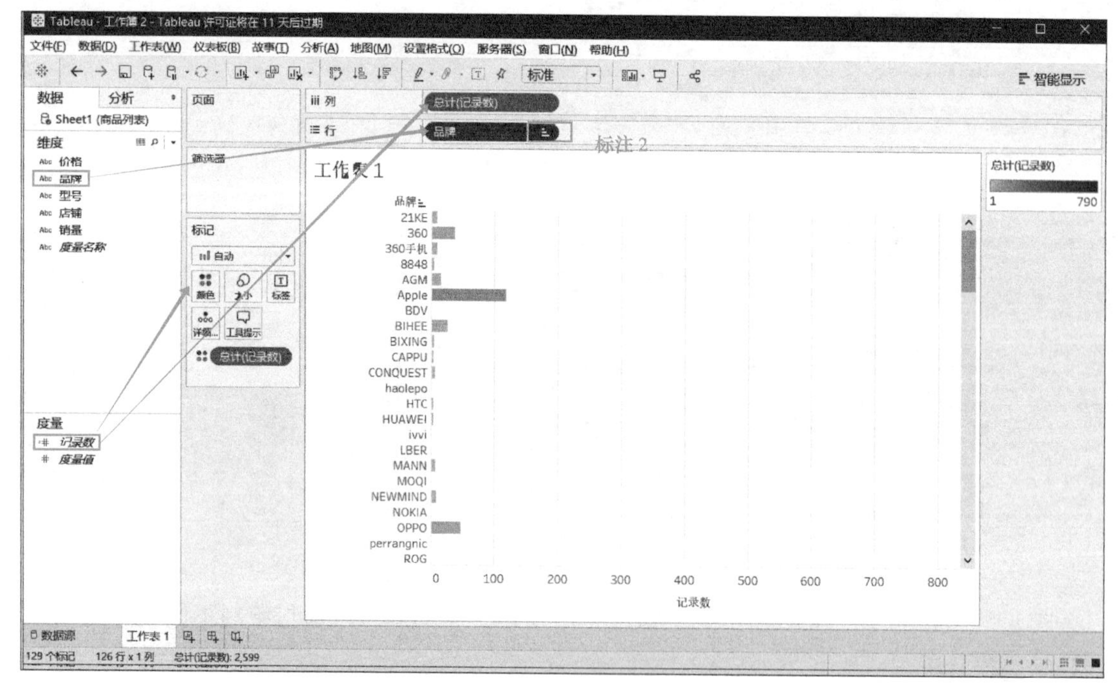

图 6-55　销量图

步骤 2：单击图 6-55 中“标注 2”处的按钮，选择“排序”命令，在对话框中选择排序顺序为“降序”，排序依据为“字段”和“记录数”，然后单击“确认”按钮，如图 6-56 所示。如果要查看升序则选择“升序”，操作同理。

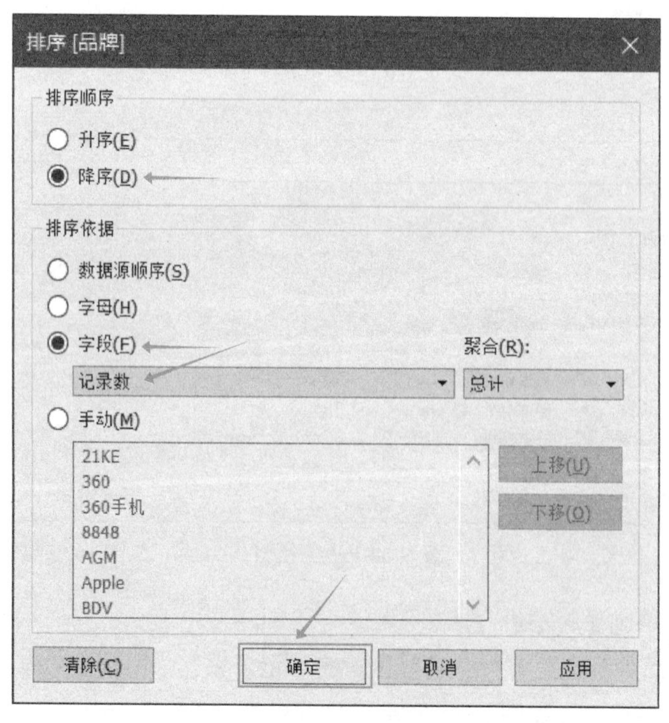

图 6-56　排序设置

步骤 3：将“品牌”拖至“行”功能区，将“记录数”拖至“列”功能区，单击右上角的“智能显示”按钮，智能地将数据绘制成图，如图 6-57 所示。

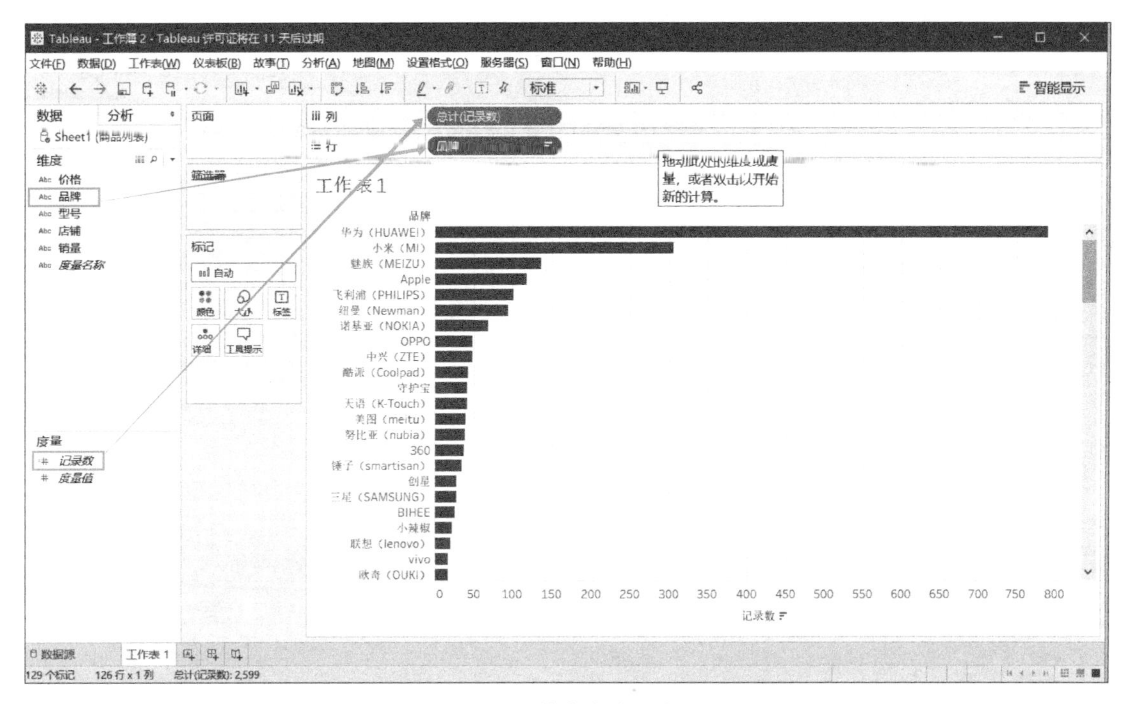

图 6-57 排序后的销量图

步骤 4：需要设置颜色的话则将“记录数”拖至“标记”中的“颜色”上，然后设置需要的颜色，这里选择默认即可，如图 6-58 所示。

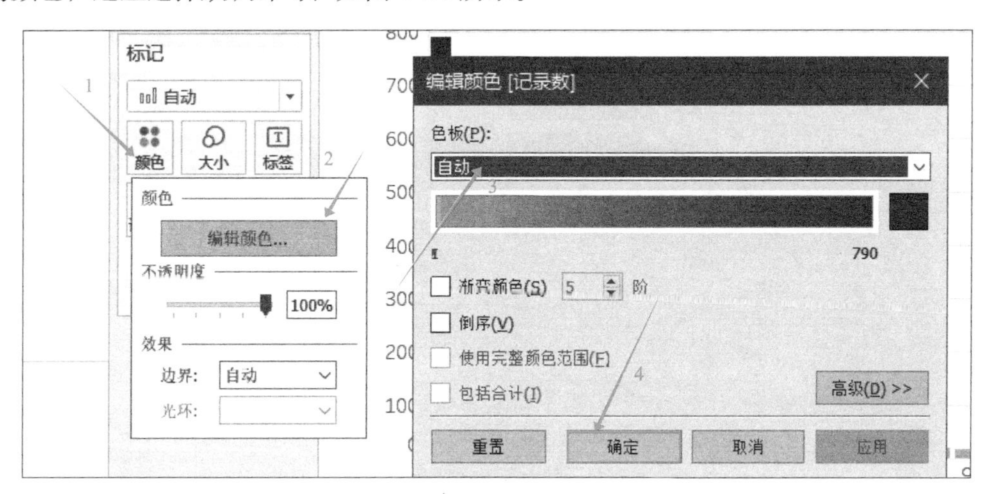

图 6-58 设置颜色

步骤 5：选择默认的颜色后，可以看到销量不同对应的颜色也会产生由浅至深的变化，颜色越深销量越高，如图 6-59 所示。

条形图可以清楚地对比品牌与品牌之间的销量数据。根据“记录数”和“品牌”字段来分析，销量前 5 的品牌是华为、小米、魅族、Apple 和飞利浦。

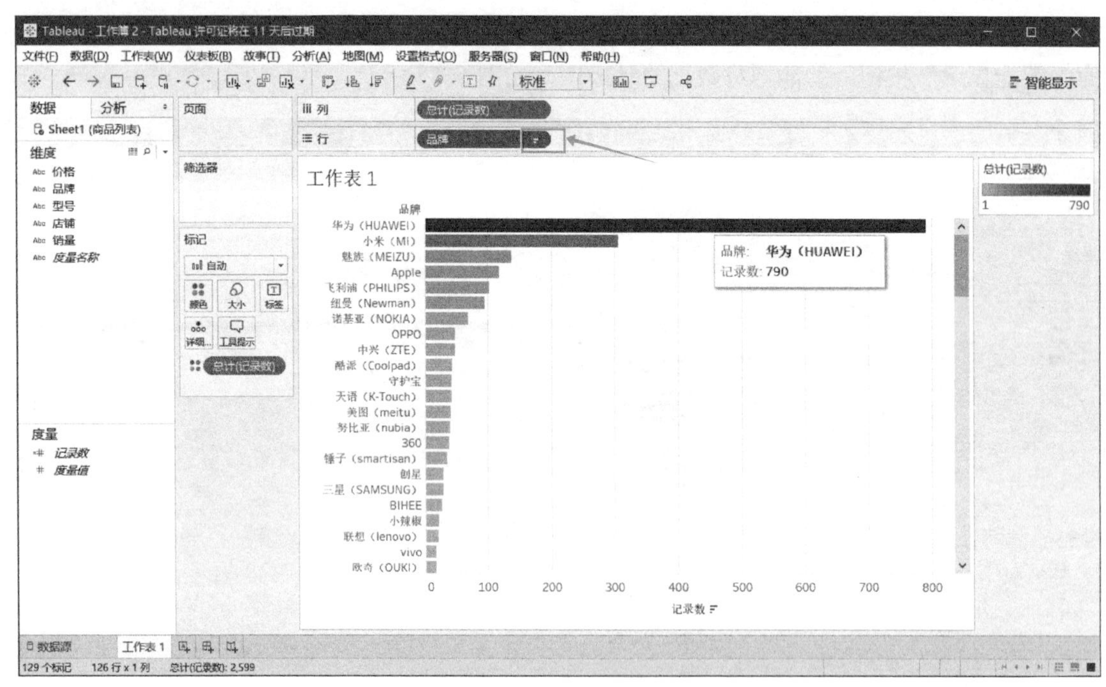

图 6-59　销量条形图

【例 6-12】 绘制品牌销量大小气泡图

步骤 1：选择所需的数据。将“品牌”拖至“行”功能区，将“记录数”拖至“列”功能区，这里的“记录数”为销量。选择好数据后在右侧的“智能显示”中选择“气泡图”，如图 6-60 所示。

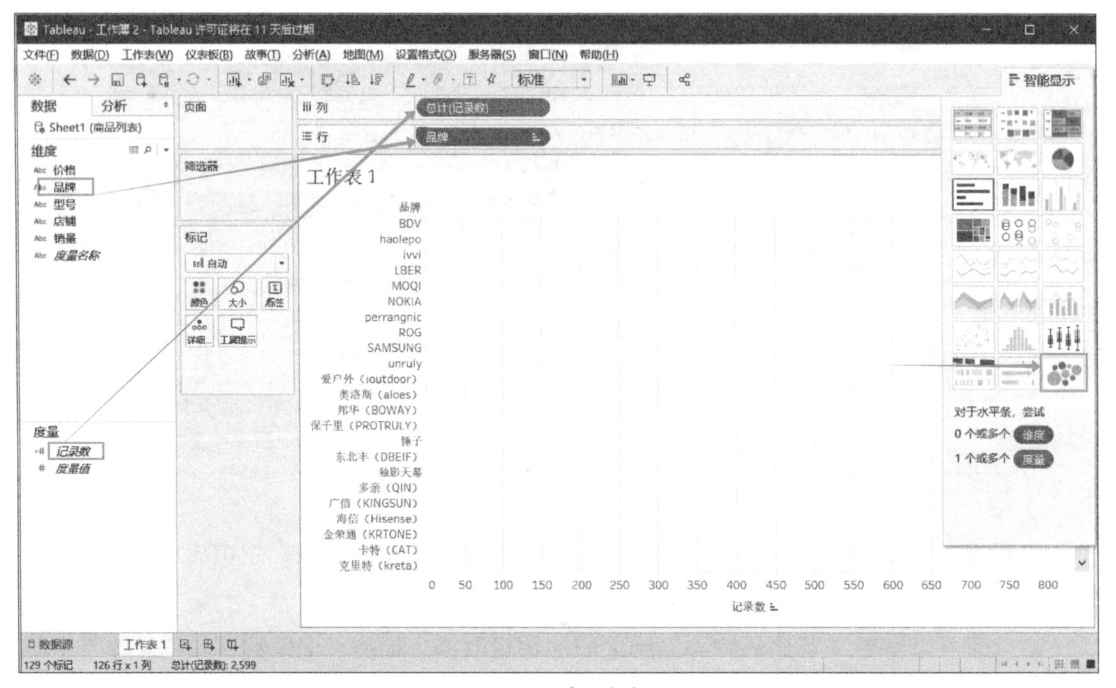

图 6-60　选择数据

步骤 2：需要设置颜色的话则将“记录数”拖至“标记”中的“颜色”上，然后设置需要的颜色，这里选择默认即可，如图 6-61 所示。

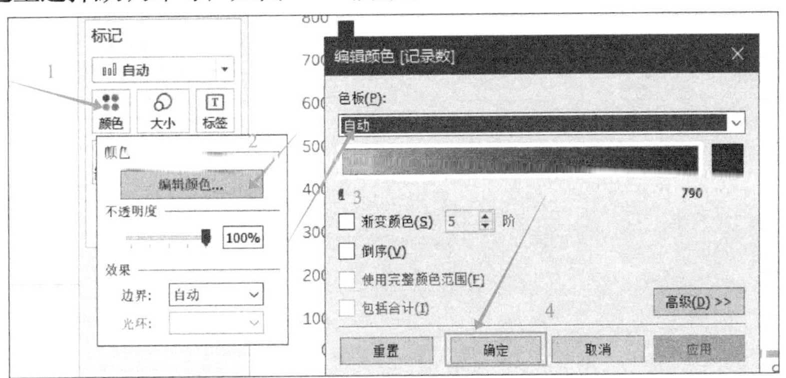

图 6-61　设置颜色

步骤 3：选择默认的颜色后，可以看到销量不同对应的颜色也会产生由浅至深的变化，颜色越深销量越高，如图 6-62 所示。

用气泡图可以清楚地对比品牌与品牌之间的销量大小情况，增加视觉冲击力，突显销量最大的品牌名称。

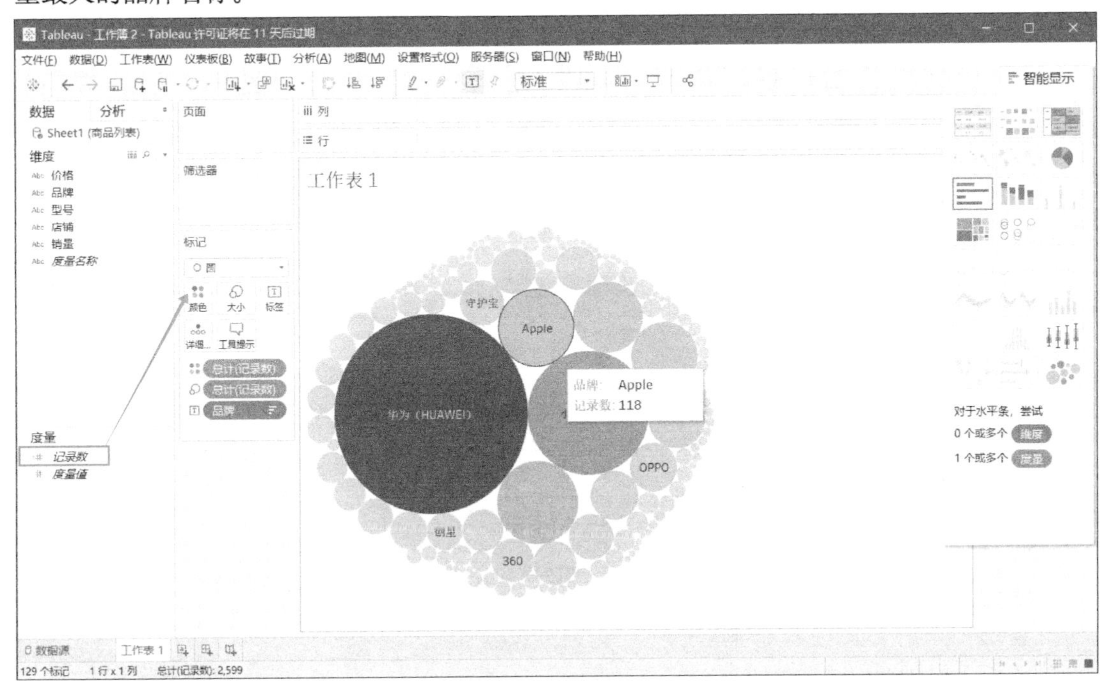

图 6-62　销量气泡图

【例 6-13】　绘制品牌单机销售额排行散点图

步骤 1：将“品牌”拖至“列”功能区，将“记录数”拖至“行”功能区，再将“价格”拖至“行”功能区。

步骤 2：在例 6-12 中已经绘制了气泡图，但是没有排序，无法直接看出排行。本例将绘制散点图并进行排序，因此在右侧的“智能显示”中选择“散点图”，如图 6-63 所示。

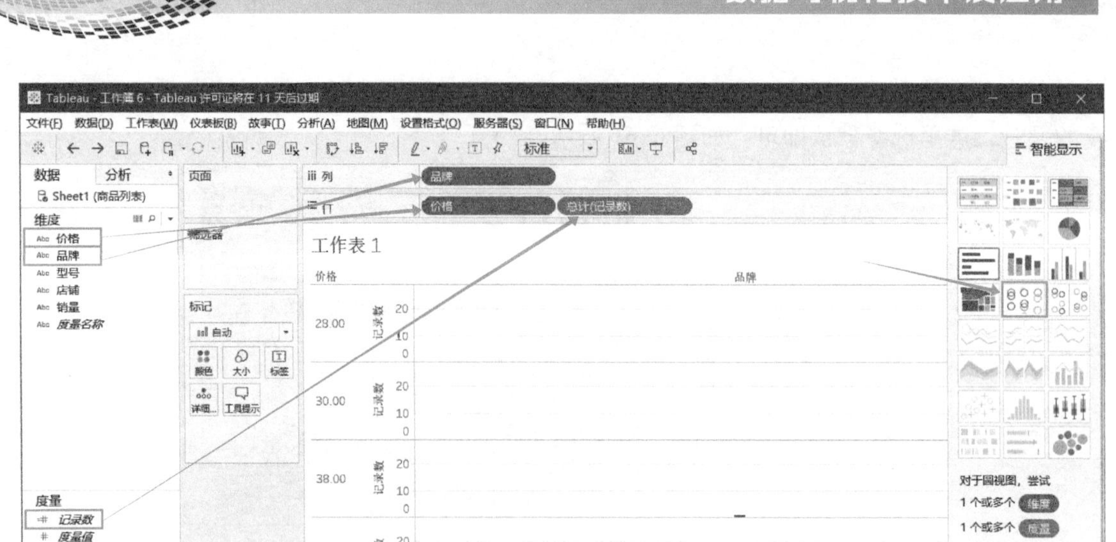

图 6-63　选择散点图

步骤 3：在“列”功能区的“价格”上右击，选择“排序”命令，如图 6-64 所示。在“排序 [品牌]”对话框中选择“降序”，排序依据选择“字段”和“记录数”，最后单击“确认”按钮，如图 6-65 所示。

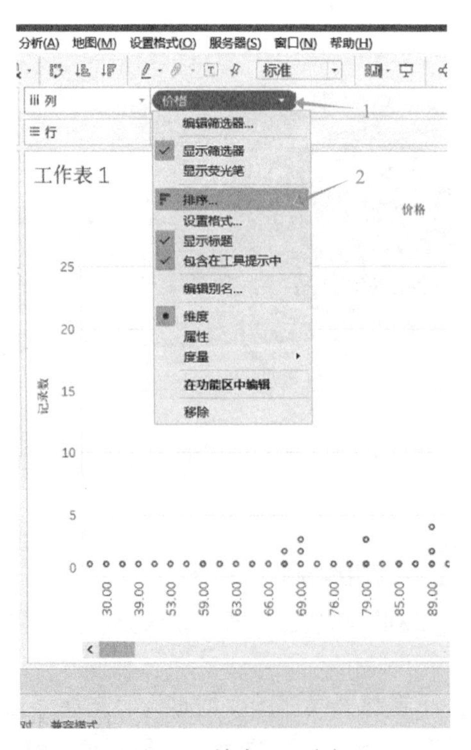

图 6-64　排序设置（1）

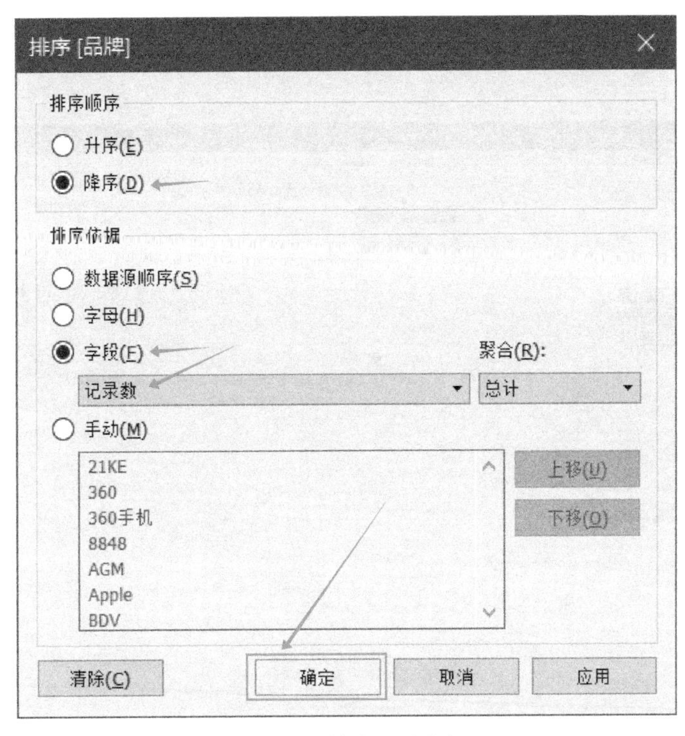

图 6-65 排序设置（2）

步骤 4：因为数据过多不方便观看，可以筛选部分数据，在“行”功能区的“总计（记录数）”上右击，选择“显示筛选器”命令，单击之后会出现“标注 3”，就可以筛选出销量数据了，如图 6-66 所示。

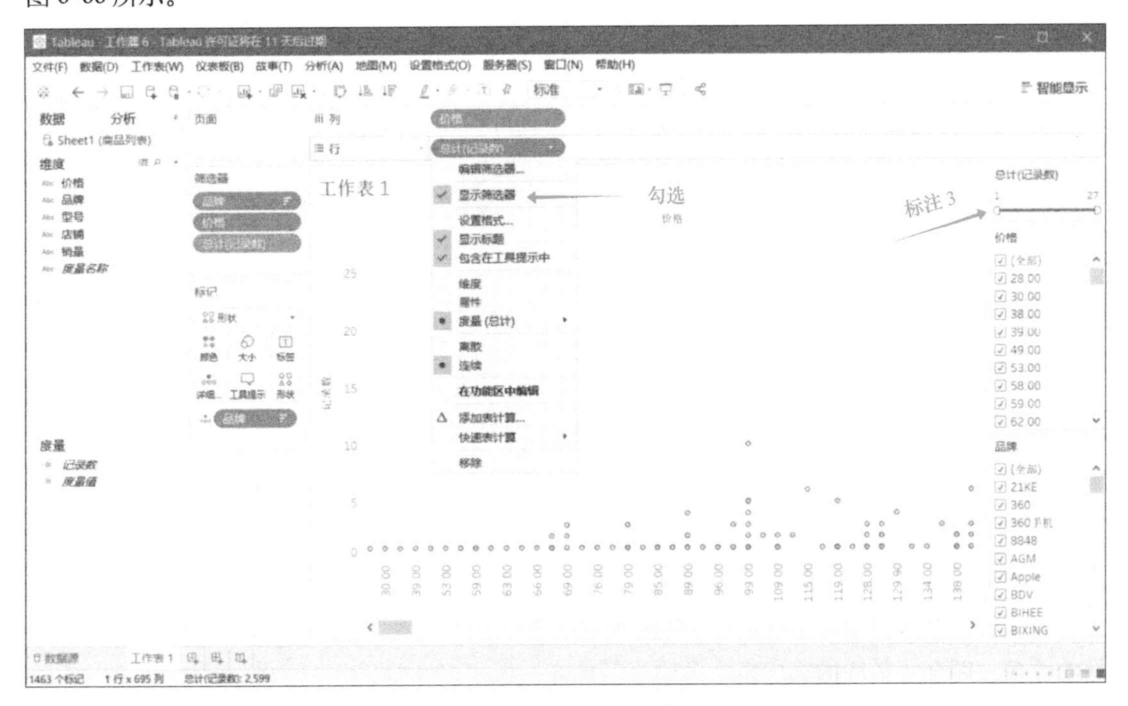

图 6-66 筛选器设置

步骤 5：经过数据筛选之后，可以清楚地看出品牌单机的销售量和价位图的情况，如图 6-67 所示。

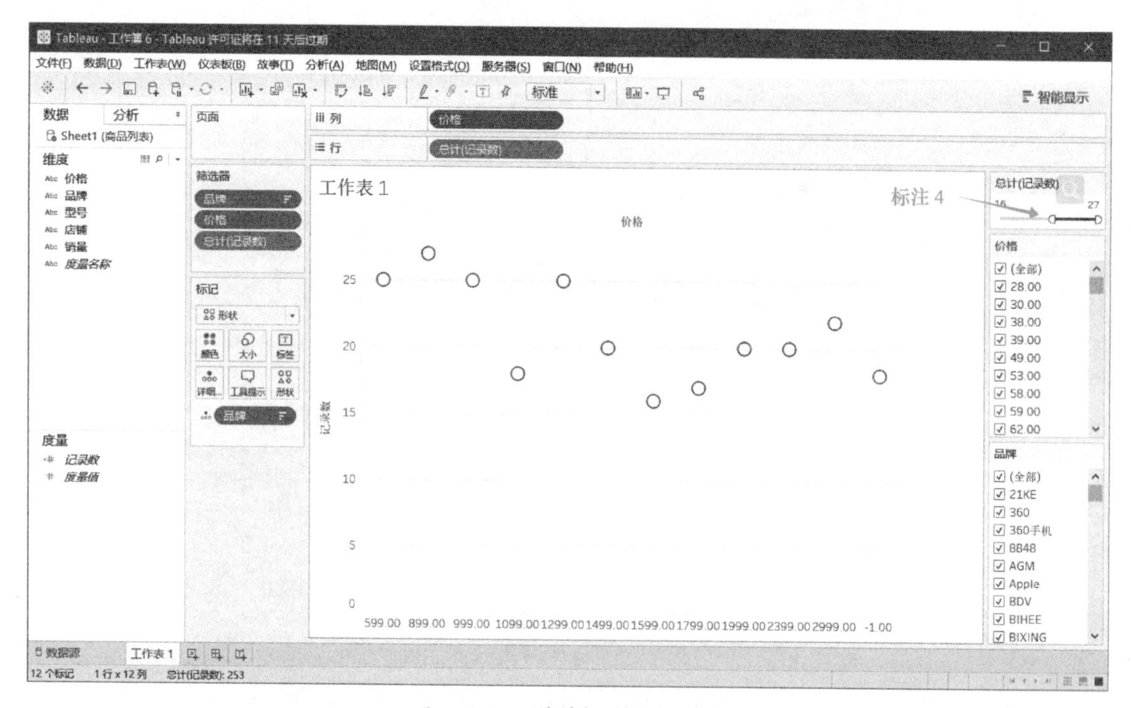

图 6-67　品牌单机销量散点图

用散点图可以清楚地对比品牌单机与价格之间的关系。根据图 6-67 可以得出在 599 ～ 1 499 元之间手机销量最佳。

本节对手机销售数据进行了多种方式的分析。对销量进行了排序，有利于查看品牌销量的排行情况；对销量进行了比较，有利于观察品牌销量的增长情况；对销量进行了突显展示，利用气泡图的视觉效果特性，展示了销量前列的品牌名称；还分析了单机销量最佳的价格范围。

6.4 游戏运营数据分析

2017 年游戏行业的销售收入就已经超过 2 000 亿元，在游戏产业日渐发达的今天，做好数据分析工作不仅能帮助企业规避风险，更能维护企业的核心价值。随着大数据时代的到来，数据、信息以及知识将逐渐成为企业发展的重要资源。

在正式的游戏运营期间，企业可以从游戏运营中存储的数据中找到能为企业带来利益的主要客户，这是非常重要的。更好地了解客户，不仅会提高公司的盈利能力，还有利于组织更有效的活动以进行品牌推广。通过 Tableau 可以很容易挖掘出客户信息，比如男性多还是女性多、哪个年龄段的客户多、客户买了什么、玩了多久等。

本节的案例中使用的数据为“游戏运营数据 .xls”，包含编号、类型、日期、性别、界限标记等 14 个字段，见表 6-4。

表 6-4　游戏运营数据字段

序　号	字 段 名	示　例	序　号	字 段 名	示　例
1	编号	55010	8	生命损耗	356
2	类型	竞技游戏	9	持续时间（秒）	451
3	日期	2004-5-4 0:00	10	区域	西北
4	性别	女	11	省级	甘肃省
5	界限标记	否	12	省名（拼音）	Gansu
6	用户代码	35343	13	市级	兰州
7	年龄	22	14	市名（拼音）	Lanzhou

本节主要任务包括：

1）制作“客户属性分析”视图。

2）制作“类型细分”视图。

3）制作“游戏进程分析”视图。

4）制作动态仪表盘。

【例 6-14】 制作“客户属性分析”视图

本例使用不同的颜色和图形图像来展示客户的性别和年龄，从而了解客户的相关信息，操作步骤如下。

步骤 1：连接“游戏运营数据 .xls”，如图 6-68 所示。

图 6-68　连接“游戏运营数据 .xls”

打开后的“游戏运营数据 .xls”如图 6-69 所示。

编号	类型	日期	性别	界限标记	用户代码	年龄	生命损耗	持续时间（秒）	区域	省级	省名（拼音）	市级
55,010	竞技游戏	2004-05-04	女	否	35,343	22	356	451	西北	甘肃省	Gansu	兰州
55,001	竞技游戏	2004-05-04	女	否	35,319	23	357	589	中南	海南省	Hainan	海口
55,009	竞技游戏	2004-05-04	男	否	35,507	16	341	1,050	东北	辽宁省	Liaoning	大连
55,004	竞技游戏	2004-05-04	男	否	35,789	16	362	798	华东	浙江省	Zhejiang	衢州
55,008	竞技游戏	2004-05-04	男	否	35,372	20	347	352	华东	山东省	Shandong	东营
55,002	竞技游戏	2004-05-04	男	否	35,631	21	372	461	华北	北京市	Beijing	北京
55,007	竞技游戏	2004-05-04	男	否	35,711	22	346	597	华东	上海市	Shanghai	上海
55,003	竞技游戏	2004-05-04	男	否	35,318	24	348	451	西南	重庆市	Chongqing	重庆
55,006	竞技游戏	2004-05-04	男	否	35,632	35	378	214	中南	广东省	Guandong	深圳
55,005	竞技游戏	2004-05-04	男	是	35,682	42	345	307	中南	广西省	Guangxi	河池
55,014	竞技游戏	2004-05-05	女	是	35,120	13	354	630	中南	湖北省	Hubei	武汉
55,013	竞技游戏	2004-05-05	女	是	35,609	37	330	875	华东	浙江省	Zhejiang	杭州
55,015	附加购买	2004-05-05	女	是	35,233	38	333	772	华北	内蒙古	Nei Mongol	呼和浩特

图 6-69　打开后的“游戏运营数据 .xls”

步骤 2：单击“工作表 1”进行可视化操作，如图 6-70 所示。

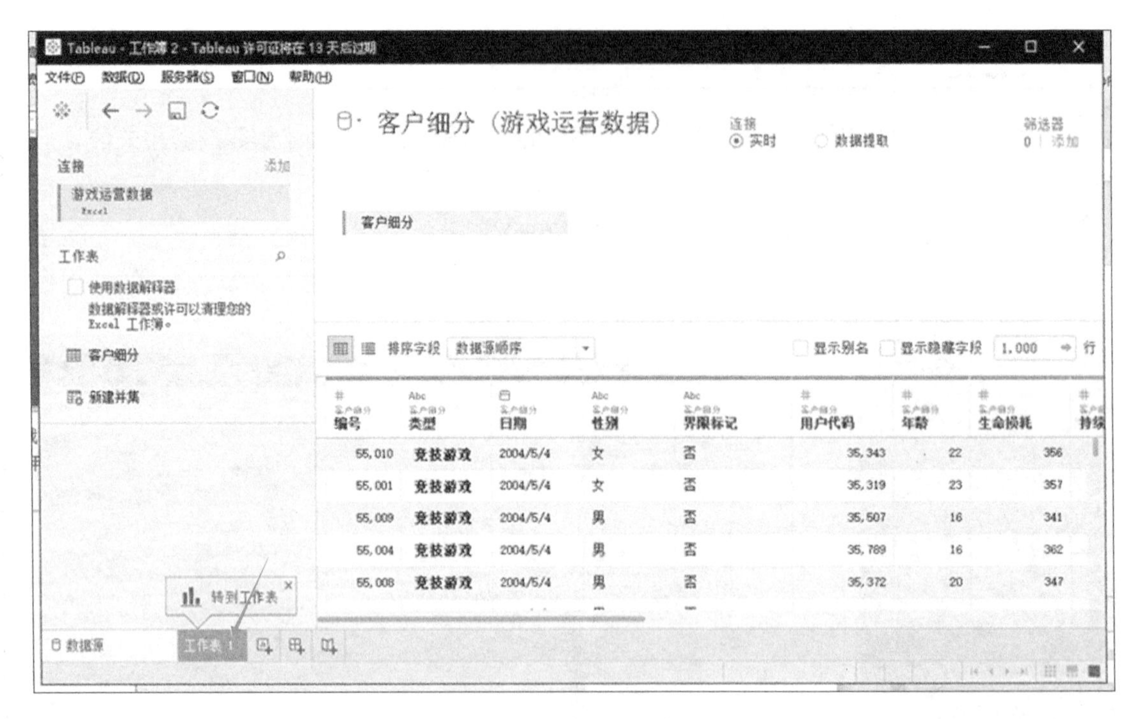

图 6-70　选择工作表

步骤 3：首先对“年龄”进行离散化，在维度中右击“年龄”并选择“创建”→“参数”命令，然后设置对话框，如图 6-71 和图 6-72 所示。

步骤 4：在“列”功能区中放入“用户代码”，在“行”功能区中放入“年龄”和“性别”，分别在视图中设置两个图形，操作步骤如下。

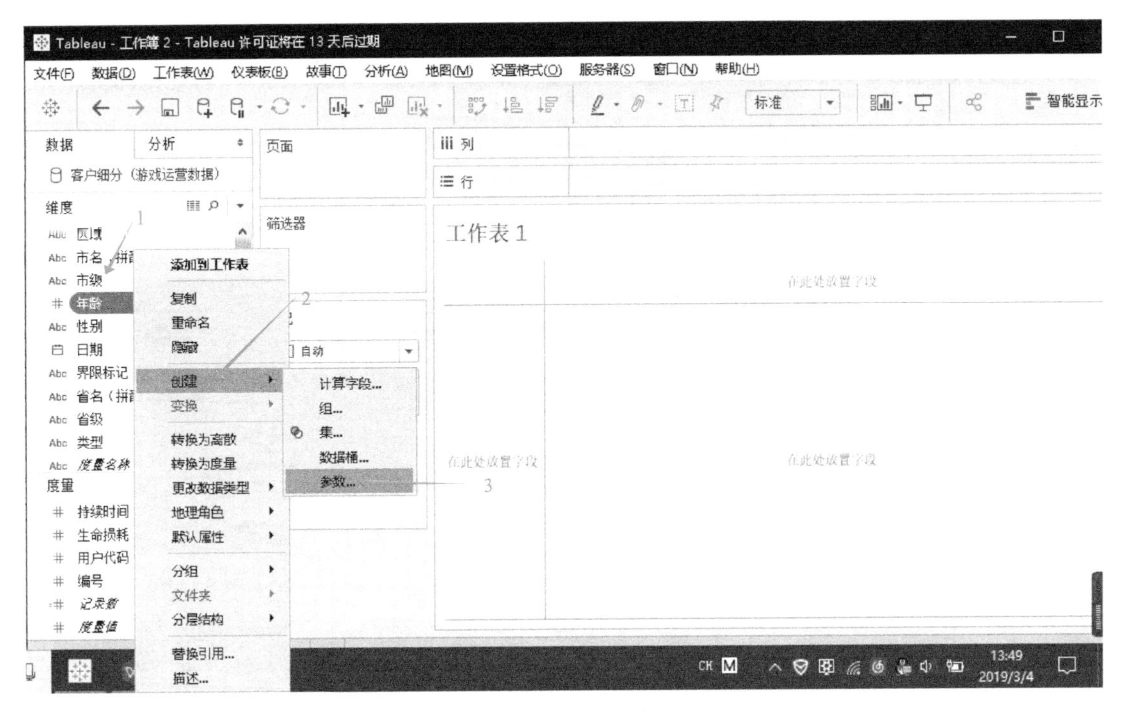

图 6-71　创建参数

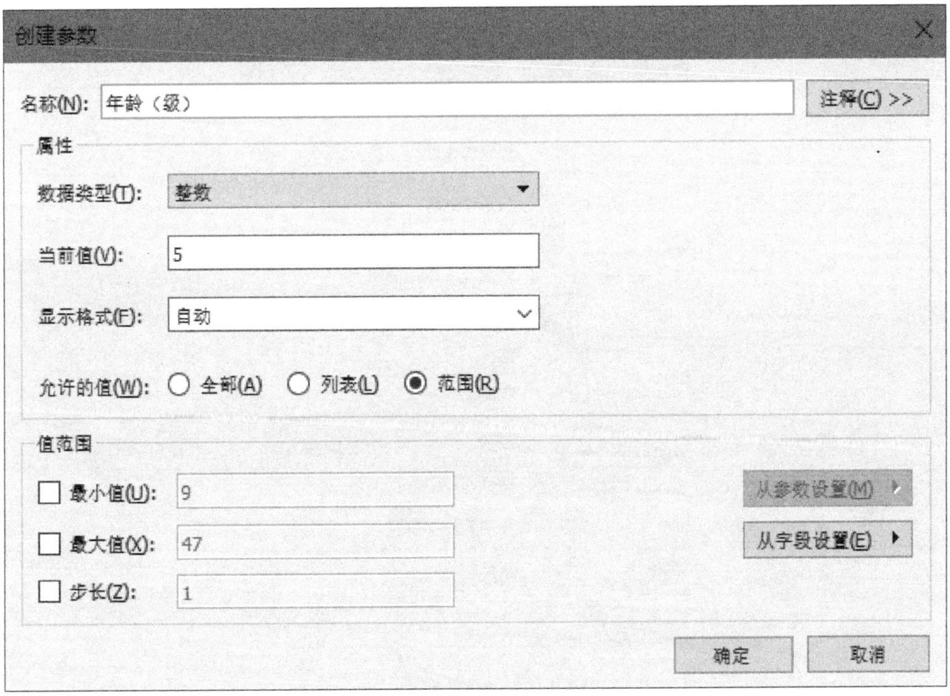

创建参数

名称(N): 年龄（级）　注释(C) >>

属性

数据类型(T): 整数

当前值(V): 5

显示格式(F): 自动

允许的值(W): ○ 全部(A)　○ 列表(L)　◉ 范围(R)

值范围

☐ 最小值(U): 9　　从参数设置(M)

☐ 最大值(X): 47　　从字段设置(E)

☐ 步长(Z): 1

确定　取消

图 6-72　参数设置

在“列”功能区中放入 2 个“用户代码”，在“行”功能区中放入“年龄”和“性别”，如图 6-73 所示。

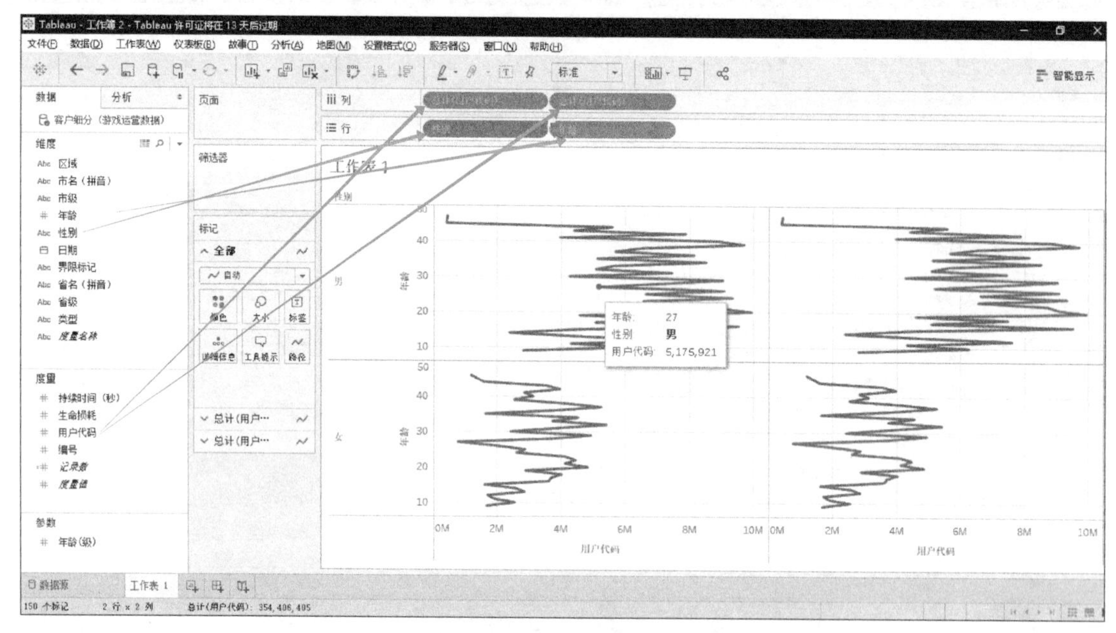

图 6-73　设置两个图形

右击“行”功能区中的“年龄”，再选择“离散”命令，如图 6-74 所示。

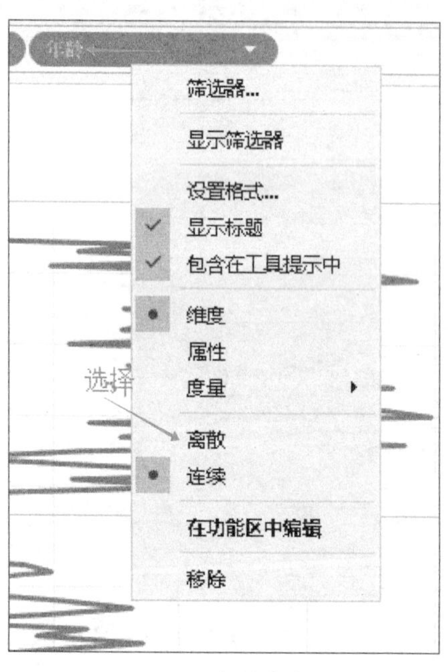

图 6-74　年龄离散化

选择第一个“总计（用户代码）”，再在“标记”选项卡中选择“形状”，将“维度”中的“性别”拖入“形状”，如图 6-75 所示。

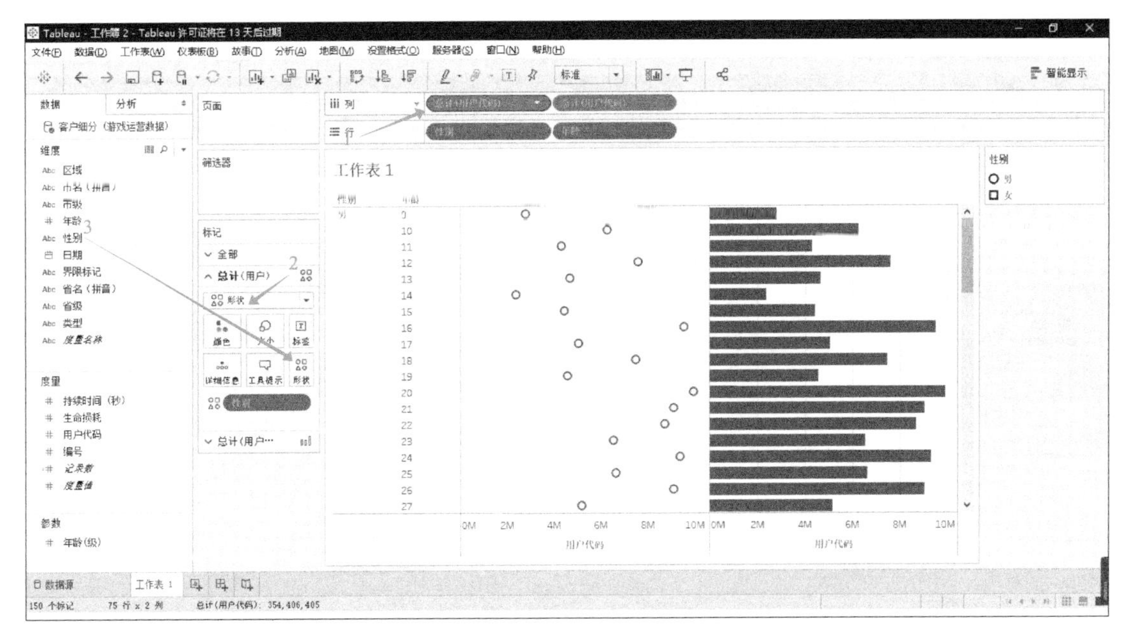

图 6-75　设置形状

步骤 5：编辑形状。单击“形状”打开对话框，在下拉菜单中选择“性别”，再单击“分配调色板”按钮对年龄标志进行设置，如图 6-76 所示。

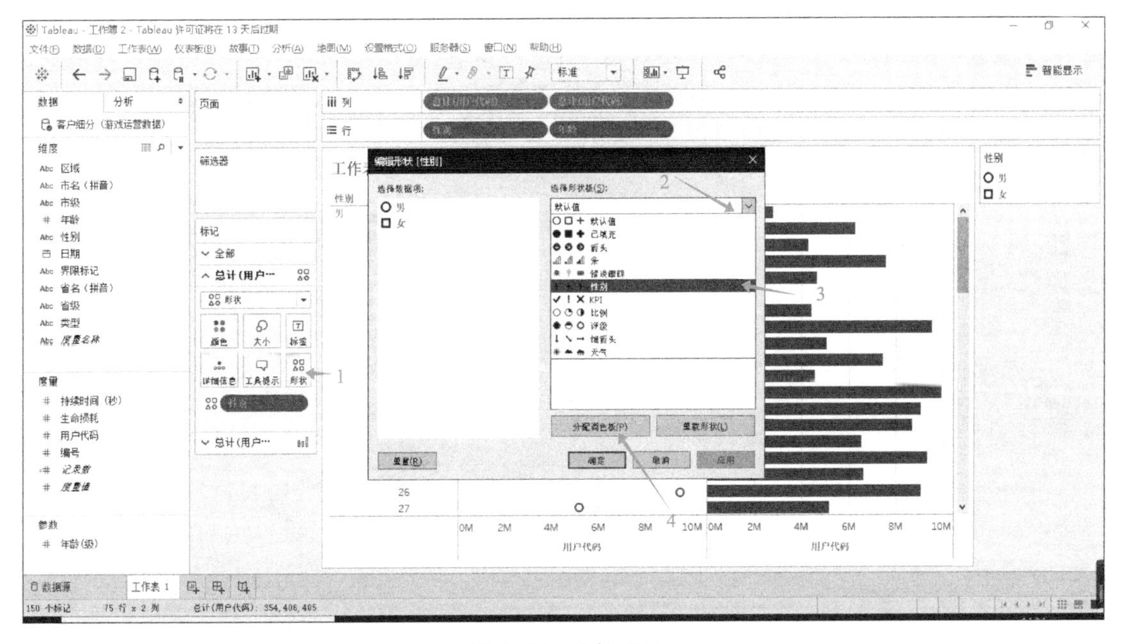

图 6-76　编辑形状

步骤 6：设置性别颜色。将“维度”中的“性别”拖入“颜色”，再单击列中的第二个“总计（用户代码）”，再次将“性别”拖入“颜色”，如图 6-77 和图 6-78 所示。

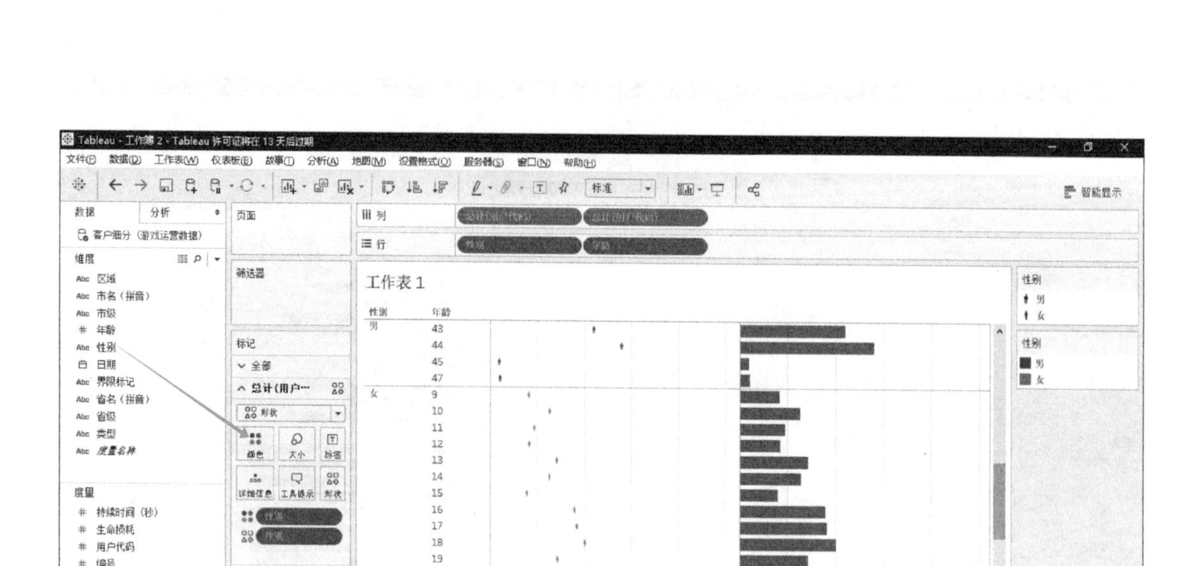

图 6-77　设置性别颜色（1）

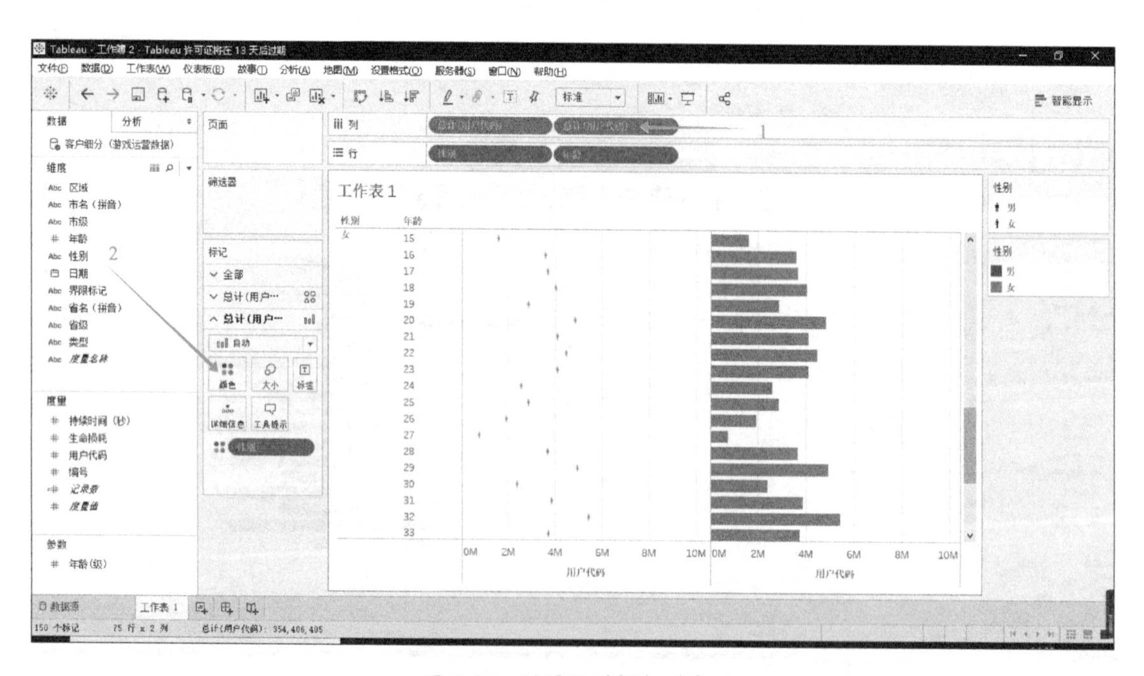

图 6-78　设置性别颜色（2）

步骤 7：将“年龄”拖入“维度”，再将“性别”拖入“列”，进行合并，如图 6-79 和图 6-80 所示。

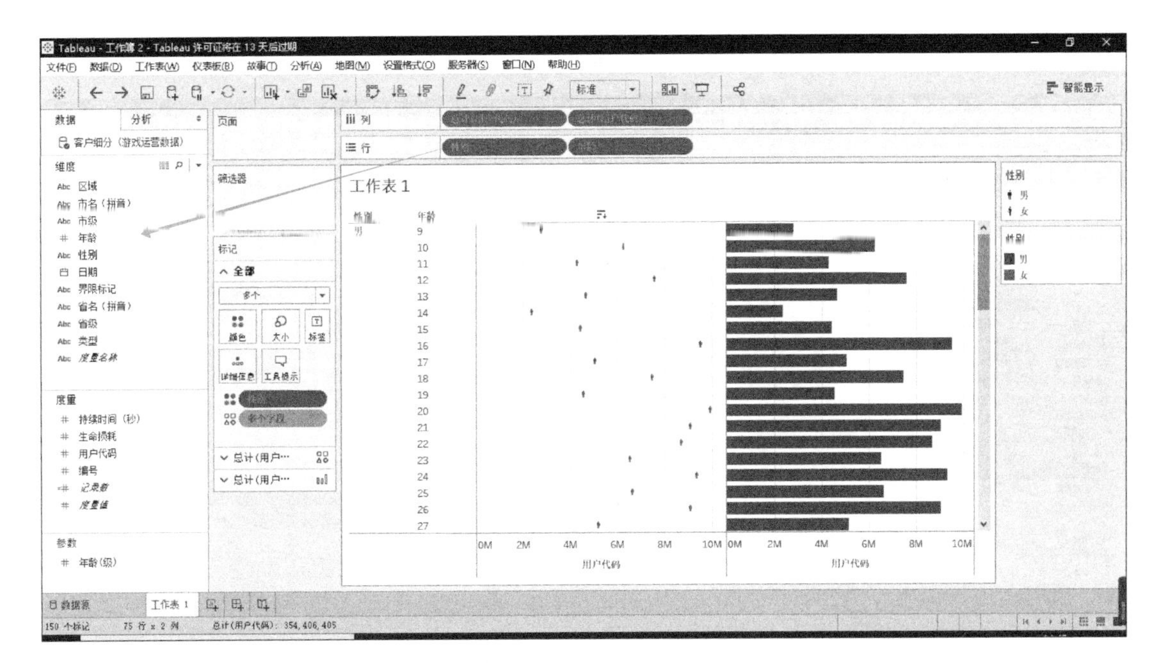

图 6-79　进行合并（1）

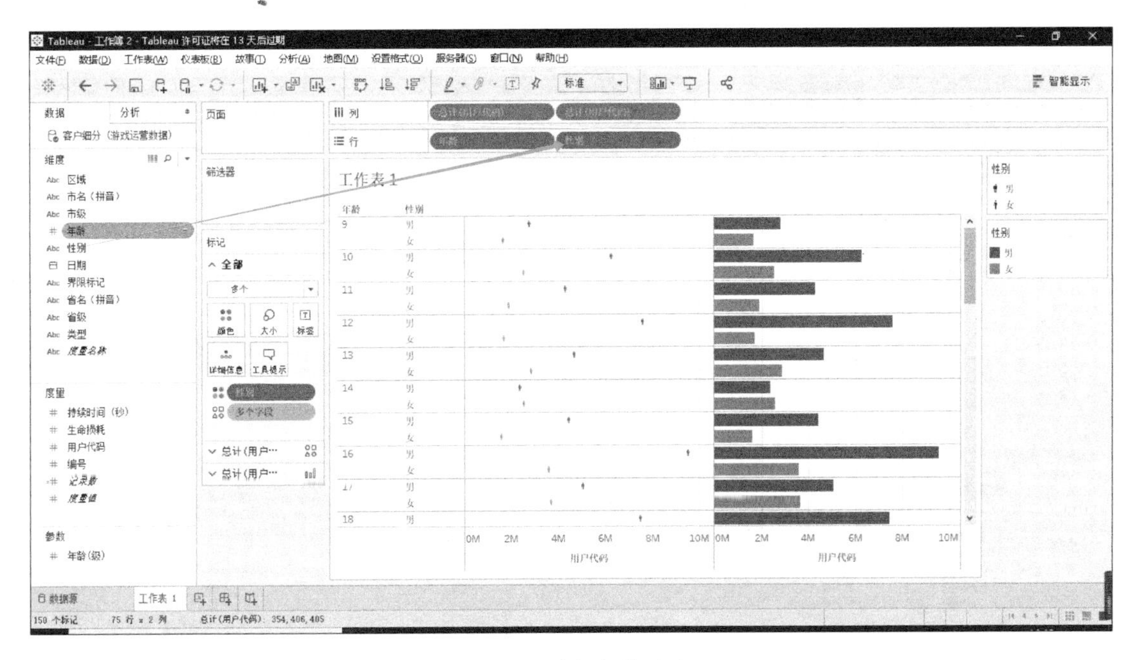

图 6-80　进行合并（2）

【例 6-15】 制作“类型细分”视图

本例将使用条形图和颜色选择来显示每个节点之间记录数量的分布，操作步骤如下。

步骤 1：新建一张工作表来进行类型细分。

步骤 2：离散化“持续时间（秒）”。右击“度量”中的字段“持续时间”，先选择“转换为离散”命令，如图 6-81 所示。再选择“创建”→“参数”命令，设置当前值为 20，显示格式为“自动”，如图 6-82 和图 6-83 所示。

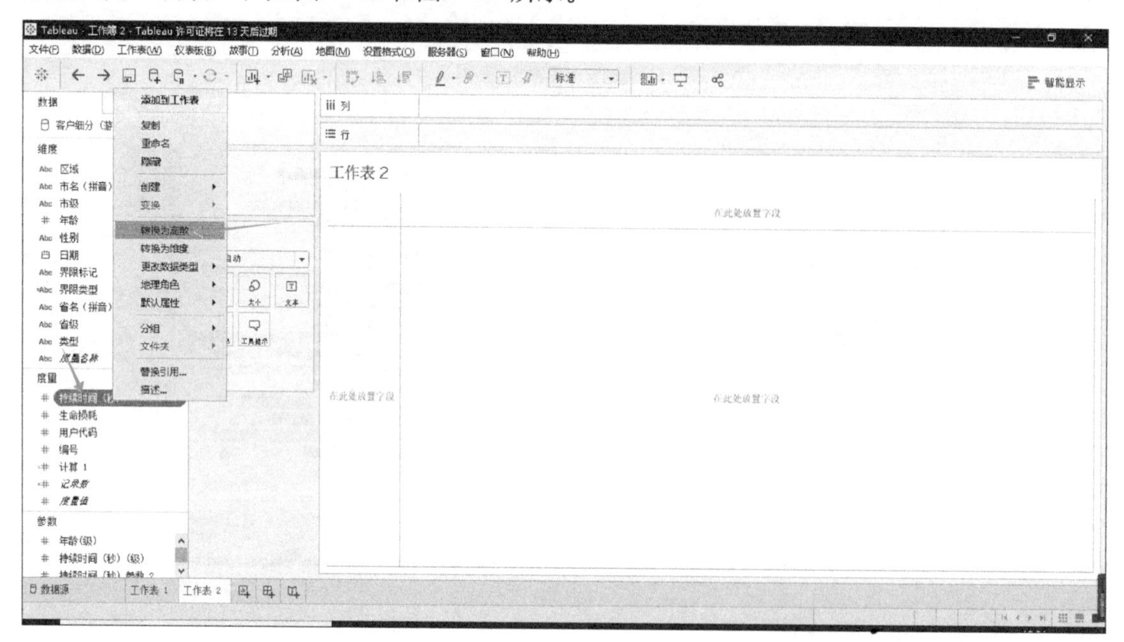

图 6-81　选择“转换为离散”命令

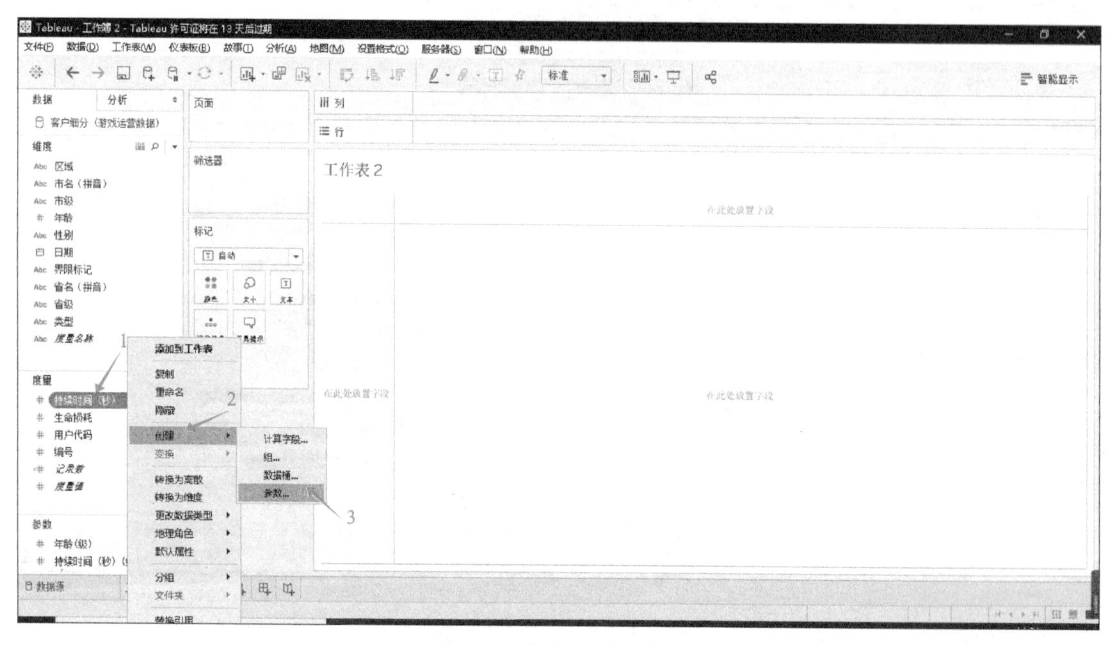

图 6-82　按步骤选择参数

步骤 3：创建一个新的字段“界限类型”。右击“维度”中的“类型”，选择“创建计算字段”并进行设置，如图 6-84 所示。

步骤 4：将“持续时间（秒）（级）”拖入“列”功能区，将“记录数”拖入“行”功能区。

步骤 5：将“界限类型”拖入“颜色”中，显示结果如图 6-85 所示。

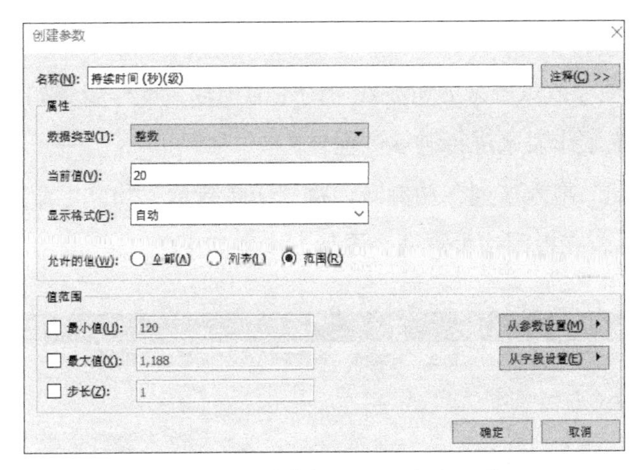

图 6-83 创建"持续时间（秒）级"

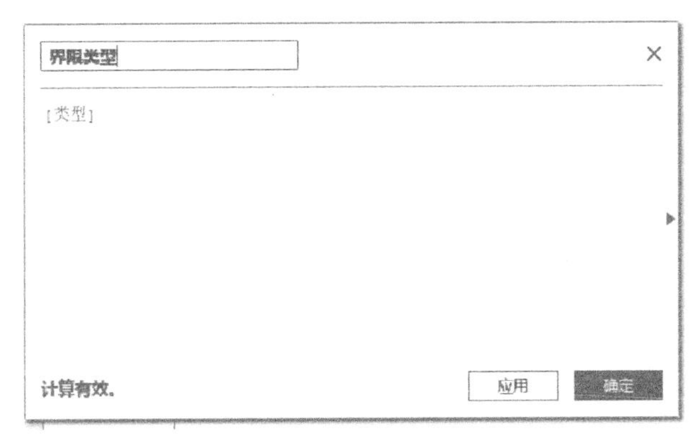

图 6-84 创建计算字段"界限类型"

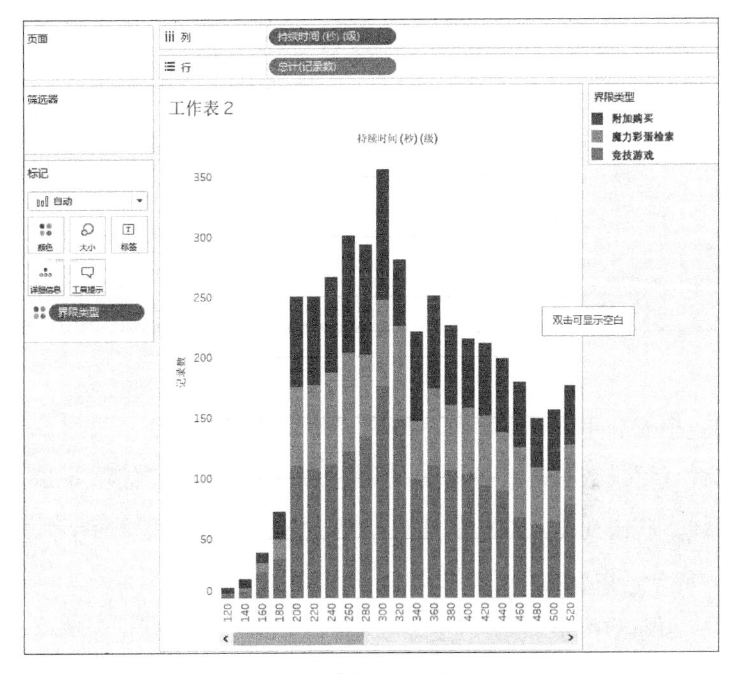

图 6-85 "类型细分"视图

【例 6-16】 制作“游戏进程分析”视图

本例将通过折线图和散点图来分析游戏中的生命损耗，操作步骤如下。

步骤 1：新建一张工作表来进行游戏进程分析。

步骤 2：将“日期”拖入“列”功能区，将“记录数量”和“生命损耗”拖入“行”功能区，如图 6-86 所示。在视图中设置两个图形，步骤如下。

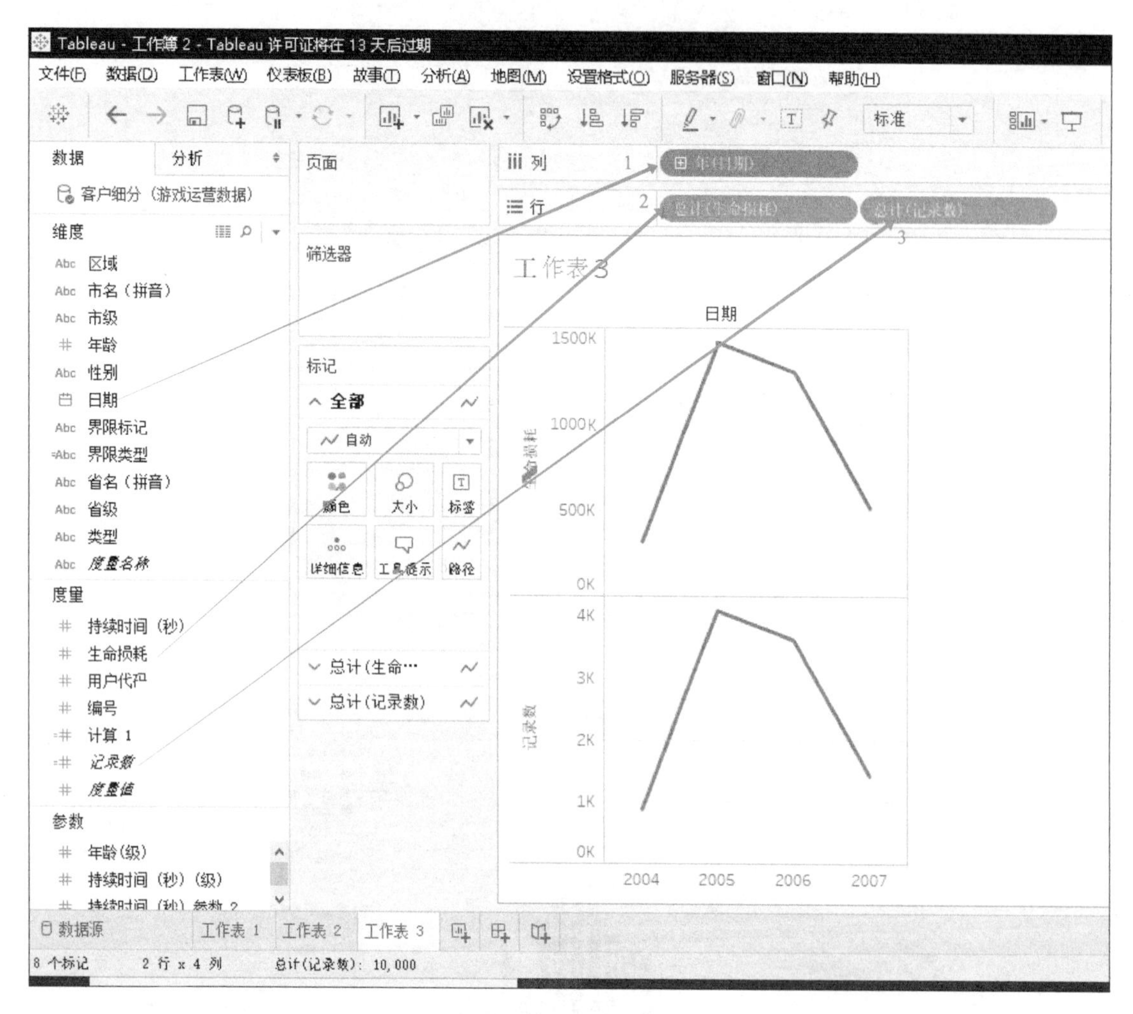

图 6-86 设置行列

1）右击“列”中的“年（日期）”，选择“精确日期”命令，如图 6-87 所示。

2）单击“总计（记录数）”，再单击“颜色”并选择黑色，如图 6-88 所示。

3）添加趋势线。右击视图区域中的任意位置，选择“趋势线”命令，再次右击趋势线，选择“设置格式”命令，设置为黑色虚线，如图 6-89 所示。

4）选择“行”功能区中的“总计（生命损耗）”图表。在“标记”选项卡中选择“圆”，将“界限类型”拖入“颜色”中，如图 6-90 所示。

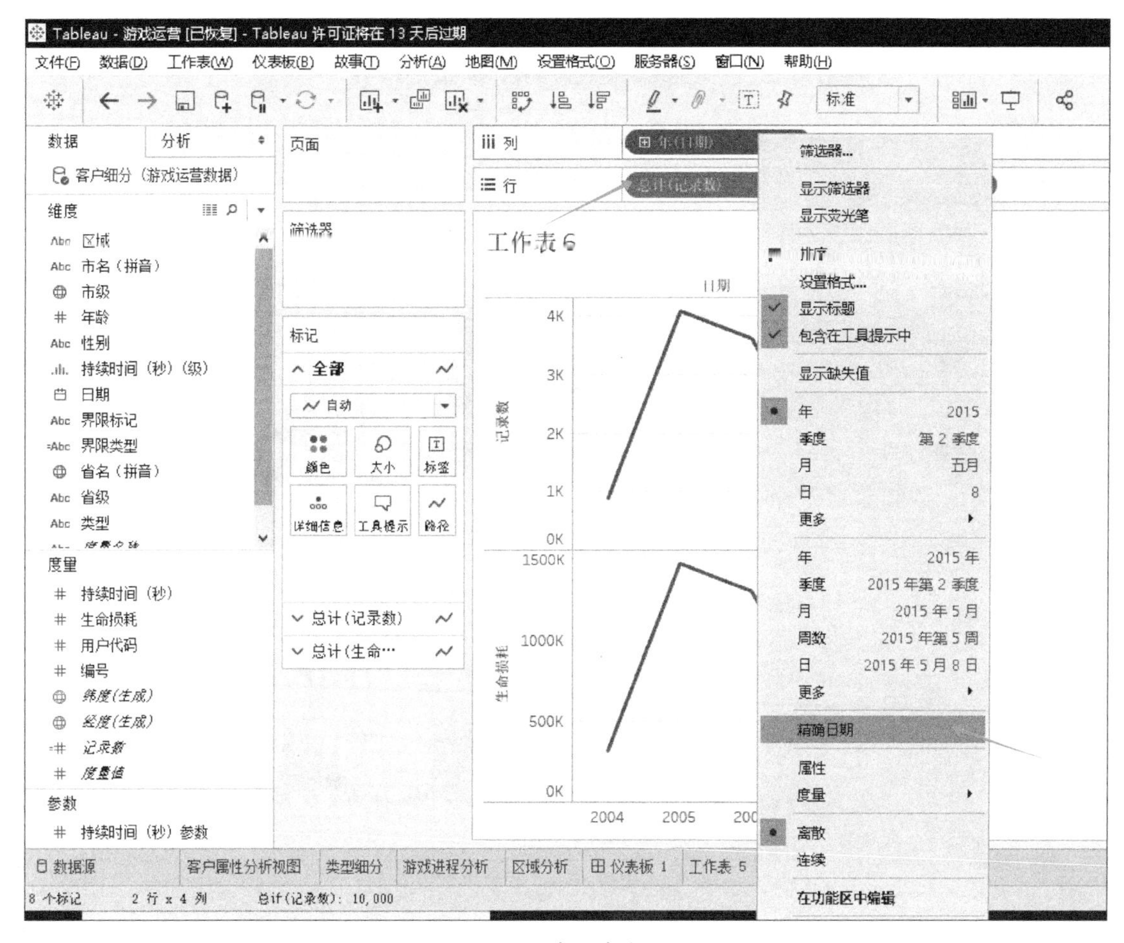

图 6-87 选择精确日期

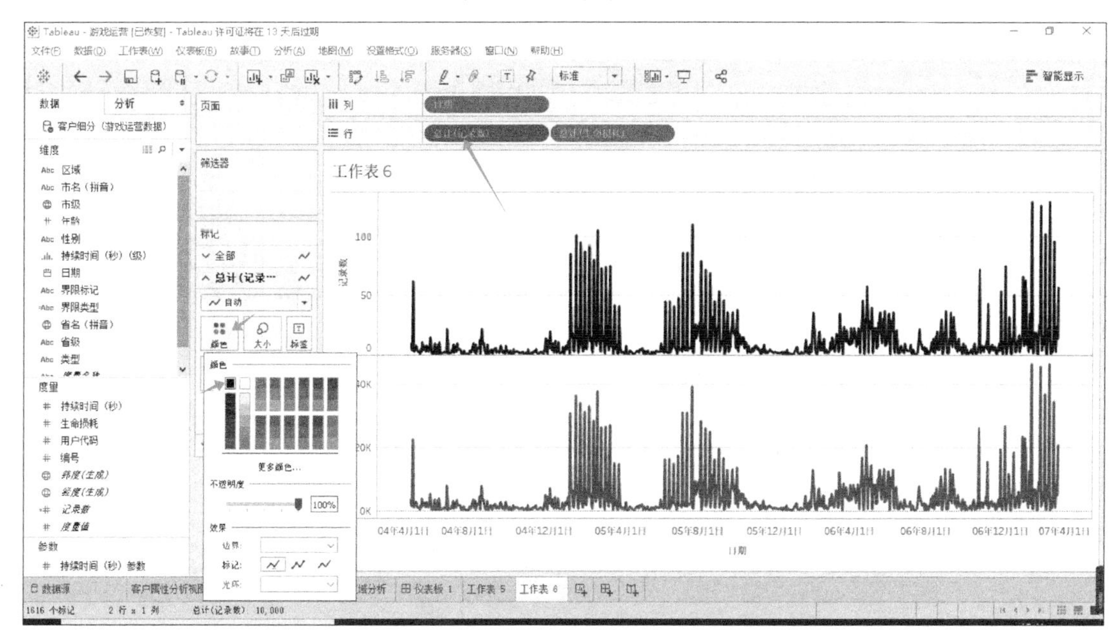

图 6-88 设置颜色

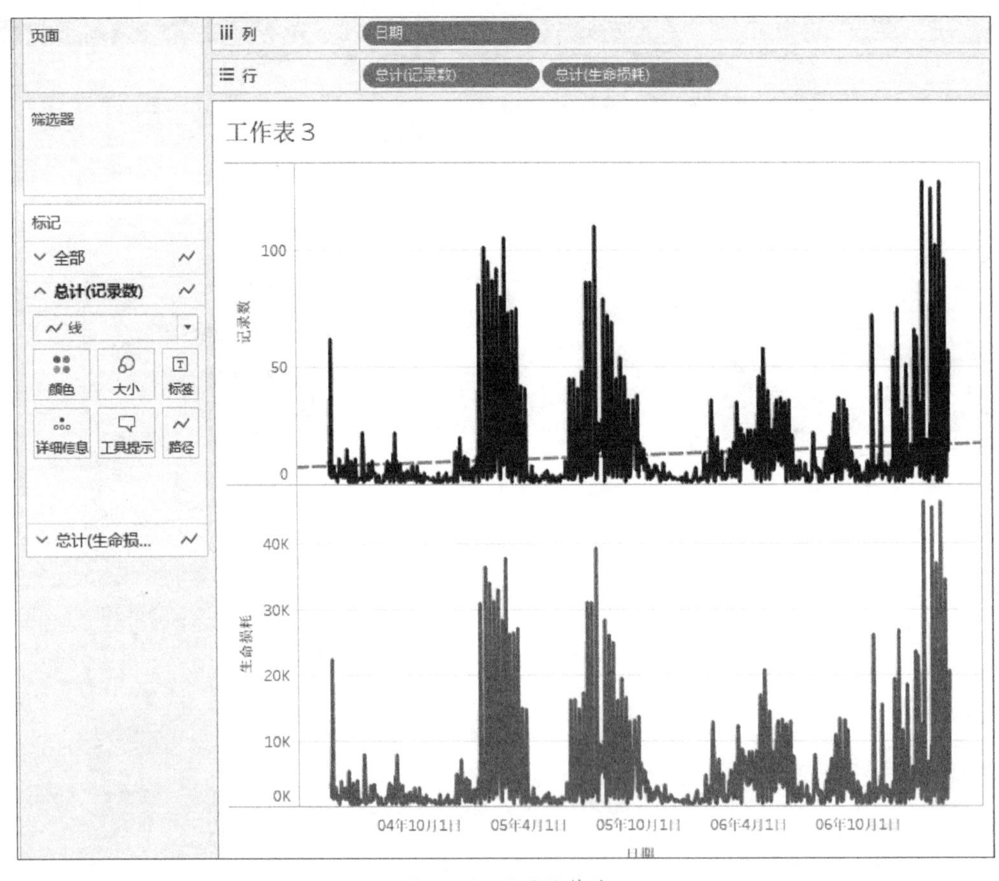

图 6-89　设置趋势线

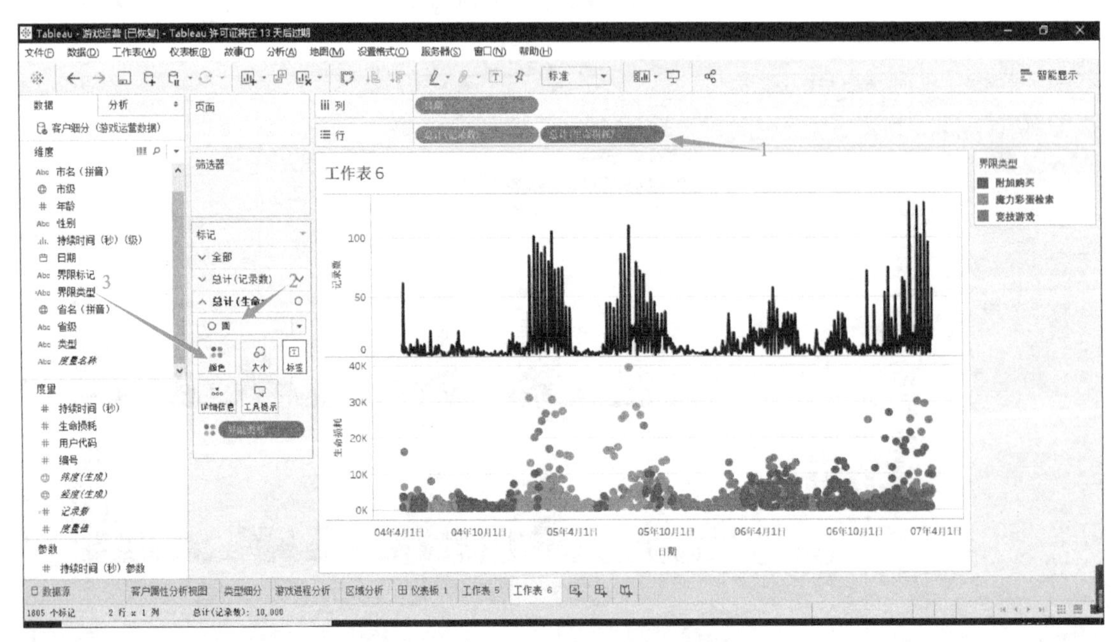

图 6-90　“生命损耗”标记设置

5）添加趋势线。右击视图区并选择“趋势线”→“显示趋势线”命令，如图 6-91 所示。

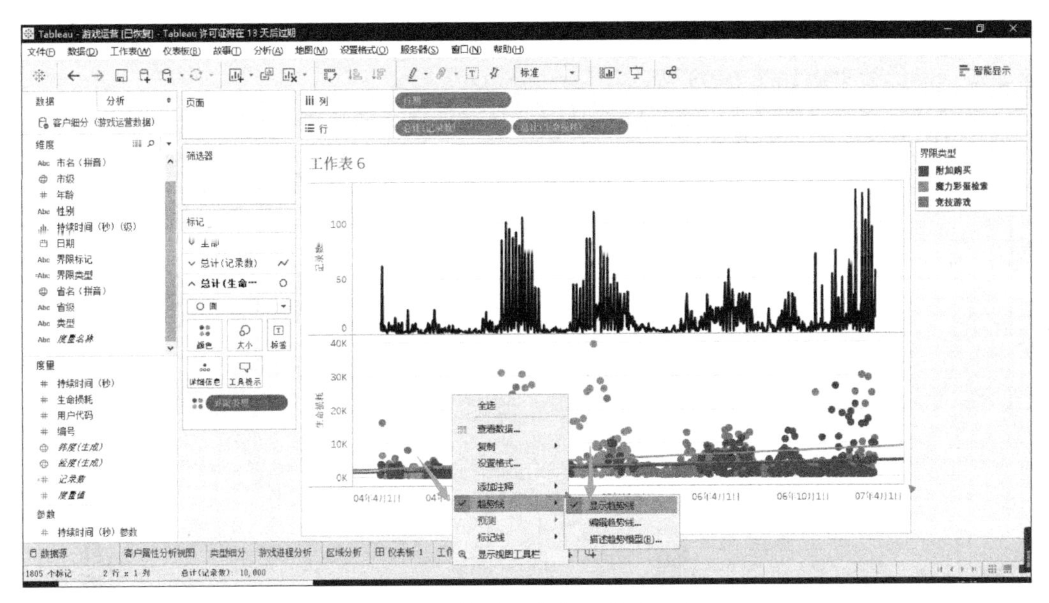

图 6-91 “生命损耗”趋势线设置

【例 6-17】 制作动态仪表盘

本例制作一个仪表板将以上几张视图合并到一个视图中展现，增加信息的可视化效果，操作步骤如下。

步骤 1：将前面制作的 4 张工作表放入仪表板中。

步骤 2：将“区域分析”视图设置为筛选器。单击“区域分析”视图右下角的下三角按钮，选择“用作筛选器”命令。

步骤 3：选择菜单栏中的“仪表板”→“动作”命令，添加两个“突出显示”动作，增加仪表板的交互性，具体设施如图 6-92 所示。

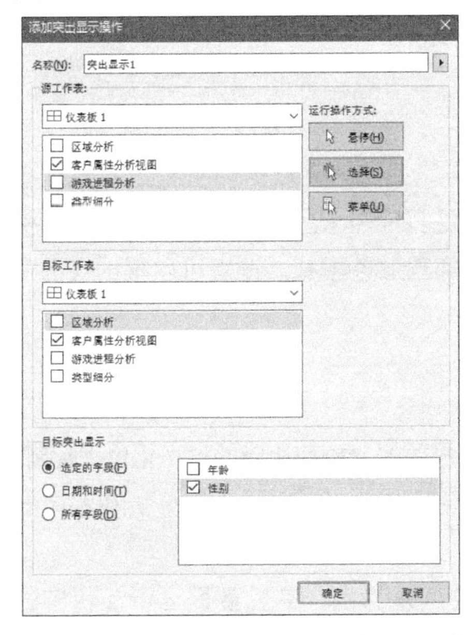

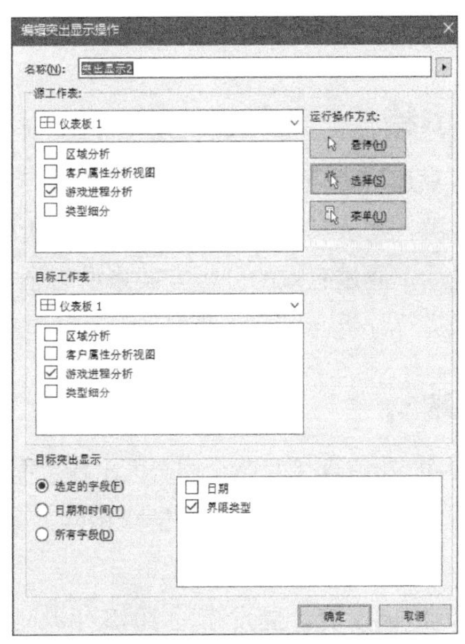

图 6-92 “突出显示”操作设置

步骤 4：调整仪表板内各视图的位置及大小，并为仪表板设置背景颜色，使仪表板更加生动美观，最终效果图如图 6-93 所示。

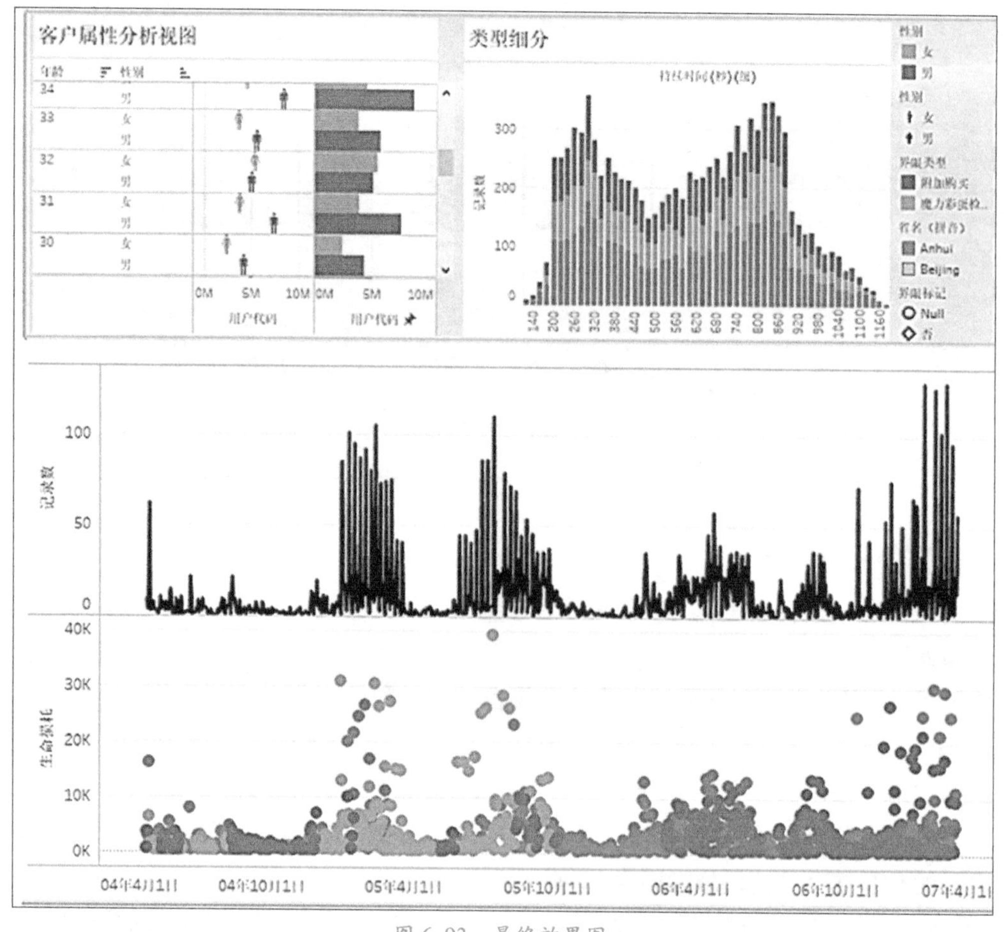

图 6-93　最终效果图

本章小结

本章通过资产监控数据、自动售货机销售数据、手机销售数据和游戏运营数据 4 个案例的讲解，使读者在操作过程中轻松分析数据，满足多种需求。同时，在完成数据分析和可视化之后，通过有效的分析方案来助力企业决策，实现业务增长。读者可以根据自己身边的数据来进行分析与可视化练习。

课后练习

1．以 2019 年 5 月黄金周全国出行数据为例，完成数据分析和相应的可视化仪表板制作。

2．以 2017 年～ 2019 年链家房地产某地区租售数据为例，完成数据分析和相应的可视化仪表板制作。

3．以国家统计局发布的 2018 年某地区农作物产量为例，完成数据分析和相应的可视化仪表板制作。

参考文献

[1] 祝泽文. 从 Excel 到 Power BI 商业智能数据可视化分析与实战 [M]. 北京：中国铁道出版社，2018.

[2] 韩小良. Excel 高效数据处理分析—— 效率是这样炼成的 [M]. 北京：中国水利水电出版社，2019.

[3] 刘红阁，王淑娟，温融冰. 人人都是数据分析师 Tableau 应用实战 [M]. 北京：人民邮电出版社，2015.

[4] PECK G. Tableau 8 权威指南 [M]. 包明明，译. 北京：人民邮电出版社，2014.

[5] NANDESHWER A. Tableau data visualization cookbook[M]. Birmingham：Packt Publishing，2013.

[6] 美智讯. Tableau 商业分析从新手到高手 [M]. 北京：电子工业出版社，2018.

[7] 王国平. Tableau 数据可视化从入门到精通 [M]. 北京：清华大学出版社，2017.

[8] 沈浩，王涛，韩朝阳，等. 触手可及的大数据分析工具：Tableau 案例集 [M]. 北京：电子工业出版社，2015.